"十四五"职业教育国家规划教材 （修订版）

"十三五"职业教育国家规划教材（修订版）

中等职业教育国家规划教材
全国中等职业教育教材审定委员会审定

焊条电弧焊实训

HANTIAO DIANHUHAN SHIXUN

主　编　路宝学　邓洪军
副主编　魏　宁　高　昊
参　编　戴志勇　曹恩铭
主　审　杨家武

第 4 版

机械工业出版社
CHINA MACHINE PRESS

中等职业教育国家规划教材（焊接专业）系列丛书自出版以来，深受中等职业学校师生的欢迎，得到了广泛的认可，经过多轮的教学实践和不断修订完善，已成为焊接专业在职业教育领域的精品套系教材。

党的二十大报告指出：教育、科技、人才是全面建设社会主义现代化国家的基础性、战略性支撑。为深入实施科教兴国战略、人才强国战略，培养素质高、专业技术全面、技能熟练的大国工匠、高技能人才后备力量，确保经典教材能够切合现代职业教育焊接专业教学实际，进一步提升教材的内容质量，对本书进行了全面修订。

本书在修订过程中，依据职业能力形成的规律，紧密结合生产实际，坚持够用、实用的原则，摒弃"繁难偏旧"的理论知识，为进一步提高师生对焊接安全作业的重视程度，将安全意识贯穿始终。

全书共分五章，由于"焊条电弧焊实训"是中等职业学校焊接技术应用专业最先接触的一门专业实训课程，为了提高学生的焊接实训安全意识，特将焊接作业安全知识提至前面讲授。第一章介绍焊接作业安全知识；第二章介绍焊条电弧焊电源及工具；第三章介绍焊条的组成、分类及选用；第四章是全书的重点，主要介绍焊条电弧焊操作技能；第五章介绍常见焊接缺陷及防止措施。

本书可作为中等职业学校、技工院校焊接技术应用专业教材，也可供焊工培训考级参考。为便于教学，本书配套电子课件、视频等教学资源，视频资源以二维码的形式植入书中。凡选用本书作为授课教材的教师，均可登录机械工业出版社教育服务网（www.cmpedu.com），注册后免费下载。咨询电话：010-88379375。

图书在版编目（CIP）数据

焊条电弧焊实训/路宝学，邓洪军主编.—4版.—北京：机械工业出版社，2024.6（2025.8重印）
"十四五"职业教育国家规划教材：修订版
ISBN 978-7-111-75530-2

Ⅰ.①焊… Ⅱ.①路… ②邓… Ⅲ.①焊条—电弧焊—中等专业学校—教材 Ⅳ.①TG444

中国国家版本馆 CIP 数据核字（2024）第 068031 号

机械工业出版社（北京市百万庄大街22号 邮政编码100037）
策划编辑：王海峰 责任编辑：王海峰
责任校对：杜丹丹 张亚楠 封面设计：张 静
责任印制：张 博
北京建宏印刷有限公司印刷
2025年8月第4版第3次印刷
184mm×260mm·13.75印张·232千字
标准书号：ISBN 978-7-111-75530-2
定价：45.00元

电话服务 网络服务
客服电话：010-88361066 机 工 官 网：www.cmpbook.com
　　　　　010-88379833 机 工 官 博：weibo.com/cmp1952
　　　　　010-68326294 金 书 网：www.golden-book.com
封底无防伪标均为盗版 机工教育服务网：www.cmpedu.com

关于"十四五"职业教育
国家规划教材的出版说明

为贯彻落实《中共中央关于认真学习宣传贯彻党的二十大精神的决定》《习近平新时代中国特色社会主义思想进课程教材指南》《职业院校教材管理办法》等文件精神,机械工业出版社与教材编写团队一道,认真执行思政内容进教材、进课堂、进头脑要求,尊重教育规律,遵循学科特点,对教材内容进行了更新,着力落实以下要求:

1. 提升教材铸魂育人功能,培育、践行社会主义核心价值观,教育引导学生树立共产主义远大理想和中国特色社会主义共同理想,坚定"四个自信",厚植爱国主义情怀,把爱国情、强国志、报国行自觉融入建设社会主义现代化强国、实现中华民族伟大复兴的奋斗之中。同时,弘扬中华优秀传统文化,深入开展宪法法治教育。

2. 注重科学思维方法训练和科学伦理教育,培养学生探索未知、追求真理、勇攀科学高峰的责任感和使命感;强化学生工程伦理教育,培养学生精益求精的大国工匠精神,激发学生科技报国的家国情怀和使命担当。加快构建中国特色哲学社会科学学科体系、学术体系、话语体系。帮助学生了解相关专业和行业领域的国家战略、法律法规和相关政策,引导学生深入社会实践、关注现实问题,培育学生经世济民、诚信服务、德法兼修的职业素养。

3. 教育引导学生深刻理解并自觉实践各行业的职业精神、职业规范,增强职业责任感,培养遵纪守法、爱岗敬业、无私奉献、诚实守信、公道办事、开拓创新的职业品格和行为习惯。

在此基础上,及时更新教材知识内容,体现产业发展的新技术、新工艺、新规范、新标准。加强教材数字化建设,丰富配套资源,形成可听、可视、可练、可互动的融媒体教材。

教材建设需要各方的共同努力,也欢迎相关教材使用院校的师生及时反馈意见和建议,我们将认真组织力量进行研究,在后续重印及再版时吸纳改进,不断推动高质量教材出版。

机械工业出版社

前 言

本书第 1 版自 2002 年 1 月出版以来，历经 3 次修订，期间被评为中等职业教育国家规划教材、"十三五"和"十四五"职业教育国家规划教材，累计发行量达到 11.5 万册，受到中等职业学校师生的广泛好评。为进一步提高教学效果，特再一次进行修订。

本次修订是按照《国家职业教育改革实施方案》、教育部《"十四五"职业教育规划教材建设实施方案》有关精神和要求，全面贯彻党的二十大精神，服务 2035 科技强国战略，激发读者创新精神，为党育人、为国育才，进一步提升教材质量，在广泛听取教材使用院校读者意见和建议基础上进行的。

本书在修订过程中，认真执行思政内容进教材、进课堂、进头脑要求，增加素质教育内容，同时加强教材数字化建设，丰富配套资源，为每个实训任务配套实操视频，形成可听、可视、可练、可互动的融媒体教材。

本书由路宝学、邓洪军任主编，魏宁、高昊任副主编，杨家武任主审。编写人员及分工如下：邓洪军负责整体策划、设计和校企编审人员整合与组织协调，并编写绪论；戴志勇编写第一章；魏宁编写第二章；曹恩铭编写第三章；高昊编写第四章第一节和第五章；路宝学编写第四章第二、三、四、五节，并负责全书统稿。

在本书修订过程中，编者参阅了有关教材、手册、标准，并得到了相关院校和企业的大力支持，难以一一列举，在此向有关作者和专家表示衷心的感谢！

由于编者水平有限，书中不妥之处在所难免，敬请读者批评指正。

编 者

二维码索引

序号	名称	图形	页码	序号	名称	图形	页码
1	实训一 引弧		P91	8	实训六 立焊		P137
2	焊缝的起头与运条		P93	9	实训七 立角焊		P141
3	焊缝的收尾		P96	10	实训八 仰角焊		P152
4	实训二 平敷焊		P98	11	实训九 管板垂直固定平角焊		P167
5	实训三 单层平角焊		P115	12	实训十 管板水平固定全位置焊		P169
6	实训四 一层两道平角焊		P117	13	实训十一 管子水平固定全位置焊		P173
7	实训五 对接横焊		P131				

目 录

前言

二维码索引

绪论 ·· 1
   一、焊接的实质和分类 ··· 1
   二、焊条电弧焊的特点及应用 ··· 2
   三、本课程讲授的主要内容 ·· 3
   四、学习本课程的目的与方法 ··· 3

第一章 焊接作业安全知识 ··· 4
第一节 焊接劳动保护 ·· 4
   一、劳动保护用品的种类及使用要求 ···································· 5
   二、劳动保护用品的正确使用 ··· 6
第二节 焊接作业的安全技术 ·· 8
   一、防止触电 ·· 8
   二、防止火灾 ·· 16
   三、防止爆炸 ·· 18
第三节 焊接安全检查 ·· 19
   一、焊接场地、设备安全检查 ··· 19
   二、工夹具的安全检查 ·· 20

第二章 焊条电弧焊电源及工具 ································· 23
第一节 常用焊接电源的介绍 ·· 23
   一、对弧焊电源的基本要求 ··· 23

二、弧焊电源型号的编制与主要技术参数 ·· 25
　　三、常用焊条电弧焊电源 ··· 30
　　四、弧焊电源的正确使用 ··· 39
　第二节　弧焊电源的安装 ·· 40
　　一、弧焊电源安装的一般要求 ··· 40
　　二、弧焊变压器的安装 ·· 40
　　三、弧焊整流器的安装 ·· 43
　第三节　焊条电弧焊常用工具、量具 ·· 43
　　一、常用工具 ·· 44
　　二、常用量具 ·· 46
　项目训练一　弧焊电源的正确安装 ··· 49
　项目训练二　弧焊电源焊接电流的调节 ··· 50

第三章　焊条的组成、分类及选用 ·· 54
　第一节　焊条的组成 ·· 54
　　一、焊芯 ·· 55
　　二、药皮 ·· 56
　第二节　焊条的分类、型号及牌号 ·· 59
　　一、焊条的分类 ··· 59
　　二、焊条的型号 ··· 61
　　三、焊条的牌号 ··· 63
　第三节　焊条的选用、保管、发放和使用 ·· 70
　　一、焊条的选用 ··· 70
　　二、焊条的保管、发放和使用 ··· 71
　项目训练三　焊条的选择 ·· 72
　项目训练四　焊条的正确使用 ·· 72

第四章　焊条电弧焊操作技能 ·· 76
　第一节　焊接接头形式、焊缝形式及符号 ·· 76
　　一、焊接接头形式 ·· 76
　　二、焊缝形式 ·· 81

三、焊缝符号 ……………………………………………………………… 85
　　四、焊接相关工艺方法及其代号 ………………………………………… 89
第二节　焊条电弧焊的基本操作技术 …………………………………………… 90
　　一、引弧 …………………………………………………………………… 90
　实训一　引弧的操作步骤 …………………………………………………… 91
　　二、运条 …………………………………………………………………… 93
　　三、焊缝的起头、收尾与连接 …………………………………………… 96
　实训二　平敷焊的操作步骤 ………………………………………………… 98
　项目训练五　平敷焊 ………………………………………………………… 101
第三节　焊接参数 ………………………………………………………………… 105
　　一、焊条牌号与焊条直径的选择 ………………………………………… 105
　　二、焊接电源种类和极性的选择 ………………………………………… 106
　　三、焊接电流的选择 ……………………………………………………… 106
　　四、电弧电压的选择 ……………………………………………………… 107
　　五、焊接速度的选择 ……………………………………………………… 108
　　六、焊缝层数的选择 ……………………………………………………… 108
　　七、焊接热输入的选择 …………………………………………………… 109
第四节　各种位置焊缝的焊接 …………………………………………………… 112
　　一、平焊 …………………………………………………………………… 113
　实训三　单层平角焊的操作步骤 …………………………………………… 115
　实训四　一层两道平角焊的操作步骤 ……………………………………… 117
　项目训练六　6mm 钢板Ⅰ形坡口平对接双面焊 …………………………… 119
　项目训练七　10mm 钢板 V 形坡口平对接双面焊 ………………………… 121
　项目训练八　16mm 钢板 X 形坡口平对接双面焊 ………………………… 124
　　二、横焊 …………………………………………………………………… 126
　实训五　对接横焊的操作步骤 ……………………………………………… 131
　项目训练九　平角焊 ………………………………………………………… 133
　　三、立焊 …………………………………………………………………… 135
　实训六　立焊的操作步骤 …………………………………………………… 137
　实训七　立角焊的操作步骤 ………………………………………………… 141
　项目训练十　V 形坡口立对接双面焊 ……………………………………… 145
　项目训练十一　立角焊 ……………………………………………………… 148

四、仰焊 ··· 150

实训八　仰角焊的操作步骤 ··· 152

第五节　焊条电弧焊操作技术的应用 ···································· 155

一、定位焊与定位焊缝 ··· 155

二、薄板的焊接 ··· 156

项目训练十二　3mm 钢板平对接焊 ······································ 158

三、管子的焊接 ··· 160

实训九　管板垂直固定平角焊的操作步骤 ······························ 167

实训十　管板水平固定全位置焊的操作步骤 ···························· 169

实训十一　管子水平固定全位置焊的操作步骤 ························· 173

四、单面焊双面成形焊接技术 ··· 176

项目训练十三　V 形坡口单面焊双面成形 ································ 184

第五章　常见焊接缺陷及防止措施　188

第一节　概述　188

一、焊接缺陷的危害 ··· 188

二、焊接质量检验的重要性 ·· 189

第二节　焊接缺陷种类及防止措施　190

一、裂纹 ··· 191

二、气孔 ··· 197

三、焊缝尺寸及形状不合要求 ··· 198

四、咬边 ··· 199

五、弧坑 ··· 199

六、弧伤 ··· 200

七、未焊透与未熔合 ··· 200

八、夹渣 ··· 201

九、焊穿 ··· 202

十、焊瘤 ··· 202

十一、飞溅 ·· 203

参考文献　207

绪 论

在现代工业中，金属是不可或缺的重要材料。各种工业产品，如高速行驶的火车、汽车，以及船舶、压力容器乃至宇宙航行工具等，都离不开金属材料。在这些工业产品的制造过程中，需要把各种各样加工好的零件按设计要求连接起来。焊接就是将这些零件连接起来的方法之一。

一、焊接的实质和分类

1. 焊接过程的实质

焊接是通过加热或加压，或者两者并用，并且用或不用填充材料，使焊件间达到原子结合的一种金属加工工艺。作为一种加工工艺，对焊接可以从不同的角度、用不同的文字加以描述，但上述定义从微观上说明了焊接过程的实质——使两个分开的物体（焊件）达到原子结合。也就是说，焊接与其他金属连接方法最根本的区别在于，通过焊接，两个焊件不仅在宏观上建立了永久性的连接，而且在微观上形成了原子间的结合。

2. 焊接方法的分类

为达到使金属连接的目的，必须从外部给待连接的金属以很大的能量，使金属接触表面达到原子间结合。通常的方法就是对焊件金属进行加热、加压或两者并用。

按焊接过程中金属所处的状态不同，可以把焊接方法分为熔焊、压焊和钎焊三大类。

（1）熔焊　熔焊是指在焊接过程中，将焊件接头加热至熔化状态，不加压而完成焊接的方法。在加热的条件下，金属的原子动能增强，促进了原子间的相互扩散。当被焊金属加热至熔化状态形成液态熔池后，原子之间可以充分扩散和紧密接触，冷却凝固后可形成牢固的焊接接头。熔焊是金属焊接中最主要的一种方法，常用的有焊条电弧焊、埋弧焊、气焊、电渣焊和气体保护焊等。

（2）压焊　压焊就是在焊接过程中，无论加热与否，都对焊件施加一定压力以形成焊接接头的焊接方法。这类连接有两种方式：一是将两块金属的接触部位加热到塑性状态，然后施加一定的压力，这就增加了两块金属焊件表面的接触面积，促使金属的有效接触，最终形成牢固的焊接接头，常见的加热压焊方法主要有电阻焊、摩擦焊和锻焊等；二是不进行加热，仅在被焊金属的接触面上施加足够的压力，借助于压力所形成的塑性变形，使原子间相互靠近而形成牢固接头，常见的不加热压焊方法有冷压焊、爆炸焊等。

（3）钎焊　钎焊是采用比母材熔点低的钎料做填充材料，在低于母材熔点、高于钎料熔点的温度下，借助于钎料润湿母材的作用以填满母材的间隙并与母材相互扩散，最后冷却凝固形成牢固的焊接接头的方法。常用的钎焊方法有电烙铁钎焊和火焰钎焊等。

二、焊条电弧焊的特点及应用

焊条电弧焊俗称手工电弧焊，它利用焊条与工件之间建立起来的稳定燃烧的电弧，使焊条与工件接触处熔化，从而获得牢固的焊接接头。焊接过程中，焊条药皮不断地分解、熔化，形成气体及熔渣，保护焊接区，避免了空气对熔化金属的有害作用。焊芯也在焊接电弧热作用下不断熔化，进入熔池，构成焊缝金属的一部分。有时也可以通过焊条药皮渗入合金粉末，向焊缝中提供附加的合金元素。

焊条电弧焊与其他熔焊方法相比，具有下列特点。

（1）操作灵活　焊条电弧焊之所以成为应用最广泛的连接金属的焊接方法，其主要原因是因为它所具有的灵活性，无论是在车间内，还是在室外施工现场均可采用。由于焊条电弧焊设备简单、移动方便、电缆长、焊把轻，因而广泛应用于平焊、立焊、横焊、仰焊等各种空间位置的焊接，又适用于对接、搭接、角接、T形接头等各种接头形式构件的焊接。可以说，凡是焊条能达到的任何位置的接头，均可采用焊条电弧焊方法来焊接。特别是对于复杂结构、不规则形状的构件，以单件、非定型钢结构制造为特点，由于对这类构件不用辅助工装、变位器、胎夹具等就可以用焊条电弧焊焊接，其优越性就显得尤为突出。

（2）待焊接头装配要求低　由于焊接过程由焊工控制，可以适时调整电弧位置和运条手法，修正焊接参数，以保证跟踪接缝和均匀熔透，因此对焊接接头的装配尺寸要求相对较低。

（3）可焊金属材料范围广　焊条电弧焊广泛应用于低碳钢、低合金结构钢的焊接。选配相应的焊条后，焊条电弧焊也常用于不锈钢、耐热钢、低温钢等合金结构钢的焊接，还可用于铸铁、铜合金、镍合金材料的焊接，以及对耐磨损、耐腐蚀等有特殊使用要求的构件进行表面层堆焊。

（4）熔敷效率低　焊条电弧焊与其他电弧焊相比，其使用的焊接电流小，每焊完一根焊条后必须更换焊条，也常因需清渣而中断焊接等，故这种焊接方法的熔敷效率低，生产率低。

（5）对焊工要求高　虽然焊接接头的力学性能可以通过选择与母材力学性能相当的焊条来保证，但焊缝质量在很大程度上依赖于焊工的操作技能及现场发挥，甚至焊工的精神状态也可能会影响焊缝质量。

三、本课程讲授的主要内容

本书是焊接专业学习的主要实践课程教材之一。根据中等职业学校焊接技术应用专业的培养目标和学生的知识水平，本书的编写内容包含焊条电弧焊的基本理论（焊接作业安全知识、焊接电源、焊接材料等）、焊接缺陷以及焊条电弧焊的基本操作技能。本书从介绍焊条电弧焊设备、工具及焊条入手，较为全面而系统地介绍了焊条电弧焊的基本知识和操作技能，这是从事焊接生产操作人员必备的专业理论知识和基本操作技能。

四、学习本课程的目的与方法

本书是根据中等职业学校焊接技术应用专业"焊条电弧焊实训"课程教学大纲编写的，通过本课程的学习，应使学生达到以下目标和要求。

1）掌握焊条电弧焊生产过程中的劳动保护及安全方面的基本知识。
2）掌握常用的焊条电弧焊设备的选择和使用方法。
3）能正确使用焊条电弧焊常用的工具及量具。
4）初步掌握焊条的性能及选用和使用原则。
5）初步掌握焊条电弧焊的基本操作技能。
6）了解焊条电弧焊焊接缺陷的种类。

学习本课程时应注意掌握学习方法。"焊条电弧焊实训"是一门实践性较强的专业课程，要注意理论联系实际，善于综合运用专业知识来认识和分析焊条电弧焊实习中的实际问题。学习本课程前，应使学生对焊接结构生产的全过程有一定程度的感性认识，通过组织学生进行现场教学和参观，加深对理论与实际关系的正确认识；还可结合线上线下融媒体教学的方式，开阔学生的视野，培养学生分析问题和解决问题的能力。

第一章

焊接作业安全知识

在焊接生产过程中，必须贯彻"安全第一"的方针，保证劳动者的人身安全和健康，保护生产设施不受损失。通过本章的学习，学生应了解各种焊接劳动保护用品的特点；能够正确地使用焊接劳动保护用品；能够对焊接、切割的场地和设备及工夹具进行安全检查。

第一节　焊接劳动保护

【学习目标】

1) 了解各种劳动保护用品的特点。
2) 学会正确使用焊接劳动保护用品。

焊接过程中会产生有毒气体、有害粉尘、电弧辐射、调频电磁场、噪声和射线等。这些危害因素在一定条件下可能引起爆炸、火灾，危及设备、厂房甚至人员安全，给国家和企业带来不应有的损失，如可能造成焊工烫伤，引发急性中毒（锰中毒）、血液疾病、电光性眼炎和皮肤病等职业病。因此，我国把焊接、切割作业定为特种作业。为保证焊工的身体健康和生命安全，必须加强焊接劳动保护教育，学会正确使用焊接劳动保护用品。表1-1列出了焊接过程中存在的各种危险因素。

表1-1　焊接过程中存在的各种危险因素

工艺方法	有害因素						
	电弧辐射	调频电磁场	有害粉尘	有毒气体	金属飞溅	射线	噪声
酸性焊条电弧焊	○		○○	○	○		
低氢型焊条电弧焊	○		○○○	○	○○		

（续）

工艺方法	有害因素						
	电弧辐射	调频电磁场	有害粉尘	有毒气体	金属飞溅	射线	噪声
高效铁粉焊条电弧焊	○		○○○○	○	○		
碳弧气刨	○		○○○	○			○
镀锌铁焊条电弧焊	○		○○○○	○	○		
电渣焊			○				
埋弧焊			○○	○			
实心细丝CO_2气体保护焊	○		○	○	○		
实心粗丝CO_2气体保护焊	○○		○○	○	○○		
钨极氩弧焊（铝、铁、铜、镍）	○○	○○	○	○	○	○	
钨极氩弧焊（不锈钢）	○○	○○	○	○	○		
熔化极氩弧焊（不锈钢）	○○		○	○○	○		

注：○表示强烈程度，其中，○表示轻微，○○表示中等，○○○表示强烈，○○○○表示最强烈。

一、劳动保护用品的种类及使用要求

（1）焊接工作服　焊接工作服的种类很多，最常用的是棉白帆布工作服。白色对弧光有反射作用，棉帆布有隔热、耐磨、不易燃烧、防止烧伤等作用。焊接与切割作业的工作服不能用一般合成纤维织物制作。

（2）焊工防护手套　焊工防护手套一般为牛（猪）皮革手套或以棉帆布和皮革合成材料制成，具有绝缘、耐辐射、耐热、耐磨、不易燃和防止高温金属飞溅物烫伤等作用。在可能导电的焊接场所工作时，所用防护手套应经3000V耐压试验，合格后方能使用。

（3）焊工防护鞋　焊工防护鞋应具有绝缘、耐热、不易燃、耐磨损和防滑的性能，焊工防护鞋的橡胶鞋底经5000V耐压试验合格（不击穿）后方能使用。当在易燃易爆场所焊接时，鞋底不应有鞋钉，以免产生摩擦火星。在有积水的地面焊接切割时，焊工应穿经过6000V耐压试验合格的防水橡胶鞋。

（4）焊接防护面罩　焊接防护面罩上有符合作业条件要求的滤光镜片，起保护眼睛的作用。镜片颜色以墨绿色和橙色为多。面罩壳体应选用阻燃或不燃且不刺激皮肤的绝缘材料，应遮住头部和颈部，结构牢靠，无漏光，防止弧光辐射和熔融金属飞溅物烫伤头部和颈部。在狭窄、密闭、通风不良的场所，还应采用输气式头盔或送风头盔。

（5）焊接护目镜　气焊、气割的防护眼镜片，主要起滤光和防止金属飞溅物烫伤眼睛的作用。护目镜遮光号的选择见表1-2。

表 1-2　护目镜遮光号的选择

焊接方法	焊条直径/mm	焊接电流/A	最低遮光号	推荐遮光号
焊条电弧焊	<2.5	<60	7	—
	2.5~4	60~160	8	10
	4~6.4	160~250	10	12
	>6.4	250~550	11	14
气体保护焊及药芯焊丝电弧焊	—	<60	7	—
		60~160	10	11
		160~250	10	12
		250~550	10	14
钨极惰性气体保护焊	—	<50	8	10
		50~150	8	12
		150~800	10	14
气焊（根据板厚）	—	<3	—	4 或 5
		3~13	—	5 或 6
		>13	—	6 或 8
气割（根据板厚）	—	<25	—	3 或 4
		25~150	—	4 或 5
		>150	—	5 或 6

（6）防尘口罩和防毒面具　在焊接、切割作业时，当采用整体或局部通风仍不能使烟尘浓度降低到容许浓度标准以下时，必须选用合适的防尘口罩和防毒面具，过滤或隔离烟尘和有毒气体。

（7）耳塞、耳罩和防噪声盔　国家标准规定工业企业噪声一般不应超过85dB，最高不能超过90dB。为了降低和消除噪声，应采取隔声、消声、减振等一系列噪声控制技术。当不能将噪声降低到允许标准以下时，应采用耳塞、耳罩或防噪声盔等个人噪声防护用品。

二、劳动保护用品的正确使用

1）正确穿戴工作服。穿工作服时要把衣领和袖口扣好，上衣不应扎在工作裤里边，工作服不应有破损、孔洞和缝隙，不允许粘有油脂，不允许穿潮湿的工作服。

2）在仰位焊接、切割时，为了防止火星、熔渣从高处溅落到头部和肩上，焊工应在颈部围毛巾，穿戴用防燃材料制成的护肩、长套袖、围裙和鞋盖。

3）电焊手套和焊工防护鞋不应潮湿和破损。

4）正确选择电焊防护面罩上护目镜的遮光号以及气焊、气割防护镜的眼镜片。

5）采用输气式头盔或送气头盔时，应经常使口罩内保持适当的正压。若在寒冷季节，应将所供空气适当加温后再供人使用。

6）佩戴各种耳塞时，要将塞帽部分轻轻推入外耳道内，使耳塞和耳道贴合，不要用力太猛和塞得太紧。

7）使用耳罩前，应先检查外壳有无裂纹和漏气，使用时务必使耳罩软垫圈与周围皮肤贴合。

焊工使用的主要个人劳动防护用品及应用场合见表1-3。

表1-3 焊工使用的主要个人劳动防护用品及应用场合

防护用品	防护作用	保护部位	应用场合
头盔、面罩	避免焊接熔化金属飞溅对人体头部和颈部的灼伤	眼、鼻、口、脸	电弧焊、等离子弧焊及气割、碳弧气刨
眼镜	保护眼睛免受强弧光的刺激和伤害	眼	气焊、气割、电弧焊、电渣焊、闪光对焊、电阻点焊及其辅助工作
工作服	起隔热、反射和吸收等屏蔽作用，保护人体免受焊接热辐射或飞溅等伤害	身体四肢	一般焊接、切割需穿白色棉帆布工作服，气体保护焊需穿粗毛呢或皮革面料工作服，全位置焊需穿皮工作服，特殊高温作业需穿石棉工作服
通风头盔	能有效隔离有毒、有害气体	眼、鼻、口、颈、胸、脸	封闭容器内焊接、气割、气刨等
口罩	可减少焊接烟尘和有害气体吸入人体	口、鼻	电弧焊、非铁金属气焊、打磨焊缝、碳弧气刨、等离子弧焊及切割
耳塞、耳罩	降低噪声对人体的危害	耳	风铲清焊根、等离子弧切割、碳弧气刨
安全帽	预防高空和外界飞来物的危害	头	高空交叉作业现场
毛巾	防止颈部被弧光或飞溅物灼伤	颈	电弧焊焊接

(续)

防护用品	防护作用	保护部位	应用场合
手套	防止手和手臂受弧光、飞溅物灼伤及防触电	手、臂	焊接和气割
绝缘鞋	防止触电,保护双足避免灼伤和砸伤	足	电弧焊、等离子弧焊及切割、碳弧气刨等
鞋盖	阻挡熔化金属飞溅灼伤脚部	足	飞溅强烈的场合

第二节　焊接作业的安全技术

【学习目标】

1) 了解安全用电常识,掌握触电后急救知识。
2) 了解焊割现场发生火灾的可能性,掌握焊割作业的防火措施。
3) 了解焊割现场发生爆炸的可能性,掌握焊割作业的防爆措施。

一、防止触电

焊工应懂得安全用电常识以及触电后急救知识。

1. 电流对人体的危害

若不慎触及带电体,发生触电事故,会使人体受到不同的伤害,根据伤害性质的不同,可分为电击和电伤两种。电击是指电流通过人体,使内部器官组织受到损伤,如果受害者不能迅速摆脱带电体,则可能会造成死亡事故。电伤是指在电弧作用下或熔丝熔断时对人体外部的伤害,一般有烧伤、金属溅伤等。

电击所引起的伤害程度与人体电阻的大小有关,人体的电阻越大,通过的电流越小,伤害程度也就越轻;通过人体的电流越大,流通时间越长,伤害越重。

一般情况下,当皮肤角质外层完好,并且很干燥时,人体电阻为 $1000\sim1500\Omega$。当角质外层破坏时,人体电阻通常会降到 $800\sim1000\Omega$。

通过人体的电流在 0.05A 以上时,就可能导致生命危险。一般情况下,接触 36V 以下的电压时,通过人体的电流不会超过 0.05A,所以我国把 36V 的电压作为安全电压。如果在潮湿的环境,安全电压应规定得低一些,通常是 24V 或 12V。

2. 造成触电的因素

（1）流经人体的电流　电流引起人的心室颤动是电击致死的主要原因。电流越大，引起心室颤动所需的时间越短，致命危险性越大。能引起人感知的最小电流为感知电流，工频（交流）电流约 1mA，直流电流约 5mA。交流电流达 5mA 即能引起轻度痉挛。

人触电后自己能摆脱电源的最大电流称为摆脱电流，交流电流约 10mA，直流电流约 50mA。在较短时间内危及生命的电流称为致命电流，交流电流为 50mA。在有预防触电的保护装置的情况下，人体允许电流一般可按 30mA 考虑。

（2）通电时间　电流通过人体的时间越长，危险性越大。人的心脏每收缩扩张一次，约间歇 0.1s，这段时间心脏对电流最敏感。若触电时间超过 1s，会与心脏对电流最敏感的间歇重合，增加危险性。

（3）电流通过人体的途径　通过人体的心脏、肺部或中枢神经系统的电流越大，危险性越大，因此从人体左手到右脚的触电事故最危险。

（4）电流的频率　现在普通使用的工频交流电是最危险的频率。

（5）人的健康状况　人的健康状况不同，对触电的敏感程度不同。凡患有心脏病、肺病和神经系统疾病的人，同样触电伤害的程度要比常人严重，因此不允许有这类疾病的人从事电焊作业。

（6）电压的高低　电压越高，触电危险性越大，一般三相 380V 比两相 220V 触电危险性更大。在一般比较干燥的情况下，人体电阻为 $1000\sim1500\Omega$，人体允许电流按 30mA 考虑，则安全电压 $U=30\times10^{-3}\mathrm{A}\times(1000\sim1500\Omega)=30\sim45\mathrm{V}$，我国规定为 36V。对于潮湿而触电危险性较大的环境，人体电阻按 $500\sim650\Omega$ 计算，则安全电压 $U=30\times10^{-3}\mathrm{A}\times(500\sim650\Omega)=15\sim19.5\mathrm{V}$，我国规定为 12V。

对于在水下或其他由于触电会导致严重二次事故的环境，人体电阻以 $500\sim650\Omega$ 考虑，通过人体的电流应按不引起痉挛的电流 5mA 考虑，则安全电压 $U=5\times10^{-3}\mathrm{A}\times(500\sim650\Omega)=2.5\sim3.25\mathrm{V}$，对此我国没有规定，而国际电工标准会议规定在 2.5V 以下。

3. 焊接作业时的用电特点

不同的焊接方法对焊接电源的电压、电流等参数的要求不同。我国目前生产的电弧焊机的空载电压为 90V 以下，工作电压为 25~40V。自动电弧焊机的空载电压为 70~90V；氩弧焊机、CO_2 气体保护焊机的空载电压为 65V 左右；等离子弧切割电源的空载电压高达 300~450V。所有焊接电源的输入电压为 220V/380V，都是

50Hz 的工频交流电,因此触电的危险性比较大。

4. 焊接作业造成触电的原因

焊接时触电事故有两种形式:一是直接触电,即接触焊接设备运行状态下的带电体或靠近高压电网;二是间接触电,即触及意外带电物体,也就是正常状态下不带电,而由于绝缘损坏或设备发生故障而带电的物体。

(1) 直接触电的原因　焊接作业时,手或身体某部位在更换焊条、焊件时,接触焊钳、焊条等带电部分,而脚或身体的其他部位与地面或金属结构之间绝缘不好,如在容器、管道内、阴雨、潮湿的地方或人体大量出汗的情况下进行焊接,容易发生触电;手或身体某部位触及裸露而带电的接线头、接线柱、导线等而触电;在靠近高压电网的地方进行焊接,人体虽未触及带电体,但是接近带电体至一定程度也会发生击穿放电。

(2) 间接触电的原因　间接触电大部分是因为焊接设备漏电,人体接触因漏电而带电的壳体而发生触电。其漏电原因有以下几方面。

1) 设备超负荷使用、内部短路发热、腐蚀性物质的作用,致使绝缘性能降低而漏电。

2) 线圈因雨淋、受潮导致绝缘损坏而漏电。

3) 焊接设备受振动、碰击,使线圈或引线的绝缘遭到机械性损坏,破损的导线与铁心或箱壳相连而漏电。

4) 金属物落入设备中,连通带电部位与壳体而漏电。

5) 人体触及绝缘损坏的电线、电缆、开关等发生触电。

6) 利用厂房金属构架、管道、桥式起重机轨道等作为焊接二次回路而发生触电。

5. 预防触电的措施

(1) 隔离防护装置　焊接设备要有良好的隔离防护装置。伸出箱体外的接线端应用防护罩盖好,有插销孔接头的设备,插销孔的导体应隐蔽在绝缘板平面内。设备的一次线应设置在靠墙壁且不易接触到的地方,长度一般不宜超过 3m。当有临时任务需要使用较长的电源线时,应沿墙壁或立柱隔离布置,其高度必须距地面 2.5m 以上,不允许将电源线拖在地面上及各设备之间,设备与墙壁之间至少要留 1m 宽的通道。

(2) 接地保护或接零保护　在采用三相三线制而中性点(零线)不直接接地的电网中,如果焊接设备的带电部分意外与金属外壳相碰,人与外壳接触,故障电流将通过人体电阻和电网对地绝缘阻抗构成回路。当电网对地绝缘正常时，故障电流很小；但当电网对地绝缘显著下降时，故障电流可能升到很危险的程度，会导致人体触电。在三相四线制电网中，中性点（零线）直接接地，如果设备不接零线，当某相线碰到焊接设备外壳，并且人体与外壳接触时，电流就会通过人体而导致触电。

焊机的接地保护如图 1-1 所示，接零保护如图 1-2 所示。

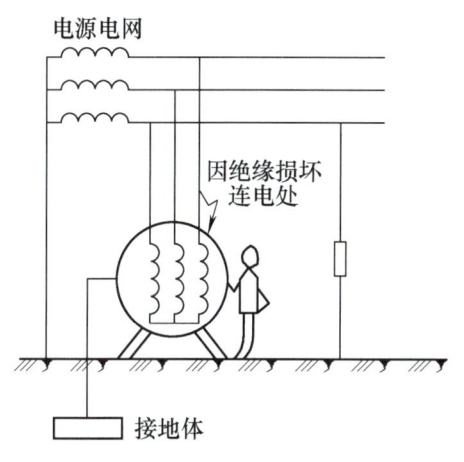

图 1-1　焊机接地保护

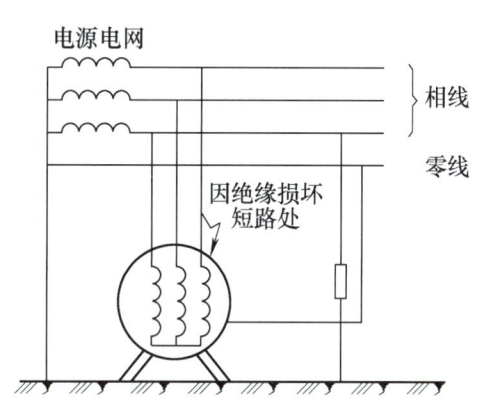

图 1-2　焊机接零保护

弧焊变压器的二次线圈与焊件相接的一端，也必须接地或接零。当一次线圈与二次线圈的绝缘击穿，高压出现在二次回路时，这种接地和接零能保证焊工的安全。但必须指出，二次线圈一端接地或接零时，焊件则不应接地或接零，否则一旦二次回路接触不良，大的焊接电流可能将接地线或接零线熔断，不但使焊工安全受到威胁，而且易引起火灾。焊机与焊件的保护性接地与接零方法如图 1-3 所示。

将焊接设备外壳可靠接地后，当外壳漏电时，由于接地电阻很小（≤4Ω），则电流绝大部分不经过人体，而经过接地线构成回路，防止人体触电。同时，在接地电阻很小的情况下，若一次线电流过载，熔丝就会熔断，从而切断电源，起到安全保护的作用。

采用保护接零措施后，当某相线与焊接设备外壳相碰时，通过外壳形成该相的单相短路，短路电流促使线路上的保护装置（如熔断器）动作，从而切断故障部分电源，起到保护作用。

采用保护接地或接零措施应注意以下几个问题。

1）在中性点接地的三相四线制电网中，不应只采取保护接地措施。

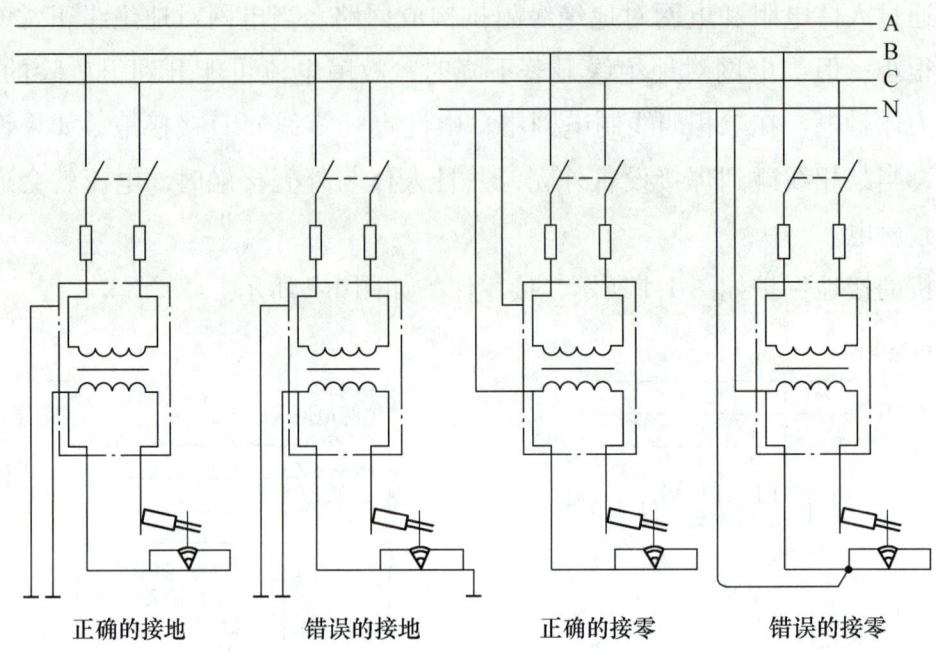

图 1-3　焊机与焊件的保护性接地与接零方法

2）在三相四线制电网中，不允许在零线回路上装设开关和熔断器。

3）在中性点接地的三相四线制电网中，不应将部分焊接设备接地，而另一部分接零。

4）弧焊变压器的二次线圈与焊件相接的一端必须接地或接零。当在有接地或接零线的焊件上进行焊接时，应将焊件上的接地线或接零线拆除，焊后再恢复；在与大地紧密相连的焊件上进行焊接时，则应将焊接设备二次线圈一端的接地线或接零线的接头断开，焊完后再恢复。

5）焊接设备二次端的焊把线上既不准接地，也不准接零。

6）接地线或零线时，先接接地体或零干线，后接设备外壳，拆除时则顺序相反。

7）严禁用氧气、乙炔等易燃易爆气体管道作为接地装置的自然接地极，以防止电阻热或引弧时冲击电流产生火花而发生爆炸事故。

（3）采用自动断电装置　为保护设备安全，并在一定程度上保护人身安全，应装设熔断器、过载保护开关、漏电开关。当在电焊机的空载电压较高，而又有触电危险的场所作业时，焊机必须采用空载自动断电装置。当焊接引弧时，电源开关自动闭合；停止焊接，更换焊条时，电源开关自动断开，能有效避免空载时的触电。

(4) 采用合格的电缆线　焊机用的软电缆线应采用多股细铜线电缆，其截面应根据焊接需要的载流量和长度，按规定选用。电缆长度一般在 20m 以内。焊接电缆要绝缘良好，绝缘电阻不得小于 1MΩ。

(5) 正确穿戴防护用具　焊工应戴合格的手套，不得戴有破损或潮湿的手套。在可能导电的焊接场所工作时，所用的手套应该用具有绝缘性能的材料或附加绝缘层制成，并经检验合格后方能使用。电焊工应穿橡胶底的防护鞋，防护鞋应经 5000V 耐压试验合格，在有积水的地面上焊接时，焊工应穿经过 6000V 耐压试验合格的防水橡胶鞋。

6. 触电急救方法

人触电以后，会出现神经麻痹、呼吸中断、心脏停止跳动等现象，外表呈现昏迷不醒的状态。但不应该认为触电人员已经死亡，而应该视为假死，并且进行迅速而持久的抢救，有触电者经过 4h 甚至更长时间的紧急抢救而获救的事例。有统计材料介绍：从触电后 1min 内得到救治者，90% 有良好效果；从触电后 6min 后得到救治者，10% 有良好效果；而从触电后 12min 后才得到救治者，救活的可能性很小。由此可知，迅速抢救是非常重要的。

(1) 迅速脱离电源　如果触电地点附近有电源开关或电源插销，可立即断开开关或拔出插销，切断电源（图 1-4a）。用干燥的竹竿、木棒等工具将电线移开并远离人体（图 1-4b）。必要时用绝缘工具切断电线，断开电源（图 1-4c）。如果触电者的衣服是干燥的，又没有紧缠在身体上，可以用一只手抓住衣服，将其拉离电源。但是，因为触电者的身体是带电的，其鞋子的绝缘也可能遭到破坏，救护人员不得接触触电者的皮肤，也不能够触摸触电者的鞋子（图 1-4d）。

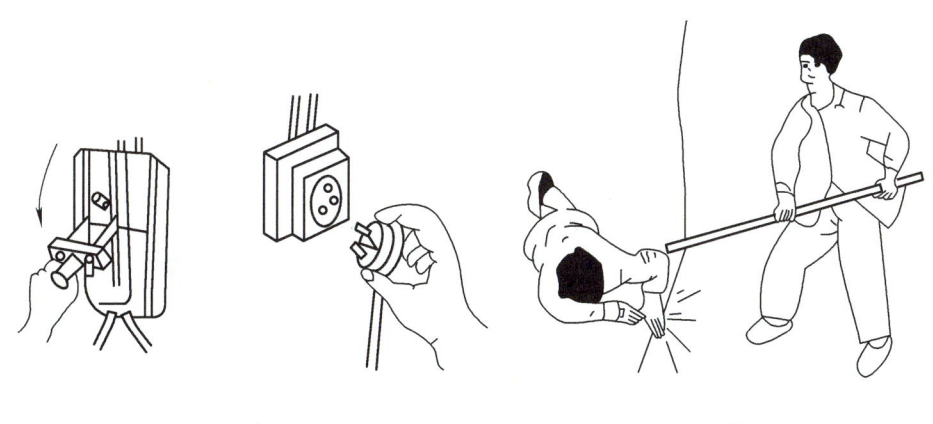

a)　　　　　　　　　　　　　　　　b)

图 1-4　使触电者迅速脱离电源

a) 断开电源开关　b) 用木棒移开电线

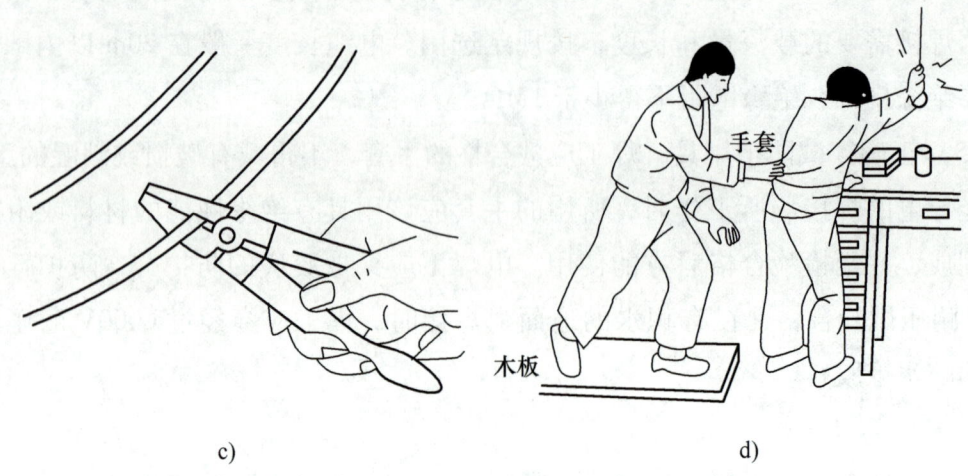

图 1-4 使触电者迅速脱离电源（续）

c）用绝缘工具切断电源　d）抓住衣服拉离电源

（2）人工呼吸法急救触电者　对有心跳而呼吸停止的触电者，可采用口对口人工呼吸法进行急救。

将触电者仰卧，解开衣领和裤带，然后将触电者头偏向一侧，张开其嘴，用手指清除口腔中的假牙、血块等异物，使呼吸道畅通（图 1-5a）。抢救者在病人的一边，使触电者的鼻孔朝天，头后仰（图 1-5b），用手捏紧触电者的鼻子，并将颈部上抬，深深吸一口气，用嘴紧贴触电者的嘴，大口吹气（图 1-5c）。然后放松捏鼻子的手，让气体从触电者肺部排出，每 5s 吹气 1 次，如此反复连续进行，不可间断，直到触电者苏醒为止（图 1-5d）。

（3）胸外心脏按压法急救触电者　对有呼吸但心脏停止跳动的触电者，应采用胸外心脏按压法进行急救。

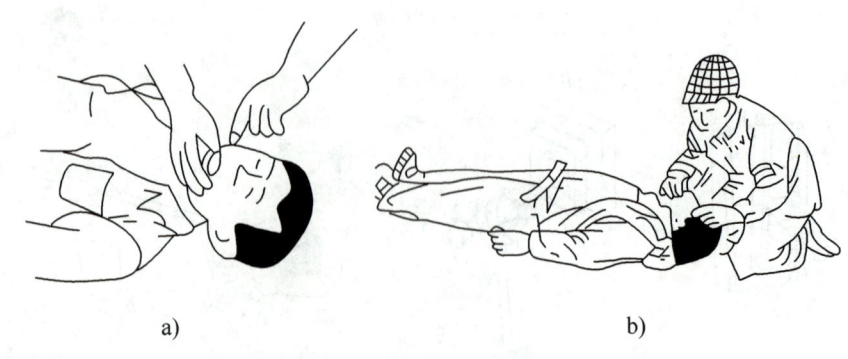

图 1-5 人工呼吸法急救触电者

a）使呼吸道畅通　b）鼻孔朝天，头后仰

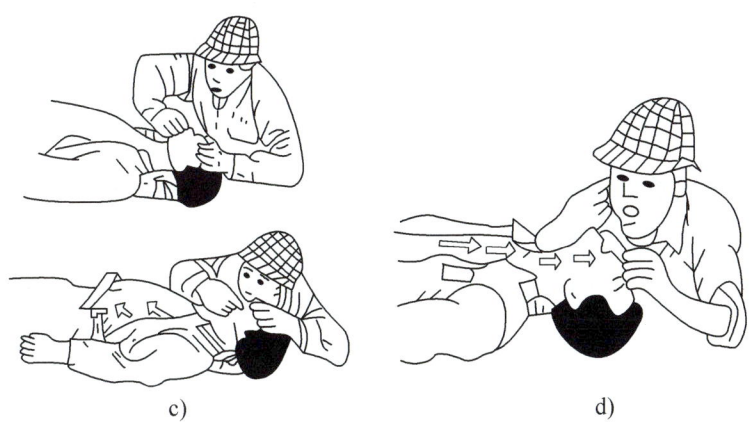

图 1-5　人工呼吸法急救触电者（续）
c）吹气　d）排气

使触电者仰卧在硬板上或地上，颈部垫软物使头部稍后仰，松开衣服和裤带。急救者跪跨在触电者腰部（图 1-6a），将右手掌根部按于触电者胸骨下 1/2 处，中指指尖对准其颈部凹陷的下缘，左手掌复压在右手背上（图 1-6b），掌根用力下压 3~4cm（图 1-6c）。突然放松，按压与放松的动作要有节奏，每秒进行一次，必须坚持连续进行，不可中断，直到触电者苏醒为止（图 1-6d）。

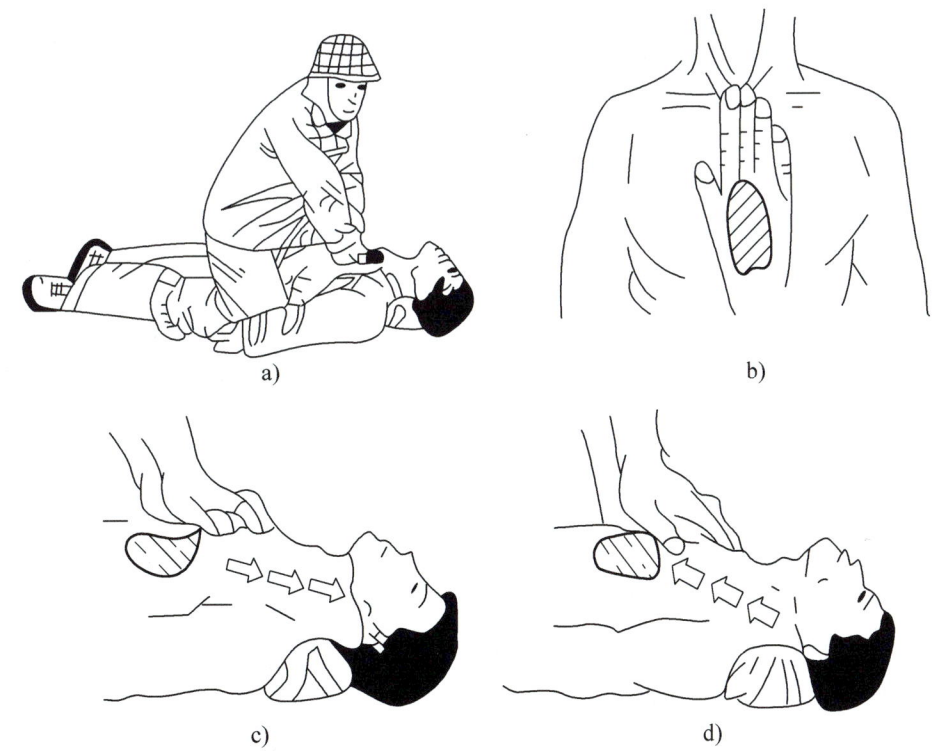

图 1-6　胸外心脏按压法急救触电者
a）跪跨在触电者腰部　b）手的位置　c）用力下压　d）突然放松

二、防止火灾

1. 焊割现场发生火灾的可能性

燃烧是一种发光放热的化学反应，反应的发生必须有可燃物、助燃物和火源三个基本条件的相互作用，缺一不可。在焊接、切割时常遇到的可燃物有乙炔、液化石油气、汽油、棉纱、油漆、木屑等，助燃物有空气、氧气等，火源有火焰、电弧、灼热物体、电火花、静电火花及金属飞溅物等，由于条件充分，所以焊接、切割现场很容易发生火灾。

2. 产生燃烧的三个条件

产生燃烧必须具备三个条件：可燃物、助燃物及火源。

（1）可燃物　不论固体、液体、气体，凡能与空气中的氧起剧烈反应的物质，一般都称为可燃物，如木材、纸张、棉花、汽油、酒精、乙炔、氢气和液化石油气等。这些物质的内部化学组成物大都有碳、氢、硫、氧、磷等元素，受外部热源条件的影响，会促使物质内部分解，析出可燃成分。大部分可燃物主要以碳氢化合物的形式存在，即所谓有机物质。

（2）助燃物　凡能帮助和支持燃烧的物质都称为助燃物，如空气（氧）和氯酸钾、高锰酸钾等氧化剂。为了使可燃物完全燃烧，必须要有充足的空气（氧气在空气中的体积分数约为21%），如燃烧1kg木材就需要$4\sim5m^3$空气；燃烧1kg石油需要$10\sim12m^3$空气。当空气供应很充足或物质在纯氧中燃烧时，则燃烧会很猛烈；但若缺乏空气，则燃烧就不完全；当空气中氧的体积分数低于14%时，就不会燃烧。

（3）火源　凡能引起可燃物燃烧的热能，都叫火源。要使可燃物起化学变化而发生燃烧，就需要有足够的热量与温度，各种可燃物燃烧时需要的温度和热量各不相同。火源有以下几种。

1）明火。如火柴与打火机的火焰、油灯火、喷灯火、烟头火；焊接、气割时的火焰飞溅等（包括灼热铁屑和高温金属）。

2）电气火。电火花（电路开启、切断、熔丝熔断等）；电器线路超负荷短路、接触不良；电炉电热丝、电热器、电灯泡、红外线灯、电熨斗等。

3）摩擦、冲击产生的火花。

4）静电荷产生的火花。由电介质相互摩擦、剥离或金属摩擦生成，如液体、气体沿导管高速流动或高速喷出等产生的静电火花。

5）雷击产生的电火花，分直接雷击和感应雷电。

6）化学反应热，包括本身自燃、遇火燃烧、与其他物质接触起火。

3. 焊割作业的防火措施

焊接时焊接金属的飞溅物和乱扔的焊条头均容易引起火灾。因此，一般要采取下列措施。

1）禁止在储存有易燃易爆物品的房间或场地中及容器上焊接。在可燃物品附近焊接，应远离10m以外，并用防火材料遮挡。

2）焊工在高空作业时，应仔细观察焊接处下方及附近有无易燃物，防止金属飞溅引发火灾。

3）有接地线的结构，在焊前应将接地线拆除，防止由于焊接回路接触不良，使接地线变为焊接回路，烧毁接地线，引起火灾。

4. 灭火措施

一切灭火措施都是为了防止燃烧的三个条件同时出现，必须设法消除三个燃烧条件中的一个。主要灭火措施有以下几种。

（1）控制可燃物　消除造成燃烧的物质基础，尽量缩小物质燃烧的范围。

（2）隔绝空气（助燃物）　消除构成燃烧的助燃条件。

（3）消除火源　消除激发燃烧的热源。

灭火器灭火采用的是抑制法（化学中断法），灭火剂能够化学抑制燃烧过程中的自由基，从而终止燃烧。各类灭火器的性能及应用见表1-4。

表1-4　各类灭火器的性能及应用

名　称	装填的药剂	用　途	注意事项
泡沫灭火器	碳酸氢钠、发沫剂和硫酸铝溶液	扑灭油类火灾	冬季应防冻结，定期更换
二氧化碳灭火器	液态二氧化碳	扑救贵重的仪器设备，不能用于扑救钾、钠、镁、铝等引起的火灾	防喷嘴堵塞
干粉灭火器	小苏打或钾盐干粉	扑救石油产品、有机溶剂、电气设备、液化石油气、乙炔气瓶等火灾	干燥、通风、防潮，半年称重一次

焊接时各种火情的灭火物质和扑灭措施见表1-5。

表1-5　焊接时各种火情的灭火物质和扑灭措施

火灾情况	灭火物质和扑灭措施
电器设备着火	立即切断电源，同时用二氧化碳灭火器灭火。严禁用水和泡沫灭火器灭火

(续)

火灾情况	灭火物质和扑灭措施
乙炔发生器着火	立即关紧总阀门停止供气,并使电石与水隔离。只能用二氧化碳灭火器和干粉灭火器扑救
氧气瓶着火	立即关闭气瓶总阀门停止供气,使其自行熄灭
铝热焊剂着火	无法扑灭,可用沙土覆盖,并迅速转移未燃烧的焊剂
焊机着火	先拉闸断电,然后再扑救。未断电前,禁止用水或泡沫灭火器扑救,以防触电,只能用干粉灭火器、二氧化碳灭火器扑救
变压器漏油起火	用沙土覆盖,或用二氧化碳灭火器扑救

三、防止爆炸

1. 焊割现场发生爆炸的可能性

爆炸是物质发生急剧的物理和化学变化,在瞬间释放出大量能量的现象。爆炸危险性极大,能摧毁建筑物,并能造成严重的人身伤害。

爆炸一般按能量来源的不同分为物理爆炸和化学爆炸。

物理爆炸:由物理变化(如温度、体积和压力等因素)引起的爆炸。

化学爆炸:物质在极短的时间内完成化学反应,生成新的物质并产生大量气体和能量的现象。

在焊割现场发生爆炸,可能性最大的是化学爆炸。化学爆炸也必须同时具备三个条件:足够的易燃易爆物质;易燃易爆物质与空气等氧化剂混合后的浓度在爆炸极限内;有能量足够的火源。

焊接时可能发生爆炸的几种情况如下。

(1)可燃气体的爆炸 工业上大量使用的可燃气体,如乙炔(C_2H_2)、天然气(CH_4)、液化石油气[主要成分:丙烷(C_3H_8)和丁烷(C_4H_{10})]等,它们与氧气或空气均匀混合达到一定极限,遇到火源便发生爆炸,这个极限称为爆炸极限,常用可燃气体在混合物中所占的体积分数来表示。如乙炔与空气混合爆炸极限为2.2%~81%,与氧气混合爆炸极限为2.8%~93%;液化石油气与空气混合爆炸极限为3.5%~16.3%,与氧气混合爆炸极限为3.2%~64%,且易产生混合爆炸。

(2)可燃液体或可燃液体蒸气的爆炸 在焊接场地或附近放有可燃液体时,可燃液体或可燃液体的蒸气达到一定浓度,遇到电焊火花,即会发生爆炸。如汽油蒸气与空气混合,其爆炸极限仅为0.7%~6.0%。

(3)可燃粉尘的爆炸 可燃粉尘(如镁、铝粉尘,纤维粉尘等)悬浮于空气中,达到一定浓度范围后,遇到火源(如电焊火花等)也会发生爆炸。

(4)焊接直接使用可燃气体的爆炸 如乙炔,若操作不当而发生回火时会发生爆炸。

(5)密闭容器的爆炸 对密闭容器或正在受压的容器进行焊接时,如不采取适当的措施,也可能会发生爆炸。

2. 焊割作业时防止爆炸的措施

1)严禁在内有压力的容器上焊接,距离焊接处10m以内不要放置易爆物品。

2)焊接带油的容器和管道前必须将油放尽,并用碱水和热水冲洗干净。

第三节　焊接安全检查

【学习目标】

1)了解焊接、切割作业的相关规定,学会对焊接场地、设备安全进行检查。

2)掌握安全用电、防火、防爆常识,能正确对工夹具进行安全检查。

一、焊接场地、设备安全检查

1)检查焊接与切割作业点的设备、工具、材料是否排列整齐,不得乱堆乱放。

2)检查焊接场地是否有必要的通道,且车辆通道宽度不小于3m;人行通道宽度不小于1.5m。

3)检查所有气焊胶管和焊接电缆是否互相缠绕,如有缠绕,必须分开;检查气瓶用后是否已移出了工作场地;在工作场地各种气瓶不得随便横躺竖放。

4)检查焊工作业面积是否足够,焊工作业面积不应小于$4m^2$;地面应干燥;工作场地要有良好的自然采光或局部照明。

5)检查焊割场地周围10m范围内,各类可燃易爆物品是否清除干净,如不能清除干净,应采取可靠的安全措施,如用水喷湿或用防火盖板、湿麻袋、石棉布等覆盖。

6)室内作业应检查通风是否良好,多点焊接作业或与其他工种混合作业时,各工位间应设防护屏。

7）室外作业现场要检查以下内容：登高作业现场是否符合安全要求；在地沟、坑道、检查井、管段和半封闭地段等处作业时，应严格检查有无爆炸和中毒危险，应该用仪器（如测爆仪、有毒气体分析仪）进行检验分析，禁止用明火及其他不安全的方法进行检查。对作业处附近敞开的孔洞和地沟，应用石棉板盖严，防止火花进入。

8）检查焊接切割场地时要做到仔细观察环境，分析种类情况，认真加强防护。为保证安全生产，要注意下列情况。

①当施焊人员没有安全操作证，又没有持证焊工现场指导时，不能进行焊、割作业。

②凡属于有动火审批手续要求的，手续不全不得擅自进行焊、割作业。

③焊工不了解焊、割现场周围情况时，不能盲目进行焊、割作业。

④焊工不了解焊、割件内部是否安全时，未经彻底清洗，不能进行焊、割作业。

⑤对盛装过可燃气体、液体、有毒物质的各种容器，未做清洗时，不能进行焊、割作业。

⑥用可燃材料进行保温、冷却、隔声、隔热的部位，若火星能飞溅到，在未经采取可靠的安全措施之前，不能进行焊、割作业。

⑦有电流、电压的导管、设备、器具等在未断电、泄压前，不能进行焊、割作业。

⑧焊、割场地附近堆放有易燃、易爆物品，在未彻底清理或未采取有效防护措施前，不能进行焊、割作业。

⑨与外部设备相接触的部位，在没有弄清外部设备有无影响或明知存在危险性又未采取切实有效的安全措施之前，不能进行焊、割作业。

⑩焊、割场所与附近其他工种互相有干扰时，不能进行焊、割作业。

二、工夹具的安全检查

为了保证焊工的安全，在焊接前应对所使用的工具、夹具进行检查。

（1）电焊钳　焊接前应检查电焊钳与焊接电缆接头处是否牢固。如果两者接触不牢固，焊接时将影响电流的传导，甚至会打火花。另外，接触不良将使接头处产生较大的接触电阻，造成电焊钳发热、变烫，影响焊工的操作。此外，应检查钳口是否完好，以免影响焊条的夹持。

(2) 面罩和护目玻璃　主要检查面罩和护目玻璃是否遮挡严密,有无漏光的现象。

(3) 角向磨光机　要检查砂轮转动是否正常,有没有漏电的现象;砂轮片是否已经紧固,是否有裂纹、破损,要杜绝使用过程中砂轮碎片飞出伤人。

(4) 锤子　要检查锤头是否松动,避免在打击中锤头甩出伤人。

(5) 扁铲、錾子　应检查其边缘有无毛刺、裂痕,若有,应及时清除,防止使用中碎块飞出伤人。

(6) 夹具　各类夹具,特别是带有螺钉的夹具,要检查其上的螺钉是否转动灵活,若已锈蚀,则应除锈,并加以润滑,否则使用中可能会导致夹具失效。

焊接专家

潘际銮(图 1-7,1927.12.24—2022.4.19),中国科学院院士,南昌大学名誉校长,西南联大北京校友会会长,清华大学教授。著名焊接专家。1927 年出生,江西瑞昌人。1944 年被保送进入国立西南联合大学,1948 年清华大学机械系毕业,1953 年哈尔滨工业大学研究生毕业。曾任国务院学位委员会委员兼材料科学与工程评审组长,清华大学学术委员会主任及机械系主任,南昌大学校长,国际焊接学会副主席,中国焊接学会理事长,中国机械工程学会副理事长,美国纽约州立大学(尤蒂卡分校)名誉教授。

图 1-7　潘际銮

他创建了我国高校第一批焊接专业。长期从事焊接专业的教学和研究工作。20 世纪 60 年代初,实验成功氩弧焊并完成清华大学第一座核反应堆焊接工程;继之研究成功我国第一台电子束焊机;以堆焊方法制造重型锤锻模;1964 年与上海汽轮机厂等合作,成功制造出我国第一根 6MW 汽轮机压气机焊接转子,为汽轮机转子制造开辟了新方向;20 世纪 70 年代末研制成功具有特色的电弧传感器及自动跟踪系统;20 世纪 80 年代研究成功新型 MIG 焊接电弧控制法"QH-ARC 法",首次提出用电源的多折线外特性、陡升外特性及扫描外特性控制电弧的概念,为焊接电弧的控制开辟新的途径。1987—1991年在我国自行建设的第一座核电站（秦山核电站）担任焊接顾问，为该工程做出重要贡献。2003年研制成功爬行式全位置弧焊机器人，为国内外首创。2008年完成的"高速铁路钢轨焊接质量的分析""高速铁路钢轨的窄间隙自动电弧焊系统"项目，为我国第一条时速350km高速列车于北京奥运会召开前顺利开通做出了贡献。

第二章 焊条电弧焊电源及工具

焊条电弧焊电源是为焊接电弧提供电能的一种装置，也就是利用焊接电弧产生的热量来熔化焊条和焊件，实现焊接过程的电气设备，即通常所说的手工电弧焊机，以下简称为弧焊电源。它包括弧焊变压器、弧焊发电机、弧焊整流器和逆变式弧焊电源。本章主要介绍上述几种电源的结构特点、工作原理、使用与维护方法、故障排除方法及其使用时的防护用品与辅助工具。

第一节 常用焊接电源的介绍

【学习目标】

1) 了解弧焊电源的型号及其主要技术参数。
2) 熟悉对弧焊电源的特性要求。
3) 掌握不同种类弧焊电源的结构特点、使用与维护方法。

弧焊电源实质上是用来进行电弧放电的电源。弧焊电源必须具有下降的外特性；工艺和结构上还要求焊接电源具有适当的空载电压，容易引弧，同时根据不同直径的焊条、不同的焊接位置来调节焊接电流，并保证短路电流不大于额定电流的1.5倍；此外，还能维持不同功率的电弧稳定燃烧，满足电能消耗少、使用安全、容易维护等要求。

弧焊电源按照输出电流的性质可分为直流电源和交流电源两大类；按电源的结构不同又可分为弧焊变压器、旋转式直流弧焊发电机、弧焊整流器和逆变式弧焊电源四种类型。

一、对弧焊电源的基本要求

弧焊电源是焊机中的核心部分，是为焊接电弧提供电能的一种专门设备。为满足焊接工作的需要，弧焊电源应具有一定的空载电压、短路电流，一定的外特性、动特性和调节特性。

1. 弧焊电源空载电压

当弧焊电源接通电网而输出端没有负载时，焊接电流为零，此时输出端的电压称为空载电压。弧焊电源空载电压高时，引弧容易，电弧燃烧稳定；空载电压太低时，引弧将发生困难，电弧燃烧也不稳定。但若要空载电压高，则设备体积大、质量大，耗费的材料也多，而且功率因数低，使用和制造都不经济。空载电压高也不利于焊工人身安全。综合考虑以上因素，在确保引弧容易、电弧稳定的条件下，空载电压应尽可能低些。GB/T 8118—2010 规定的空载电压规定值见表 2-1。

表 2-1　弧焊电源的空载电压规定值

电源类型	弧焊变压器	弧焊整流器	弧焊发电机
最大空载电压/V	80	90	100

2. 弧焊电源短路电流

当电极和焊件短路时，弧焊电源的输出电流称为短路电流 I_{wd}。在引弧和熔滴过渡时，经常发生短路，短路电流 I_{wd} 一般应稍大于额定焊接电流 I，这将有利于引弧。但短路电流 I_{wd} 过大，会引起焊接飞溅，易使电源过载。一般情况下，短路电流满足以下要求较为合适

$$1.25I < I_{wd} < 2I$$

式中　I——焊接电流（A）；

　　　I_{wd}——短路电流（A）。

3. 弧焊电源外特性

在稳定状态下，弧焊电源的输出阻抗电压与电流的关系称为弧焊电源的外特性。弧焊电源外特性分为下降特性、平特性和上升特性。下降特性又分为缓降特性和陡降特性两种，如图 2-1 所示。

进行弧焊时，电弧静特性曲线与电源外特性曲线的交点就是电弧燃烧的工作点。焊条电弧焊时的电弧静特性曲线一般为平特性段。由于焊条电弧焊时弧长不断变化，常配用陡降外特性电源，如图 2-2 所示。当弧长 L 变化时，陡降外特性电源的焊接电流变化不大，所以有利于焊接电流的稳定。而且采用陡降外特性电源，在遇到干扰时，焊接电流恢复到稳定值的时间较缓降外特性电源短，进一步提高了电弧稳定性，所以焊条电弧焊电源应具有陡降外特性。

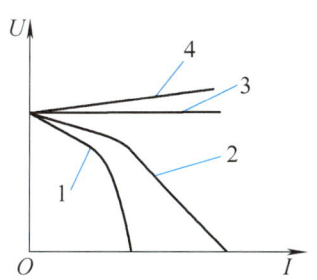
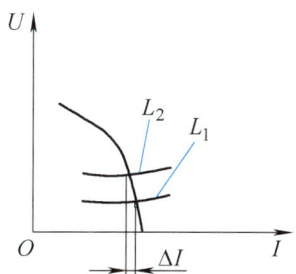

图 2-1　弧焊电源的不同外特性　　　　图 2-2　焊条电弧焊电源陡降外特性曲线

1—陡降特性　2—缓降特性　3—平特性　4—上升特性

4. 弧焊电源动特性

经常出现短路的弧焊方法，对电源动特性有一定的要求。短路时要提供合适的短路电流，电极抬起时，焊接电源要很快达到空载电压。如果焊接电源输出的电流和电压不能很快地适应弧焊过程中的这些变化，电弧就不能稳定地燃烧甚至熄灭。通常规定电压恢复时间不大于 0.05s。焊接电源适应焊接电弧变化的特性称为焊接电源的动特性。

5. 弧焊电源调节特性

焊接时，根据母材的特性、厚度、几何形状的不同，要选用不同的焊接电流、电弧电压。因此要求弧焊电源能在较大范围内均匀、灵活地供给合适的焊接电流。

6. 弧焊电源结构

弧焊电源的结构必须牢固、轻巧，且使用、维修较为方便。

二、弧焊电源型号的编制与主要技术参数

1. 型号的编制

我国弧焊电源型号按 GB/T 10249—2010 标准规定编制。弧焊电源型号由汉语拼音字母及阿拉伯数字组成，其编排次序及各部分含义如下：

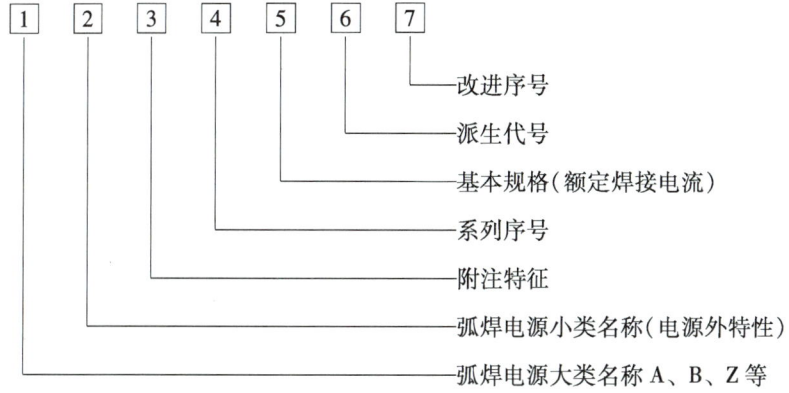

型号中1、2、3、6各项用汉语拼音字母表示，4、5、7各项用阿拉伯数字表示，型号中3、4、6、7项若不用时，其他各项排紧。部分产品符号代码的代表字母及序号见表2-2。

表 2-2　部分产品符号代码的代表字母及序号

产品名称	第一字母		第二字母		第三字母		第四字母	
	代表字母	大类名称	代表字母	小类名称	代表字母	附注特征	数字序号	系列序号
电弧焊机	B	交流弧焊机（弧焊变压器）	X	下降特性	L	高空载电压	省略 1 2 3 4 5 6	磁放大器或饱和电抗器式 动铁心式 串联电抗器式 动圈式 晶闸管式 变换抽头式
			P	平特性				
	A	机械驱动的弧焊机（弧焊发电机）	X	下降特性	省略 D	电动机驱动 单纯弧焊发电机	省略 1 2	直流 交流发电机整流 交流
			P	平特性	Q C	汽油机驱动 柴油机驱动		
			D	多特性	T H	拖拉机驱动 汽车驱动		
	Z	直流弧焊机（弧焊整流器）	X	下降特性	省略	一般电源	省略 1 2 3 4 5 6 7	磁放大器或饱和电抗器式 动铁心式 动线圈式 晶体管式 晶闸管式 变换抽头式 逆变式
					M	脉冲电源		
			P	平特性	L	高空载电压		
			D	多特性	E	交直流两用电源		
	M	埋弧焊机	Z	自动焊	省略	直流	省略 1 2 3 9	焊车式 横臂式 机床式 焊头悬挂式
			B	半自动焊	J	交流		
			U	堆焊	E	交直流		
			D	多用	M	脉冲		

（续）

产品名称	第一字母		第二字母		第三字母		第四字母	
	代表字母	大类名称	代表字母	小类名称	代表字母	附注特征	数字序号	系列序号
电弧焊机	N	MIG/MAG焊机（熔化极惰性气体保护弧焊机/活性气体保护弧焊机）	Z B D U G	自动焊 半自动焊 点焊 堆焊 切割	省略 M C	直流 脉冲 二氧化碳气体保护焊	省略 1 2 3 4 5 6 7	焊车式 全位置焊车式 横臂式 机床式 旋转焊头式 台式 焊接机器人 变位式
	W	TIG焊机	Z S D Q	自动焊 手工焊 点焊 其他	省略 J E M	直流 交流 交直流 脉冲	省略 1 2 3 4 5 6 7 8	焊车式 全位置焊车式 横臂式 机床式 旋转焊头式 台式 焊接机器人 变位式 真空充气式
	L	等离子弧焊机/等离子弧切割机	G H U D	切割 焊接 堆焊 多用	省略 R M J S F E K	直流等离子 熔化极等离子 脉冲等离子 交流等离子 水下等离子 粉末等离子 热丝等离子 空气等离子	省略 1 2 3 4 5 8	焊车式 全位置焊车式 横臂式 机床式 旋转焊头式 台式 手工等离子
电阻焊机	D	点焊机	N R J Z D B	工频 电容储能 直流冲击波 次级整流 低频 逆变	省略 K W	一般点焊 快速点焊 网状点焊	省略 1 2 3 6	垂直运动式 圆弧运动式 手提式 悬挂式 焊接机器人

（续）

产品名称	第一字母		第二字母		第三字母		第四字母	
	代表字母	大类名称	代表字母	小类名称	代表字母	附注特征	数字序号	系列序号
电阻焊机	T	凸焊机	N	工频			省略	垂直运动式
			R	电容储能				
			J	直流冲击波				
			Z	次级整流				
			D	低频				
			B	逆变				
	F	缝焊机	N	工频	省略	一般缝焊	省略	垂直运动式
			R	电容储能	Y	挤压缝焊	1	圆弧运动式
			J	直流冲击波	P	垫片缝焊	2	手提式
			Z	次级整流			3	悬挂式
			D	低频				
			B	逆变				
	U	对焊机	N	工频	省略	一般对焊	省略	固定式
			R	电容储能	B	薄板对焊	1	弹簧加压式
			J	直流冲击波	Y	异形截面对焊	2	杠杆加压式
			Z	次级整流	G	钢窗闪光对焊	3	悬挂式
			D	低频	C	自行车轮圈对焊		
			B	逆变	T	链条对焊		
	K	控制器	D	点焊	省略	同步控制	1	分立元件
			F	缝焊	F	非同步控制	2	集成电路
			T	凸焊	Z	质量控制	3	微机
			U	对焊				
光束焊接设备	G	光束焊机	S	光束			1	单管
							2	组合式
							3	折叠式
							4	横向流动式
	G	激光焊机	省略	连续激光	D	固体激光		
					Q	气体激光		
			M	脉冲激光	Y	液体激光		

(续)

产品名称	第一字母		第二字母		第三字母		第四字母	
	代表字母	大类名称	代表字母	小类名称	代表字母	附注特征	数字序号	系列序号
超声波焊机	S	超声波焊机	D F	点焊 缝焊			省略 2	固定式 手提式
钎焊机	Q	钎焊机	省略 Z	电阻钎焊 真空钎焊				
焊接机器人	产品标准规定							

注：大类名称中"H"表示电渣焊接设备，"R"表示螺柱焊机，"C"表示摩擦焊机，"E"表示电子束焊机。

2. 主要技术参数

每台弧焊电源设备上都有金属铭牌，上面标有弧焊电源的主要技术指标，在没有使用说明书的情况下，它是弧焊电源可靠的原始参数。焊工应看懂铭牌并理解各项技术指标的意义。在铭牌上列有该台弧焊电源设备的主要参数：一次电压、一次电流、频率、相数、空载电压、额定焊接电流、电流调节范围、负载持续率等。下面以 BX3-300 型弧焊电源的铭牌为例，说明这些参数的意义。

一次电压	380V	空载电压	75V/60V
相数	1	频率	50Hz
电流调节范围	40~400A	额定负载持续率	60%
负载持续率	100%、60%、35%	一次电流/A	41.8、54、72
容量	20.5kV·A	额定焊接电流/A	300

（1）一次电压、一次电流、频率和容量　这些参数说明焊接电源接入网路时的要求。例如，BX3-300 型接入单相 380V 电网，容量为 20.5kV·A。

（2）空载电压　表示焊接电源的空载电压。例如，BX3-300 型弧焊电源的空载电压有 75V 和 60V 两档。

（3）负载持续率　焊接电源工作时会发热，温升过高会使绝缘部件损坏而被烧毁。温升一方面与焊接电源提供的焊接电流大小有关，另一方面也与焊接电源的使用状态有关。断续使用与连续使用的情况是不一样的。在焊接电流相同的情况下，长时间连续焊接时温升高，间断焊接时，温升就低。所以，为保证弧焊电源温升不超过允许值,连续焊接时电流要用得小一些,断续焊接时,电流可用得大一些,即根据弧焊电源的工作状态确定焊接电流调节范围。负载持续率就是用来表示弧焊电源工作状态的参数。负载持续率等于工作周期中弧焊电源有负载的时间所占的百分数。

负载持续率=(在工作周期中弧焊电源有负载的时间/工作周期)×100%

我国国家标准规定,对于容量在 500kV·A 以下的弧焊电源,以 5min 为一个工作周期计算负载持续率。例如,焊条电弧焊时只有电弧燃烧时电源才有负载,在更换焊条、清渣时电源没有负载。如果 5min 内有 2min 用于换焊条和清渣,那么负载时间只有 3min,负载持续率则等于 60%。对于任何一台电源,负载持续率越高,则允许使用的焊接电流越小。

(4)额定负载持续率 设计弧焊电源时,根据其最经常的工作条件选定的负载持续率,称为额定负载持续率,额定负载持续率下允许使用的电流称为额定焊接电流。如 BX3-300 型弧焊电源的额定负载持续率是 60%,这时允许的电流 300A 即为其额定电流。负载持续率增加,允许使用的焊接电流减小;反之,负载持续率减小,允许使用的焊接电流增大。如 BX3-300 型弧焊电源的负载持续率为 100%时,其允许使用的焊接电流为 232A,而当负载持续率为 35%时,其允许使用的焊接电流为 400A,也就是说,BX3-300 型弧焊电源的额定电流为 300A,最大电流为 400A。因此,使用弧焊电源时,焊接电流不能超过铭牌上所规定的不同负载持续率下允许使用的焊接电流,否则会造成弧焊电源超载而温升过高,以致损毁。

三、常用焊条电弧焊电源

1. 弧焊变压器

交流弧焊机由变压器和电抗器两部分组成,一般接单相电源。其基本原理是通过变压器获得焊接所需要的空载电压,并经过电抗器来获得下降的外特性。

以 BX1-315 型弧焊变压器为例予以说明。

(1)结构及性能 BX1-315 型弧焊变压器的构造如图 2-3 所示,其结构属于动铁心增强漏磁式类型,其结构特点是在"口"字形静铁心(主铁心)的中间部位增加了一个可动铁心,主要是作为磁分路,以增加漏磁,从而获得下降的外特性。其结构原理如图 2-4 所示。

图 2-3　BX1-315 型弧焊变压器

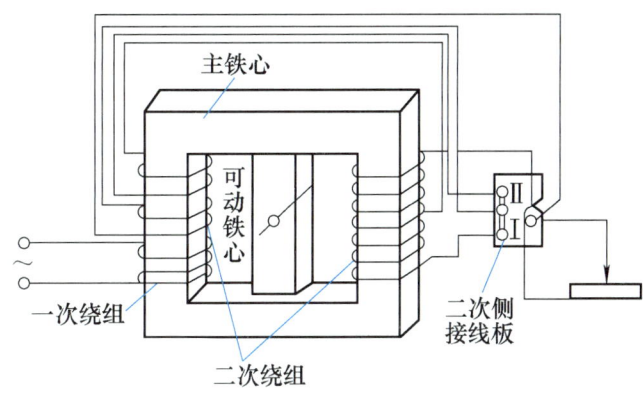

图 2-4　BX1-315 型弧焊变压器的结构原理

型号中的"B"表示弧焊变压器,"X"表示焊接电源外特性为下降的外特性,"1"表示该系列产品中的序号属于动铁心式,"315"表示额定焊接电流为315A。常用弧焊变压器的型号及主要技术参数见表2-3。

表 2-3　常用弧焊变压器的型号及主要技术参数

弧焊变压器的型号及结构特征		BX-500	BX1-315	BX1-400	BX3-300	BX6-120-1	BX-3×500
		磁放大器或饱和电抗器式	动铁心式	动铁心式	动圈式	变换抽头式	分体动铁心式
一次电压/V		220/380	220/380	380	220/380	380	220/380
空载电压/V	接法Ⅰ	60	70	70~80	80	50	220/380
	接法Ⅱ	60	60	70~80	70	50	70
焊接电流调节范围/A	接法Ⅰ	150~700	50~180	60~480	40~125	45~160	35~210 接12个站
	接法Ⅱ	150~700	160~450	60~480	120~300	45~160	
工作电压/V		30	30	22~39	32	24.8	25
额定负载持续率(%)		65	65	60	60	20	100
各负载持续率(%)		100　65　30	100　65　35	100　60　40	100　60	20	—
一次电流/A	220V	—	145	—	—	18.5	23.4	—	320
	380V	—	84	—	56	18.5	23.4	15.8	185
二次电流/A		400　500　700	365　315　450	310　400　480	232　300	120	500
额定输入容量/kV·A		32	21	34	23.4	6	122
频率/Hz		50	50	50	50	50	50
效率(%)		86	80	84.5	82.5	70	95
功率因数		0.52	0.50	0.50	0.53	0.60	—
质量/kg		290	185	170	183	25	700

（续）

弧焊变压器的型号及结构特征		BX-500 磁放大器或饱和电抗器式	BX1-315 动铁心式	BX1-400 动铁心式	BX3-300 动圈式	BX6-120-1 变换抽头式	BX-3×500 分体动铁心式
外形尺寸	长/mm	810	882	625	730	400	316
	宽/mm	410	577	452	540	252	402
	高/mm	860	786	790	900	193	732

（2）电流调节 电流的调节是通过转动螺杆来移动铁心，以改变变压器的漏磁来实现的，如图2-5所示。当动铁心外移时，磁阻增大，磁分路作用减小，漏磁也就减小，所以电流增大；反之，当动铁心内移时，电流减小。

（3）弧焊变压器使用中的注意事项

1）弧焊变压器应放置于通风良好、干燥的地方；在露天作业时，必须妥善盖好，以防雨、雪、灰尘的侵入，同时也要考虑通风问题。

2）注意配电系统开关、熔丝、导线绝缘、导线截面及网路电源功率等是否符合要求。

3）在弧焊变压器接入网路前，必须注意两者的电压是否相等。

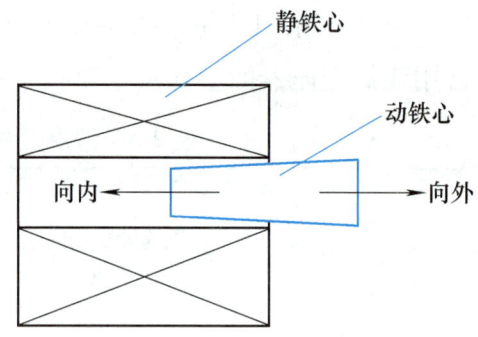

图2-5 动铁心移动示意图

4）弧焊变压器外壳应有良好的接地。

5）合上开关前，应检查弧焊变压器各部分接线是否正确。电线接头要接触良好，不得有松动，特别要注意焊钳与焊件不得接触，以防短路。

（4）弧焊变压器常见故障处理 弧焊变压器常见的故障特征、产生原因及其排除方法见表2-4。

表2-4 弧焊变压器常见的故障特征、产生原因及其排除方法

故障特征	产　生　原　因	排　除　方　法
弧焊变压器外壳漏电	1. 一次或二次绕组与外壳相接触 2. 电源线与外壳相接触 3. 弧焊变压器未接地或接地不良	1. 检查绕组的绝缘电阻值，并消除与外壳相接触现象 2. 消除电源线与外壳相接触现象 3. 检查并接好接地线
弧焊变压器过热	1. 变压器过载 2. 变压器绕组短路 3. 铁心螺杆绝缘损坏	1. 减小焊接电流 2. 检查并消除短路现象 3. 恢复绝缘

（续）

故障特征	产　生　原　因	排　除　方　法
焊接电流不稳定	1. 焊接电缆与焊件接触不良 2. 可动铁心随变压器的振荡而移动	1. 使焊接电缆与焊件接触良好 2. 消除可动铁心的移动问题
导线接线处过热	1. 接线处接触电阻过大 2. 接线处螺母未拧紧	1. 将接线松开，用砂纸或小刀清理接触导电处 2. 拧紧螺母
变压器产生强烈的嗡嗡声和熔丝熔断	1. 一次、二次绕组短路 2. 部分电抗绕组有短路 3. 可动铁心拉簧未拧紧或活动部分移动机架损坏	1. 消除一次、二次绕组的短路现象 2. 拉紧弹簧并紧固螺母 3. 检查并修理铁心的移动机构
焊接电流过小	1. 焊接电缆太长，电压降太大 2. 焊接电缆卷成盘形，电感很大 3. 电缆接线柱与焊件接触不良	1. 减短焊接电缆长度或加大电缆直径 2. 将电缆放开，使其不成盘形 3. 使接头处保持良好的接触
电弧不易引燃或经常断弧	1. 二次绕组或电抗线圈部分短路 2. 可动铁心严重振荡 3. 电源电压不足 4. 接头接触不良	1. 消除短路现象 2. 设法使可动铁心不松动 3. 调整电压到额定值 4. 保持良好接触

2. 弧焊整流器

以 ZXG-400 型弧焊整流器为例予以说明。

（1）结构及性能　这种弧焊整流器无旋转部分，其结构属于磁放大器式，如图 2-6 所示。弧焊整流器空载电压为 80V，工作电压为 22~39V，焊接电流调节范围为 50~400A。

弧焊整流器主要由三相降压变压器、三相磁放大器、输出电抗器、通风机组以及控制系统等组成。利用磁放大器的整流作用，将外接电源的交流电变为焊接所需的直流电。

弧焊整流器型号中的"Z"表示弧焊整流器，"X"表示焊接电源为下降的外特性，"G"表示焊机采用硅整流器件。常用弧焊整流器的主要技术参数见表 2-5。

图 2-6　ZXG-400 型弧焊整流器

（2）电流调节　这种弧焊整流器的电流调节比较简单方便，均在其面板上进行。先打开电源开关，然后转动电流调节器，将电流表上指示的电流数值调到所需要的电流即可进行焊接。

（3）弧焊整流器的故障处理　弧焊整流器的常见故障特征、产生原因及其排除方法见表 2-6。

表 2-5　常用弧焊整流器的主要技术参数

	弧焊整流器的型号及结构特征		ZXG-300R	ZXG-400	ZXG1-400	ZXG3-300-1	ZXG12-165	ZPG6-1000
			磁放大器式	磁放大器式	动铁心式	动线圈式	高压引弧式	交换抽头式
输出	空载电压/V		70	80	71.5	80	80	70
	工作电压/V		25~30	22~39	24~39	—	25~30	70
	焊接电流调节范围/A		30~300	40~480	100~480	50~300	20~200	15~300 接6个站
	额定负载持续率（%）		60	60	60	60	60	100
	焊接电流/A	当为额定负载持续率时	300	400	400	300	165	—
		当为100%负载持续率时	230	310	310	230	130	1000
输入	电源电压/V		380	380	380	380	380	380
	电源相数		3	3	3	1	3	3
	频率/Hz		50	50	50	50	50	50
	额定输入容量/kV·A		21	34.9	27.8	18.6	9	72
	额定输入电流/A		32	53	42	64	13.5	1.15
功率因数			—	—	—	—	0.85	0.89
效率（%）			—	—	—	—	62	86
质量/kg			240	330	238	345	75	400
外形尺寸	长/mm		690	690	685	1095	660	650
	宽/mm		440	490	570	665	325	690
	高/mm		900	952	1075	1255	530	1170

表 2-6　弧焊整流器的常见故障特征、产生原因及其排除方法

故障特征	产　生　原　因	排　除　方　法
箱壳漏电	1. 电源线误与罩壳相接触 2. 电源接线绝缘不良或接线板损坏 3. 内部绕组、元件受潮漏电 4. 内部绕组、元件绝缘不良，与罩壳相接触 5. 未接地或接地线接触不良	1. 检查并排除与罩壳相接触现象 2. 恢复绝缘，必要时更换绕组或元件 3. 排除受潮现象 4. 恢复绝缘，检查并排除与罩壳相接触现象 5. 接妥接地线

(续)

故障特征	产生原因	排除方法
焊接电流调节失灵	1. 直流控制绕组匝间短路或断线 2. 控制电路断线或接触不良 3. 控制电路内元件击穿或损坏	1. 排除短路现象 2. 查出断线并修复，使控制器接触良好 3. 更换控制电路内元件
空载电压太低	1. 网路电压过低 2. 变压器的二次绕组匝间短路 3. 交流接触器触头接触不良 4. 硅整流器损坏 5. 焊接回路有短路现象	1. 弧焊整流器电源与其他大功率供电设备适当分开 2. 排除短路现象 3. 修复接触器 4. 调换硅整流器 5. 避免焊接回路的短路现象
焊接电流不稳定	1. 焊接回路交流接触器抖动 2. 风压开关抖动 3. 直流控制绕组接触不良	1. 排除抖动现象 2. 排除抖动现象 3. 使接触良好
风扇电动机不转	1. 熔丝烧断 2. 电动机绕组断线 3. 按钮触头接触不良	1. 更换熔丝 2. 修复或更换电动机 3. 修复或更换按钮
焊接时，焊接电压突然降低	1. 焊接回路短路 2. 硅整流器击穿 3. 控制电路短路 4. 其他原因参考"焊接电流调节失灵"故障	1. 排除短路 2. 更换硅整流器，检查保护线路 3. 检查控制电路
响声不正常	1. 输出端"+""-"被短路 2. 焊接回路有短路 3. 风扇电动机不转	1. 排除短路 2. 排除短路 3. 检修风扇电动机及其供电线路

弧焊整流器的使用性能对焊接质量有着极其重要的影响。弧焊变压器、旋转式直流弧焊发电机及弧焊整流器在结构、性能和使用等方面各有优缺点，具体情况见表2-7。

表2-7 三种类型弧焊电源的特点比较

项 目	弧焊变压器	旋转式直流弧焊发电机	弧焊整流器
焊接电流种类	交流	直流	直流
电弧稳定性	较差	好	好
极性可换性	无	有	有
磁偏吹	很小	较大	较大
构造与维护	简单	复杂	复杂
噪声	小	较大	较小

(续)

项 目	弧焊变压器	旋转式直流弧焊发电机	弧焊整流器
供电	一般为单相	三相	一般为三相
功率因数	低	高	较高
空载损耗	小	较大	较小
成本	较低	高	较高
质量	小	较大	较小
适用范围	一般焊接结构	一般或重要焊接结构	一般或重要焊接结构

3. 逆变式弧焊电源

逆变式弧焊电源是近年来发展起来的一种新型弧焊电源，由于它具有工作频率高、动特性好、体积小、质量小及高效、节能等优点，因此已成为一种很有发展前途的新型弧焊电源而得到应用，如图 2-7 所示。

（1）逆变式弧焊电源的基本原理　逆变式弧焊电源也称为弧焊逆变器，它的基本原理就是将电网输入的 50Hz 工频交流电通过整流、滤波后，经逆变器将得到的直流电逆变为几百至几万赫兹的中频交流电，再经中频

图 2-7　ZX7-400 型逆变式弧焊电源

焊接变压器降至适合于焊接用的低电压。如果需要直流弧焊，可再整流和滤波，将中频交流电变成稳定的直流电输出。其基本原理可归纳为：工频交流→直流→逆变为中频交流→直流输出。

综上所述可知，逆变器是焊接电源的关键部件。所谓逆变器，就是将直流电转换成交流电的装置，它是靠大功率开关电子元件的交替开关来完成这一过程的。逆变式弧焊电源就是靠电子控制电路与电弧电压、电流反馈信号的配合，通过对逆变器进行定频率调节脉冲宽度或者定脉冲宽度调节频率两种调节控制，来获得各种形状的外特性，以满足各种焊接的不同需要。

逆变式弧焊电源的规范调节，一般是通过改变逆变器的开关脉冲频率（工作频率）或开关脉冲的占空比（脉冲时间占整个周期的比例）来实现的。脉冲频率或占空比越大，焊接电流越大；反之，则焊接电流越小。

（2）逆变式弧焊电源的优点　逆变式弧焊电源与弧焊变压器、直流弧焊发

机、弧焊整流器等传统焊接电源比较，具有以下优点。

1) 反应速度快，动特性好。当负载发生变化时，从反应速度的快慢比较，磁饱和电抗器为 0.1s，晶闸管式为 0.01s，而逆变式为 0.001s，反应速度显著提高。由于反应速度快，焊接回路时间常数小，有利于获得良好的动特性，因此，逆变式弧焊电源的引弧性能、稳弧性能、各种波形的控制能力大幅度提高，而且焊接电流的脉动系数也很小，可以得到非常稳定的焊接电流波形。

2) 效率高，节省电能。逆变式弧焊电源由于比其他焊接电源体积小，铜损及铁损随着耗材的减少而大大降低，无功损耗也减少，功率因数可达 95%~99%。因此，这种弧焊电源效率高，可达到 80%~90%。由于电源功率因数提高，而且电源空载时电路基本上不工作，空载损耗也很小，因此，逆变式弧焊电源比传统的电源节电 1/3 以上，可大幅度降低焊接成本，是高效、节能的理想设备。现将我国两大系列弧焊电源的技术经济指标与逆变式弧焊电源做一比较，见表 2-8。可以明显看出，无论在质量、体积、效率，还是在功率因数上，逆变式弧焊电源都比普通类型的弧焊电源优越得多，而且额定输入也大为减少。

表 2-8 弧焊电源的比较

弧焊电源类型	电源电压 /V	空载电压 /V	输出电流 /A	负载持续率 (%)	效率 (%)	功率因数	质量 /kg	尺寸 ($\frac{长}{mm} \times \frac{宽}{mm} \times \frac{高}{mm}$)
弧焊发电机 AX-320	380	50~80	320	50	53	0.87	530	1195×600×992
弧焊整流器 ZXG7-300-1	380	72	300	60	68	0.65	200	410×600×790
弧焊逆变器 CARRYWELD250	380	50	300	60	83	0.96	37	570×265×410
弧焊逆变器 POWCON300SS	380	80	300	60	82.5	0.95	31.8	430×260×490

(3) 逆变式弧焊电源的种类及特点　按逆变器采用的开关电子元件来分类，逆变式弧焊电源可分为晶闸管逆变式、晶体管逆变式和场效应管逆变式三种类型。

1) 晶闸管逆变式弧焊电源。这种电源的主要特点是用大功率晶闸管作为逆变器的开关元件，以逻辑控制电路来实现逆变，并加有多重保护措施，以保证晶闸管不致直通或逆变失败，使逆变器稳定而可靠地工作。

晶闸管逆变式弧焊电源是通过电流和电压反馈电路及电子控制电路的配合，

借助自动改变频率得到焊接所需要的外特性的。如果只将电流反馈信号输入电子控制电路,则随着电弧电流的增加,逆变器的工作频率迅速降低,从而获得恒流特性。如果采用电压反馈方式,则可以得到恒压特性。若按一定的比例取电流和电压反馈信号,便可得到一系列一定斜率的下降特性曲线。

晶闸管逆变式弧焊电源的规范调节,是通过改变晶闸管的开关频率(即逆变器的工作频率)来进行的,其频率越高,焊接电流(电压)越大;反之则越小。这就是"定脉冲宽度调节频率"的调节控制方式。用这样的调节控制方式配合转换外特性,就可使晶闸管逆变式弧焊电源满足多种弧焊方法的需要。

晶闸管逆变式弧焊电源用晶闸管作为逆变器件,因而输出电流大,电源成本较低。但由于受晶闸管体休止时间的限制,工作频率较低,控制特性较差,焊接过程还存在噪声。

2)晶体管逆变式弧焊电源。为了克服晶闸管逆变式弧焊电源的上述缺点,20世纪70年代初,人们研制出了工作频率高、控制特性好的晶体管逆变式弧焊电源。

晶体管逆变式弧焊电源的主要特点是采用大功率晶体管组来取代晶闸管,作为逆变器的开关元件。它与晶闸管逆变式电源的主要区别仅在大功率逆变器件上,其余部分基本相同。

晶体管逆变式弧焊电源的外特性,仍然是通过电流和电压反馈电路与控制电路相配合工作,借助自动改变脉冲宽度获得的。如果按一定比例取电流和电压反馈信号,便可以获得一定斜率的下降特性曲线。

晶体管逆变式弧焊电源调节焊接规范,一般是采用定频率调节脉冲宽度的方法来进行。当占空比减小(即脉冲宽度减小)时,电源输出的焊接电流、电压减小;反之则增大。

由于晶体管逆变频率高(可达 10~20kHz),控制性能好,从而克服了晶闸管逆变式电源的不足。因此,晶体管逆变式弧焊电源性能更好,也可做得更轻巧。

3)场效应管逆变式弧焊电源。晶体管逆变式弧焊电源相比晶闸管逆变式弧焊电源,虽然具有很多的优点,但它的过载能力差,热稳定性不理想,而且它的功率放大倍数较小,需要较大的控制电流。因此,紧接着晶体管逆变式弧焊电源之后,人们又研制成功了性能更为理想的场效应管逆变式弧焊电源。由于采用大功率场效应管组作为逆变器的开关元件,所以它具有如下显著的优点:

①逆变器的工作频率更高,可达 40~50kHz,有利于进一步提高效率、缩小体

积和减小质量。

②过载能力较强,热稳定性好。管子没有二次击穿问题,可靠工作范围更宽,动特性更好。

③采用电压控制,功率放大倍数很大,控制功率极小,而且控制性能特别好,便于采用微机控制。

④控制电路较简单,便于采用积木式结构,使用灵活、方便。

由此可见,场效应管是逆变式弧焊电源的最佳大功率开关元件,其各方面性能都比晶体管好得多,因此场效应管逆变式弧焊电源更有发展前途。但由于场效应管容量不够大,且国内生产能力有限,所以这种逆变式弧焊电源国内还很少使用。

四、弧焊电源的正确使用

弧焊电源是供电设备,在使用过程中一是要注意操作者的安全,防止发生人身触电事故,二是要注意对弧焊电源的正常运行和维护保养,防止发生损坏弧焊电源的事故。

为了保障弧焊电源的正常使用,应注意以下事项。

1)应尽可能将电源放在通风良好、干燥、不靠近高温和空气粉尘多的地方。弧焊整流器要特别注意保护和冷却。

2)接线和安装应由专门的电工负责,焊工不能自行动手。

3)弧焊变压器和弧焊整流器必须接地,以防机壳带电。

4)弧焊电源接入电网时,必须使两者电压相符合。

5)起动弧焊电源时,电焊钳和焊件不能接触,以防短路。焊接过程中,不能长时间短路,特别是弧焊整流器,在大电流工作时,产生短路会使硅整流器烧坏。

6)应按照弧焊电源的额定焊接电流和负载持续率来使用,不要因过载而使弧焊电源损坏。

7)经常保持焊接电缆与弧焊电源接线柱的接触良好,注意紧固螺母。

8)调节焊接电流和变换极性接法时,应在空载下进行。

9)露天使用时,要采取措施防止灰尘和雨水侵入弧焊电源内部。

10)弧焊电源移动时不应受剧烈振动,特别是硅整流弧焊电源更忌振动,以免影响工作性能。

11)要保持弧焊电源的清洁,特别是硅整流弧焊电源,应定期用干燥压缩空气吹净内部的灰尘。

12）当弧焊电源发生故障时，应立即将弧焊电源的电源切断，及时进行检查和修理。

13）工作完毕或临时离开工作场所时，必须及时切断电源。

第二节 弧焊电源的安装

【学习目标】

1）熟悉弧焊电源安装的一般要求。
2）掌握不同种类弧焊电源的安装及安全操作技术。

一、弧焊电源安装的一般要求

1. 室内安装

在室内固定位置焊接时，弧焊电源应尽量靠近焊接地点，这样，既可减少焊接电缆长度，又可以使焊工能及时方便地调节电流。若焊接地点不固定，弧焊电源应尽量安装在距各焊接地较近的位置。在选择弧焊电源安装位置时，还应考虑安装地点的环境条件，避免安装在墙角、靠近水池、酸洗槽、碱槽等地方。如果必须在潮湿场所工作，应采取必要的防潮措施，例如在弧焊电源下面垫上木板或橡胶板等。

2. 室外安装

室外安装分固定式安装和移动式安装两种。对于前者，为防止雨、雪、风、沙和灰尘的影响，应为弧焊电源筑一临时遮篷，但不要过分封闭，以保证弧焊电源散热良好；对于后者，应为弧焊电源设一个可移动的防雨罩，防雨罩可采用木质或钢质骨架外罩油毛毡、雨布等防雨材料，但不可用油毛毡或石棉瓦等直接盖在弧焊电源上遮雨。

二、弧焊变压器的安装

1. 固定式弧焊变压器动力线的安装

接线时，应根据弧焊电源铭牌上所标的一次电压值确定接入方案。一次电压有

380V 的，也有 220V 的，还有 380V/220V 两用的，必须使电路电压与弧焊电源规定电压一致。将选择好的熔断器、开关装在开关板上，开关板固定在墙上，并接入具有足够容量的电网。用选好的动力线将弧焊电源输入端与开关板连接。弧焊电源的一次电源线长度一般不宜超过 3m。当任务需要较长的电源线时，应沿墙或立柱用瓷绝缘子隔离，其高度必须距地面 2.5m 以上，不允许将电源线拖在地面上。

2. 交流弧焊变压器接地线的安装

为了防止弧焊变压器绝缘损坏或一次线圈碰壳使外壳带电而引起触电事故，弧焊电源外壳必须可靠接地。接地线应选用单独的多股软线，其截面不小于相线截面的 1/2。接地线与机壳的连接点应保证接触良好，连接牢固。接地线另一端可与地下水管或金属架相接（接触必须良好），但不可接在地下气体管道上，以免引起爆炸。最好还是安装接地极，接地极可用金属管（壁厚大于 3.5mm，直径大于 25mm，长度大于 2m）或用扁铁（厚度大于 4mm，截面面积大于 48mm^2，长度大于 2m）埋在地下 0.5m 深处即可。

3. 焊接电缆线的安装

在安装焊接电缆线之前，根据弧焊电源的最大焊接电流，选择一定横截面积，长度不超过 30m 的焊接电缆两根。电缆的一端接上铜接头，另一端分别装上焊钳或地线接头。铜接头要牢固接在电缆端部的铜线上，并且要灌锡，以保证接触良好和具有一定的结合强度。

地线接头装在地线的终端，其作用是保证地线与焊件可靠接触，地线接头的形式如图 2-8 所示。螺旋接头（图 2-8a）适用于大中型焊件的焊接；钳式接头（图 2-8b）适用于经常更换焊件的焊接；固定式接头（图 2-8c）适用于地线固定在焊接胎夹具、工作台等位置的焊接。地线接头可根据需要自行制造，地线接头与工件的接触部分尽量采用铜质材料。

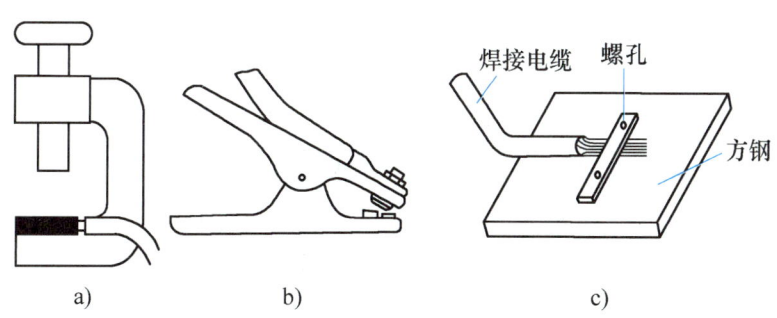

图 2-8　地线接头的三种形式
a）螺旋接头　b）钳式接头　c）固定式接头

交流弧焊电源不分极性，将焊接电缆铜接头一端接入弧焊电源输出接线板，并拧紧即可。

4. 弧焊变压器安装后的检查与验收

弧焊变压器安装后，需经试焊鉴定后方可交付使用。在接线完毕经检查无误后，先接通电源，用手背接触弧焊电源外壳，若感到轻微振动，则表示弧焊电源一次绕组已通电，弧焊电源输出端应有正常空载电压（60~80V）。然后将弧焊电源电流调到最大及最小，分别进行试焊，以检验弧焊变压器电流调节范围是否正常可靠。在试焊中，应观察弧焊变压器是否有异味、冒烟、异常噪声等现象。如有上述现象发生，应及时停机检查，排除故障。

经检查及试焊后确定弧焊变压器工作正常，则可以投入使用，弧焊电源安装工作即告完成。

5. 弧焊变压器的并联安装

在某些场合下，如需用大直径焊条以高的负载持续地进行施焊，而车间的现有小容量交流弧焊电源不能满足使用要求，或者车间要进行埋弧焊但又缺少大容量的埋弧焊电源时，这就需要将两台交流弧焊电源并联使用，这时最好选用相同型号及规格的弧焊电源。当弧焊电源有大档、小档时，也应置于相同的档位。

弧焊变压器的并联使用应注意以下事项。

1）不论型号、容量是否相同，只要空载电压相同均可并联使用。

2）对于空载电压不同的弧焊电源，并联后空载时，弧焊变压器之间会出现不均衡环流。因此，建议改装弧焊电源，最好将空载电压高的弧焊电源电压调低，使并联电源的空载电压相同。

3）并联运行中的弧焊变压器，要注意负载电流协调分配。可通过各弧焊电源的电流调节装置调配。

4）两台弧焊变压器并联时，应将它们的一次绕组接在电网同一相上，二次绕组必须同极性相连，如图2-9所示。检查接线是否正确时，可先将两台弧焊电源二次绕组任意两个接线端相连，然后用电压表或110V灯泡接其余两个接线端，若电压表指示为零或灯泡不亮，则说明接法正确。否则应调换接线端，重新接好。

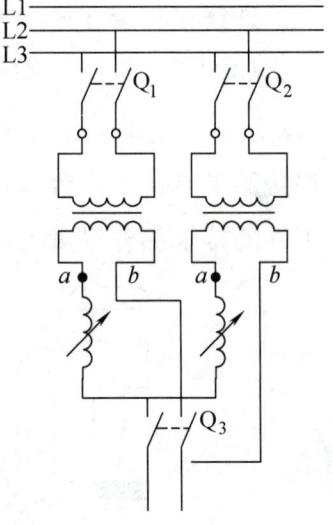

图2-9 弧焊变压器的并联运用

5）多台弧焊变压器并联时，可分组分相接入网路，以利于三相负载均衡。

为保证并联的各弧焊电源不过载（注意负载持续率），最好在各个弧焊电源输出阻抗端分别接入电流表加以监视。

三、弧焊整流器的安装

1. 弧焊整流器的安装原则

弧焊整流器的安装方法和弧焊变压器基本相同，所不同的只是后者一般是单相，而弧焊整流器多是三相。因此，弧焊整流器的动力线一般选择带接地线的三芯电缆，电缆的横截面面积根据弧焊电源一次额定电流来确定。

2. 弧焊整流器的并联使用

具有陡降外特性的弧焊整流器都可把相同的极性并联使用。

弧焊整流器的整流元件彼此起阻断作用，所以它们不会因空载电压不同而引起不均衡环流。但不同的弧焊整流器并联使用时，仍要注意电流合理分配。

弧焊整流器的并联使用如图2-10所示。先调节弧焊整流器Ⅰ与弧焊整流器Ⅱ，使两台弧焊整流器空载电压与负载电压都相同。然后合上Q_1、Q_2及Q_3。在焊接过程中，不可任意变动焊接电源。如果确定需要改变使用电流，则必须将两台弧焊整流器同时调到相同电压和电流。另外还必须注意电流表的读数，以维持负载平衡，尽可能使两台弧焊整流器的负荷相等。弧焊整流器并联后，也可进行单独的操作，但必须先将另一台弧焊整流器的开关Q_1或Q_2断开。

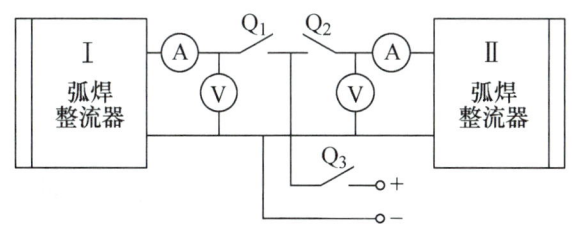

图2-10 弧焊整流器的并联使用

第三节 焊条电弧焊常用工具、量具

【学习目标】

1) 熟悉焊条电弧焊常用工具、量具的使用与维护方法。
2) 掌握焊缝万能量规的使用方法。

一、常用工具

焊条电弧焊常用的工具有焊钳、焊接电缆、面罩、清渣工具、焊条保温筒和其余的一些简单工具。

1. 焊钳

焊钳是用以夹持焊条（或炭棒）并传导电流进行焊接的工具。焊接作业对焊钳有以下要求。

1）焊钳必须有良好的绝缘性与隔热能力。

2）焊钳的导电部分采用纯铜材料制成，保证有良好的导电性，与焊接电缆连接应简便可靠，接触良好。

3）焊条位于水平、与水平45°、与水平90°等方向时，焊钳应能夹紧焊条，更换焊条方便，并且质量小，便于操作，安全性高。

常用焊钳有 G352、G582 两种型号，其技术参数见表 2-9。焊钳的构造如图 2-11 所示。

表 2-9 焊钳技术参数

型号	焊接电流/A	焊接电缆孔径/mm	适用的焊条直径/mm	质量/kg	外形尺寸($\frac{长}{mm} \times \frac{宽}{mm} \times \frac{高}{mm}$)
G352	300	14	2~5	0.5	250×80×40
G582	500	18	4~8	0.7	290×100×45

2. 焊接电缆

焊接电缆的作用是传导焊接电流。对焊接电缆有以下要求。

1）焊接电缆由多股细纯铜丝制成，其截面应根据焊接电流和导线长度选择。

图 2-11 焊钳的构造

2）焊接电缆外皮必须完整、柔软、绝缘性好，如外皮损坏，应及时修好或更换。

3）焊接电缆长度一般不宜超过 20m，当需超过 30m 时，可以用分节导线，连接焊钳的一段用细电缆，以便于操作，减轻焊工的劳动强度。电缆接头最好使用电缆接头插接器，使其连接简便牢固。焊接电缆型号有 YHH 型电焊橡胶套电缆和 YHHR 型电焊橡胶特软电缆，电缆的选用可参考表 2-10。

表 2-10 焊接电流、电缆长度与焊接电缆铜芯截面面积的关系

截面面积/mm² 电缆长度/m 焊接电流/A	20	30	40	50	60	70	80	90	100
100	25	25	25	25	25	25	25	28	35
200	35	35	35	35	50	50	60	70	70
300	35	35	50	50	70	70	70	70	70
400	35	50	60	60	70	70	70	85	85
500	50	60	85	85	95	95	95	120	120
600	60	70	85	85	95	95	120	120	120

3. 面罩

面罩是为防止焊接时产生的飞溅、弧光及其他辐射对焊工面部及颈部造成损伤的一种遮蔽的工具，有手持式和头盔式两种。面罩上装有用以遮蔽焊接有害光线的护目镜，护目镜的遮光号可按表 1-2 选用。选择护目镜的遮光号，还应考虑焊工的视力，若焊工视力较好，则宜用遮光号大些和颜色深些的，以保护视力。为使护目镜不被焊接时的飞溅物损坏，可在外面加上两片无色透明的防护白玻璃。有时为增强视觉效果，可在护目镜后加一片焊接放大镜。

4. 焊条保温筒

焊条保温筒能使焊条从烘箱内取出后继续保温，以保持焊条药皮在使用过程中的干燥度。在焊接过程需要中断时，应将焊条保温筒接入弧焊电源的输出端，以保持其工作温度。焊条保温筒在使用之前，应先连接到弧焊电源的输出端，在弧焊电源空载时通电加热到工作温度 150~200℃ 后再放入焊条。装入焊条时，应将焊条斜滑入筒内，不应直捣保温筒底。

5. 角向磨光机

角向磨光机有电动和气动两种：电动角向磨光机转动平稳、力量大、噪声小、使用方便；气动角向磨光机质量小、安全性高，但对气源要求高。手持电动式角向磨光机用得较多。角向磨光机用于焊接前的坡口钝边磨削、焊件表面的除锈、焊接接头的磨削、多层焊时层间缺陷的磨削及一些焊缝表面缺陷等的磨削工作。

（1）电动角向磨光机的使用要求

1）使用前必须认真检查，整机外壳不得有破损，砂轮防护罩应完好牢固，电缆线和插头不得有损坏。

2）接电源前，必须首先检查电网电压是否符合要求，并将开关置于断开位

置。遇停电时应关断开关,并切断电源,以防意外。

3)使用时,打开开关,先通电运行几分钟,检查角向磨光机转动是否灵活。在磨削过程中,不要让砂轮受到撞击,应尽可能地使砂轮的旋转平面与焊件表面成 15°~30° 的夹角。使用过程中,如磨光机的转动部件卡住或转速急剧下降甚至突然停止转动时,应立即切断电源,送交专业人员处理。

4)搬动角向磨光机时应手持机体或手柄,不能提拉电缆线。

5)角向磨光机的砂轮磨损至接近电动机时应进行更换,更换前应切断电源。

(2)角向磨光机的维护与保养

1)经常观察电刷的磨损情况,及时更换已磨损的电刷。

2)角向磨光机应置于干燥、清洁、无腐蚀性气体的环境中,机壳不能接触有害溶剂。

3)保持风道畅通,定期清除机内油污和尘垢。

4)每季度至少进行一次全面检查,并测量其绝缘电阻,其值不得小于 $7M\Omega$。

6. 敲渣锤

敲渣锤是清除焊缝焊渣的工具,焊工应随身携带。敲渣锤有尖锯形和扁铲形两种,常用的是尖锯形。清渣时焊工应戴平光镜。

7. 气动打渣工具

气动打渣工具可以减轻焊工清渣时的劳动强度,尤其是采用低氢型焊条焊接开坡口的厚板接头时,手工清渣占全部工作量的一半以上,采用气动打渣工具,可以缩短 2/3 的时间,而且清渣更干净、轻便、安全。

二、常用量具

1. 钢直尺

钢直尺用于测量长度尺寸,常用薄钢板或不锈钢制成。规定钢直尺的刻度在 1cm 内误差不得超过 0.1mm。常用的钢直尺有 150mm、300mm、500mm 和 1000mm 四种量程。

2. 游标卡尺

游标卡尺用以测量工件的外径、孔径、长度、宽度、深度和孔距等,是一种中等精度的常用量具,分度值为 0.02mm。

3. 焊缝量规

焊缝量规用以检查坡口角度和焊件装配,其构造及使用如图 2-12 所示。

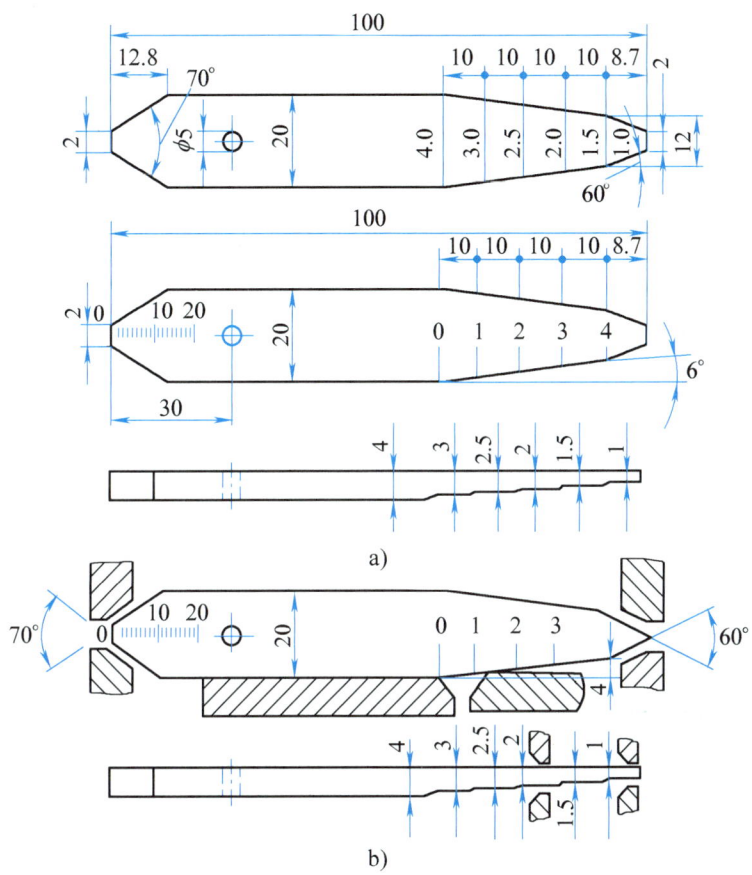

图 2-12 焊缝量规的构造及使用
a) 焊缝量规的构造 b) 焊缝量规的使用

4. 焊道量规

焊道量规是用来测量焊脚尺寸的量具。此种量规制作简单，只要用一块厚 1.5~2.0mm 的钢板，在角上切去一个边长为 6mm、8mm、10mm 或 12mm 的等腰三角形，并在切去的斜边两头上适当地挖出如图 2-13 所示的两个弧形即可。其使用方法如图 2-14 所示，图 2-14a 说明焊道的焊脚大小是 8mm，而图 2-14b 说明焊道的焊脚大于 6mm，需要 8mm 或其他尺寸测量。

图 2-13 焊道量规

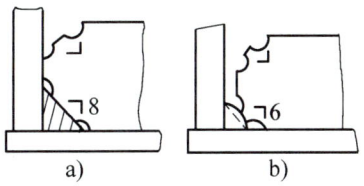

图 2-14 焊道量规的使用方法

5. 焊缝万能量规

焊缝万能量规是一种精密量规，用以测量焊件焊前的坡口角度、装配间隙、错位以及焊后对接焊缝的余高、焊缝宽度和角焊缝的焊脚等，测量方法如图 2-15 所示。

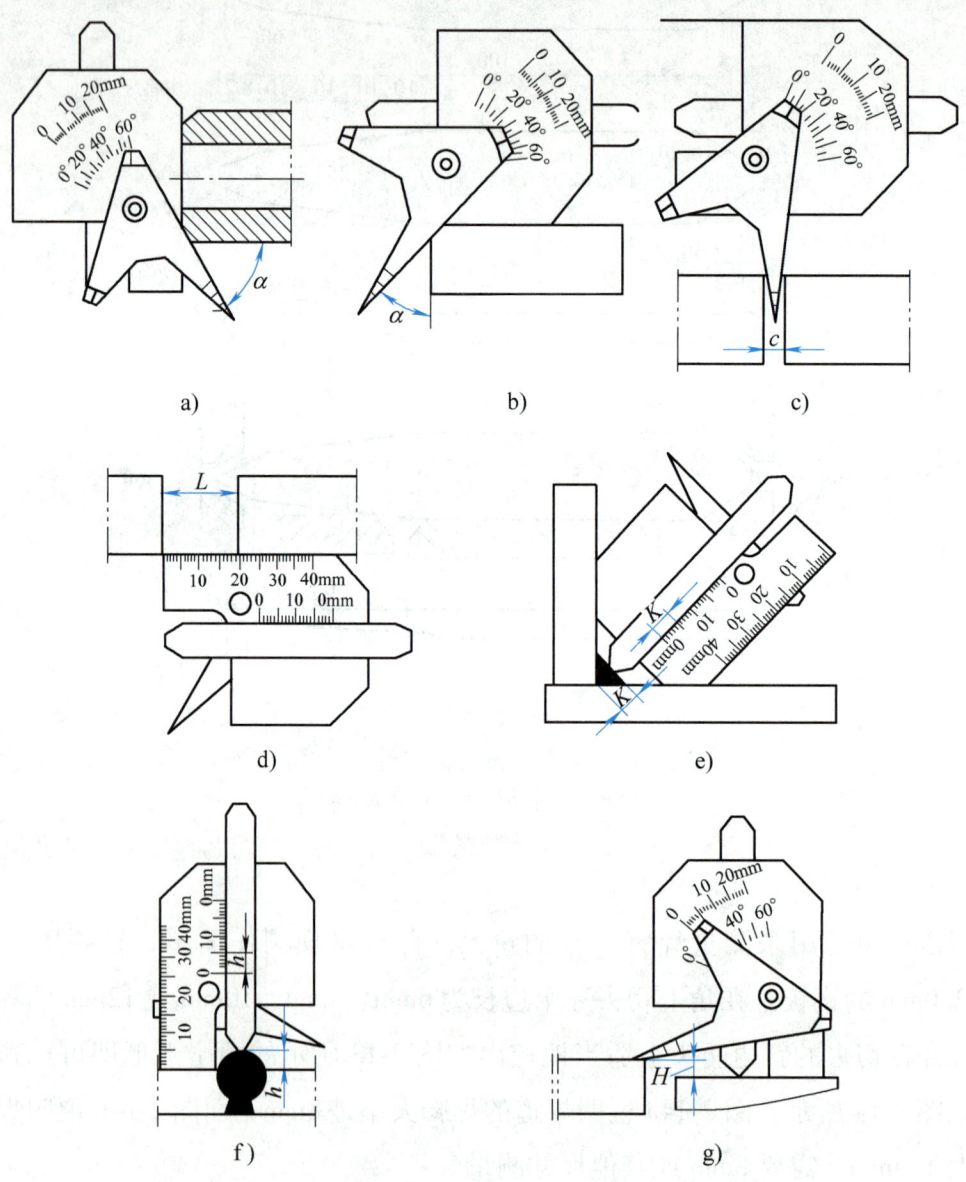

图 2-15　焊缝测量示意图

焊缝万能量规的外形尺寸为 71mm×54mm×8mm，质量为 80g。使用时应避免磕碰划伤，不要接触腐蚀性气体、液体，保持尺面清晰，用毕放入封套内。

项目训练一 弧焊电源的正确安装

(一) 训练任务

安装弧焊设备:BX1-315,BX3-300,ZXG-300(任选一种)。

(二) 训练要求

1. 训练内容

1) 弧焊电源与接入电网的正确安装。

2) 弧焊电源接地线的安装。

3) 弧焊电源输出回路的正确安装。

4) 弧焊电源安装后的检查与验收。

2. 工时定额

工时定额为60min。

3. 安全文明生产

1) 能正确执行安全技术操作规程。

2) 能按企业有关文明生产的规定,做到工作场地整洁,设备、工具摆放整齐。

(三) 训练技术准备

根据表2-11对弧焊电源做出正确选择。

表2-11 弧焊电源参数选择

参数 电源	项目	应接入电网电压/V	电源的最大焊接电流/A	焊接电缆截面面积/mm²	焊钳型号	备注
BX1-315						
BX3-300						
ZXG-300						

(四) 项目评分标准

项目评分标准见表2-12。

表2-12 项目评分标准

序号	检测项目	配分	技术标准	实测情况	得分	备注
1	弧焊电源正确拉入电网	20	正确拉入电网,否则扣10分; 正确接线,否则扣10分			

（续）

序号	检测项目	配分	技术标准	实测情况	得分	备注
2	弧焊电源的接地	10	正确接地，否则扣10分			
3	弧焊电源输出回路的正确安装	30	正确选择焊接电缆、焊钳，否则扣10分；正确安装焊接电缆与弧焊电源，否则扣10分；直流正接或直流反接，安装错误扣10分			
4	弧焊电源安装后的检查验收	12	空载电压达不到规定值扣6分；检验最小与最大焊接电流，缺项没有检验扣6分			
5	焊接电缆与电缆铜接头的安装	6	接线要牢固、可靠，否则扣6分			
6	焊接电缆与焊钳的安装	6	安装要牢固、可靠，否则扣6分			
7	焊接电缆与地线接头的安装	5	安装要牢固、可靠，否则扣5分			
8	安全操作规程	4	按达到规定的标准程度评定，否则扣1~4分			
9	文明生产规定	3	工作场地整洁，工具放置整齐合理，稍差扣1分，很差扣3分			
10	工时定额	4	按时完成项目，超工时定额5%~20%扣2~4分			
总　　分		100	项目训练成绩			

项目训练二　弧焊电源焊接电流的调节

（一）训练任务

按表2-13指定要求，任选一种弧焊电源调节焊接电流。

表2-13　弧焊电源调节焊接电流

电　　源	焊接电流/A
BX1-315	120~260
ZX7-400	100~180
ZXG-300	110~200

(二)训练要求

1. 训练内容

1)弧焊变压器焊接电流的粗调节、细调节。

2)弧焊整流器焊接电流的调节。

2. 工时定额

工时定额为15min。

3. 安全文明生产

1)能正确执行安全技术操作规程。

2)能按照企事业文明生产的规定,做到工作场地整洁,设备、工具摆放整齐。

榜样的力量

大国工匠

高凤林(图2-16)是首都航天机械公司特种熔融焊工、全国劳动模范、最美奋斗者。他技校毕业参加工作后,坚守在同一个车间,干同一个工种,只专注于一件事——在厚度、薄度均在毫厘之间的管壁上,一次次攻克发动机喷管焊接技术难关,被称为焊接火箭"心脏"的人。40多年来,他先后为90多枚火箭焊接过"心脏",他焊接过的火箭占我国火箭发射总数近四成。

图2-16 高凤林

1. 汗水和时间打造的"金手天焊"

1978年,高凤林进入211厂技术学校学习,1980年毕业后分配到首都航天机械公司发动机焊接车间,是伴随改革开放成长起来的一代人。早期,培养一名氩弧焊工的成本甚至比培养一名飞行员还要高。用比金子还贵的氩气培养出来的焊工,被人们称为"金手""银手"。同时,由于焊接对象是具有火箭"心脏"之称的发动机,对焊工的稳定性、协调性和悟性更有极高的要求。

汗水和时间,将高凤林打造成名副其实的"金手天焊"。20世纪90年代,在亚洲最大"长二捆"全箭振动塔的焊接操作中，高凤林长时间在表面温度高达几百摄氏度的焊件上操作。在他的手上，至今可见当年留下的伤疤。

在国家"七五"攻关项目、哈尔滨汽轮机厂大型机车换热器的生产中，为了突破一项熔焊难题，高凤林在半年时间里天天趴在产品上，一趴就是几个小时，被同事戏称"跟产品结婚的人"。高凤林说："航天精神的核心就是爱国，能够用汗水报效祖国，是我的追求。"

2. 好工匠要将"制造"和"智造"相结合

"要当一名好工人，必须要上 4 个台阶，一是干得好，二是明白为什么能干好，三是能说出来，四是能写出来。"这是一位老师傅对高凤林说过的话，他记了一辈子。

曾有一段时期，车间一些年轻人思想浮动，不安心岗位工作。就在这时，这位老师傅找到他，说了这样一番话，让他明白航天产品离不开高素质的操作工人，当好一名工人也不是一件容易的事。

从那以后，高凤林坚定了当一名好工人的信心，在航天操作岗位上不懈追求、创新突破，无数次将"不可能"变为"可能"。

早在 1996 年，针对产品特点，高凤林灵活运用所学高次方程公式和线积分公式，提出"反变形补偿法"进行变形控制，并凭借这一工艺荣获国家科技进步二等奖，展现出技术工人身上的创新力量。

每当新火箭型号诞生，对高凤林来说，都是挑战自我的过程。最险的一次，面对 10m 开外随时可能爆炸的大型液氢储罐和脚底下几十米深的山涧，在故障点无法观测、操作空间非常狭小的条件下，他利用丰富的经验进行"盲焊"，通过了发动机总设计师组织的"国际级大考"！

2006 年，一个由著名物理学家丁肇中教授牵头，16 个国家参与的反物质探测器项目，因低温超导磁铁的制造难题陷入困境。在国内外两拨顶尖专家都无能为力的情况下，高凤林只用两个小时就拿出方案，让在场专家深深折服。

作为 2016 年第二届中国质量奖的唯一个人获奖者，高凤林认为，"一名好的工匠，应该是'制造'和'智造'的结合。"

3. 扎根焊接岗位放飞中国梦想

全国劳动模范、全国"最美职工"、全国道德模范、北京市全国技术创新大赛唯一特等奖……集众多荣誉于一身的高凤林，已然站在人生巅峰。站在领奖台上，聚光灯下的他彰显出新时期产业工人的自信与力量，回到车间岗位，穿上工装的他仍然淡定专注于一线，对待工作没有一丝杂念。他始终认为，"航天是我的理想，我的根在焊接岗位上。"

如今，高凤林依然奋战在一线，承担长三甲系列火箭氢氧发动机的批产，长征五号芯一、二级氢氧发动机的研制生产，重型火箭发动机的预研等国家重大工程的实施任务。

40多年来，他攻克难关200多项，主编了首部发动机型号焊接技术操作手册等行业规范，多次被指定参加相关航天标准的制定工作，主导并参与申报了9项国家专利和国防专利。

第三章

焊条的组成、分类及选用

目前，随着焊接技术的快速发展，焊接结构用钢量已达到钢总产量的50%左右。制造高质量的焊接结构，必须具有优质的焊接材料，焊条是焊条电弧焊使用的主要焊接材料。焊条的种类繁多，各有其不同的应用范围。焊接材料的选择是否合理，不仅影响到焊接接头的质量，还会影响到焊接生产率、产品成本及焊工身体健康等。因此，只有对焊条的性能和特点有比较全面的了解，在焊接生产中才能做到合理选择，正确控制和调整焊缝金属的成分与性能，获得优质的焊接接头。

本章主要介绍常见焊条的组成、分类、牌号、选用和使用原则，以及焊条的保管。

第一节 焊条的组成

【学习目标】

1) 了解焊条的组成及其规格。
2) 掌握焊条焊芯和药皮的作用。

焊条由焊芯（金属芯）和药皮组成。焊条前端的药皮有45°左右的倒角，以便于引弧。焊条尾部有一段裸露的焊芯，长10~35mm，便于焊钳夹持和导电。焊条的长度一般在250~450mm范围内，如图3-1所示。

焊条直径（指焊芯直径）有 $\phi2.0$mm、$\phi2.5$mm、$\phi3.2$mm、$\phi4.0$mm、$\phi5.0$mm、$\phi5.8$mm 及 $\phi6.0$mm 等几种规格，常用的有 $\phi2.5$mm、$\phi3.2$mm、$\phi4.0$mm、$\phi5.0$mm 四种。

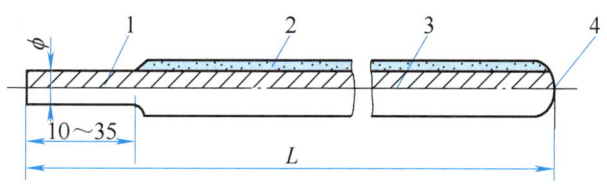

图 3-1 焊条组成示意图
1—夹持端　2—药皮　3—焊芯　4—引弧端

一、焊芯

焊条中被药皮包裹的具有一定长度和直径的金属芯称为焊芯。焊接时，焊芯有两个作用：一是导通电流，维持电弧稳定燃烧；二是作为填充的金属材料与熔化的母材共同形成焊缝金属。

焊条电弧焊焊芯熔化形成的填充金属占整个焊缝金属的 50%～70%，所以，焊芯的化学成分及各组成元素的含量，将直接影响焊缝金属的化学成分和力学性能。碳钢焊芯中各组成元素对焊接过程和焊缝金属性能的影响如下。

（1）碳（C）　焊接过程中碳是一种良好的脱氧剂，在高温时与氧化合生成 CO 或 CO_2 气体，这些气体从熔池中逸出，在熔池周围形成气罩，可减小或防止空气中氧、氮与熔池的作用，所以碳能减少焊缝中氧和氮的含量。但碳含量过高时，由于还原作用剧烈，会增加飞溅和产生气孔的倾向，同时会明显地提高焊缝的强度、硬度，降低焊接接头的塑性，并增大接头产生裂纹的倾向。因此，焊芯中碳的质量分数以小于 0.10% 为宜。

（2）锰（Mn）　焊接过程中锰是很好的脱氧剂和合金剂。锰既能减少焊缝中氧的含量，又能与硫化合生成硫化锰（MnS）起脱硫作用，可以减小热裂纹的倾向。锰可作为合金元素渗入焊缝，提高焊缝的力学性能。常用焊芯中锰的质量分数为 0.30%～0.55%。

（3）硅（Si）　硅也是脱氧剂，而且脱氧能力比锰强，与氧形成二氧化硅（SiO_2）。但它会增加熔渣的黏度，黏度过大会促使非金属夹杂物的生成。过多的硅还会降低焊缝金属的塑性和韧性。所以焊芯中硅的质量分数一般限制在 0.04% 以下。

（4）铬（Cr）与镍（Ni）　对碳钢焊芯来说，铬与镍都是杂质，是从炼钢原料中混入的。焊接过程中铬易氧化，形成难溶的氧化铬（Cr_2O_3），使焊缝产生夹渣。镍对焊接过程无影响，但对钢的韧性有比较明显的影响。一般低温韧性要求较高时，可以适当掺入一些镍。焊芯中铬的质量分数一般控制在 0.20% 以下，镍的质量分数控制在 0.30%以下。

(5) 硫（S）与磷（P） 硫、磷都是有害杂质，会降低焊缝金属的力学性能。硫与铁作用能生成硫化亚铁（FeS），它的熔点低于铁，因此使焊缝在高温状态下容易产生热裂纹。磷与铁作用能生成 Fe_3P 和 Fe_2P，使熔化金属的流动性增大，在常温下变脆，所以焊缝容易产生冷脆现象。一般焊芯中要求硫的质量分数与磷的质量分数不大于 0.04%，在焊接重要结构时，要求硫与磷的质量分数不大于 0.03%。

制作焊芯用的金属丝都是经过特殊冶炼的，且单独规定了它的牌号与成分。这种焊接专用金属丝，用来制造焊条时称为焊芯，用作埋弧焊、电渣焊、气焊和气体保护焊方法的填充金属时，则称为焊丝。

二、药皮

压涂在焊芯表面的涂料层称为药皮。由于焊芯中不含某些必要的合金元素，且焊接过程中要补充焊芯烧损（氧化或氮化）的合金元素，所以焊缝需要的合金成分均需通过药皮添加；同时，通过药皮中加入的不同物质在焊接时所起的冶金反应和物理、化学变化，能起到改善焊条工艺性能和改进焊接接头性能的作用。由此可知，药皮也是决定焊接质量的重要因素之一。

1. 药皮的组成

焊条药皮为多种物质的混合物，主要有以下四种。

(1) 矿物类 主要是各种矿石、矿砂等。常用的有硅酸盐矿、碳酸盐矿、金属矿及萤石矿等。

(2) 铁合金和金属类 铁合金是铁和各种元素的合金。常用的有锰铁、硅铁、铝粉等。

(3) 化工产品类 常用的有水玻璃、钛白粉、碳酸钾等。

(4) 有机物类 主要有淀粉、糊精及纤维素等。

焊条药皮的组成较为复杂，每种焊条药皮配方中都有多种原料。根据作用的不同，原料可分为稳弧剂、脱氧剂、造渣剂、造气剂、合金剂、黏结剂、稀渣剂和增塑剂。为简明起见，现将药皮涂料的名称、成分及其作用列于表 3-1 中。

表 3-1 药皮涂料的名称、成分及其作用

名 称	涂料成分	作 用
稳弧剂	碳酸钾、碳酸钠、长石、大理石、钛白粉、钠水玻璃、钾水玻璃	改善引弧性能和提高电弧燃烧的稳定性

(续)

名　称	涂 料 成 分	作　　用
脱氧剂	锰铁、硅铁、钛铁、铝铁、石墨	降低药皮或熔渣的氧化性和脱除金属中的氧
造渣剂	大理石、萤石、菱苦土、长石、花岗石、陶土、钛铁矿、锰矿、赤铁矿、钛白粉、金红石	造成具有一定物理性能、化学性能的熔渣，并能良好地保护焊缝和改善焊缝成形
造气剂	淀粉、木屑、纤维素、大理石	形成的气体可加强对焊接区的保护
合金剂	锰铁、硅铁、钛铁、铬铁、钼铁、钒铁、石墨	使焊缝金属获得必要的合金成分
黏结剂	钾水玻璃、钠水玻璃	将药皮牢固地粘结在焊芯上
稀渣剂	萤石、长石、钛铁矿、钛白粉、锰铁、金红石	降低熔渣的黏度，增加熔渣的流动性
增塑剂	云母、滑石粉、钛白粉、高岭土	增加药皮的流动，改善焊条的压涂性能

2. 药皮类型

根据药皮组成中主要成分的不同，焊条药皮可分为 8 种类型。

（1）氧化钛型（简称钛型）　药皮中氧化钛的质量分数大于或等于 35%，主要从钛白粉和金红石中获得。

（2）钛钙型　药皮中氧化钛的质量分数大于 30%，钙和镁的碳酸盐矿石的质量分数为 20% 左右。

（3）钛铁矿型　药皮中含钛铁矿的质量分数大于或等于 30%。

（4）氧化铁型　药皮中含有大量氧化铁及较多的锰铁脱氧剂。

（5）纤维素型　药皮中有机物的质量分数为 15% 以上，氧化钛的质量分数为 30% 左右。

（6）低氢型　药皮主要组成物是碳酸盐和氟化物（萤石）等碱性物质。

（7）石墨型　药皮中含有较多的石墨。

（8）盐基型　药皮主要由氯化物和氟化物组成。

常用焊条药皮类型、主要成分及其工艺性能见表 3-2。

表 3-2　常用焊条药皮类型、主要成分及其工艺性能

焊条药皮类型	药皮的主要成分	工 艺 性 能	适 用 范 围
钛型（氧化钛型）	氧化钛（金红石或钛白粉）	焊接工艺性能良好，熔深较浅。交直流两用，电弧稳定，飞溅小，脱渣容易。能进行全位置焊接，焊缝美观，但焊缝金属塑性和抗热裂性能较差	用于一般低碳钢结构的焊接，特别适于薄板焊接

(续)

焊条药皮类型	药皮的主要成分	工 艺 性 能	适 用 范 围
钛钙型（氧化钛钙型）	氧化钛及钙和镁的碳酸盐矿石	焊接工艺性能良好，熔深一般。交直流两用，飞溅小，脱渣容易。适于全位置焊接，焊缝美观	用于较重要的低碳钢结构和强度等级较低的低合金结构钢一般结构的焊接
钛铁矿型	钛铁矿	焊接工艺性能良好，熔深一般。交直流两用，飞溅一般，电弧稳定。适于全位置焊接，焊缝美观	用于较重要的低碳钢结构和强度等级较低的低合金结构钢一般结构的焊接
氧化铁型（铁锰型）	氧化铁矿及锰铁	焊接工艺性能较差，熔深较大，熔化速度快，焊接生产率高。飞溅稍多，但电弧稳定，再引弧容易。立焊及仰焊操作性较差。焊缝金属抗热裂性能较好。交直流两用	用于较重要的低碳钢结构和强度等级较低的低合金结构钢结构的焊接，特别适用于中等厚度以上钢板的平焊
纤维素型	有机物及氧化钛	焊接时能产生大量气体，保护熔敷金属，熔深大。交直流两用，电弧弧光强，熔化速度快。熔渣少，脱渣容易，飞溅一般。对各种位置焊接的适应性好	用于一般低碳钢结构的焊接，特别适宜于向下立焊及深熔焊接
低氢型	碳酸钙（大理石或石灰石）、萤石和铁合金	焊接工艺性能一般，适用于全位置焊接，焊前焊条需烘干，采用短弧焊接。焊缝金属具有良好的抗热裂性能、低温冲击性能和力学性能。此药皮的焊条一般采用直流电焊接，但药皮中加入稳弧剂后，也能采用交流电焊接	用于低碳钢及低合金结构钢重要结构的焊接

3. 药皮的作用

（1）防止空气对熔化金属的不良作用　焊接时，药皮熔化后产生大量气体笼罩着电弧和熔池，使熔化金属与空气隔绝。同时还形成了熔渣，覆盖在焊缝的表面，保护焊缝金属，而且熔渣还能使焊缝金属缓慢冷却，有利于已溶入液体金属中的气体逸出，减少生成气孔的可能性，并能改善焊缝的成形和结晶。

（2）冶金处理的作用　通过熔渣与熔化金属的冶金反应，除去有害杂质（如氧、氢、硫、磷）和添加有益的合金元素，使焊缝获得良好的力学性能。

虽然药皮对熔化金属有一定的保护作用，但液态熔池中仍不可避免地有少量空气侵入，使液态金属中的合金元素烧损，导致焊缝力学性能的降低。因此，可在药皮中加入一些还原剂，使氧化物还原，并加入一定量的铁合金或纯合金元素，以弥补合金元素的烧损和提高焊缝金属的力学性能。同时，根据焊条性能的不同，药皮中还加入了一些去氢、去硫的元素,以提高焊缝金属的抗裂性。

(3) 改善焊条工艺性能的作用 焊条的工艺性能主要包括焊接电弧的稳定性、焊缝成形、全位置焊接的适应性、脱渣性、飞溅大小、焊条的熔敷率及焊条发尘量等评定指标。因此,药皮中所加入的物质一定要尽可能地满足这些指标的要求,使电弧能稳定燃烧、飞溅少、焊缝成形好、易脱渣及熔敷率高等。

总之,一种好的焊条,不仅要求焊缝金属具有优良的内在质量,即保证焊缝获得合乎要求的化学成分和力学性能,而且要求焊条工艺性能良好。要做到这些,焊条药皮往往起着重要的作用。

第二节 焊条的分类、型号及牌号

【学习目标】

1) 了解焊条的分类。
2) 掌握焊条型号和牌号的表示方法。

一、焊条的分类

焊条的分类方法很多,如按用途分类、按药皮主要成分分类,甚至可以按船级社认证分类等。

1. 按用途分类

我国现行的焊条分类方法,主要是根据国家标准按照用途进行分类的。按用途进行分类具有较强的实用性。通常,焊条按用途不同可分为 10 大类。

(1) 结构钢焊条　主要用于焊接低碳钢和低合金高强度钢。

(2) 钼和铬钼耐热钢焊条　主要用于焊接珠光体耐热钢。

(3) 不锈钢焊条　主要用于焊接不锈钢和热强钢(高温合金)。

(4) 堆焊焊条　主要用于堆焊具有耐磨、耐热、耐腐蚀等性能的各种合金钢零件的表面层。

(5) 低温钢焊条　主要用于焊接各种在低温条件下工作的结构。

(6) 铸铁焊条　主要用于焊补各种铸铁件。

(7) 镍及镍合金焊条　主要用于焊接镍及其合金,有时也用于堆焊、焊补铸铁件、焊接异种金属等。

（8）铜及铜合金焊条　主要用于焊接铜及其合金、异种金属、铸铁等。

（9）铝及铝合金焊条　主要用于焊接铝及其合金。

（10）特殊用途焊条　主要用于焊接具有特殊要求及施焊部位的结构。

2. 按熔渣的碱度分类

焊接过程中，焊条药皮或焊剂熔化后，经过一系列化学变化，形成覆盖于焊缝表面的非金属物质，称为熔渣。

根据熔渣的成分不同，可以把熔渣分为三大类。

（1）盐型熔渣　它主要由金属的氟盐、氯盐组成，如 CaF_2-NaF、CaF_2BaCl_2-NaF 等。这类熔渣的氧化性很小，有利于焊接铝、钛和其他活性金属及其合金。

（2）盐-氧化物型熔渣　它主要由氟化物和强金属氧化物组成，如 CaF_2-CaO-Al_2O_3、CaF_2-CaO-Al_2O_3-SiO_2 等。这类熔渣的氧化性也不大，用于焊接高合金钢。

（3）氧化物型熔渣　它主要由各种金属氧化物组成，如 MnO-SiO_2、FeO-MnO-SiO_2、CaO-TiO_2-SiO_2 等。这类熔渣的氧化性较强，用于焊接低碳钢和低合金钢。

从以上分析可见，熔渣通常由各种氧化物组成。氧化物可分为三种，见表3-3。

表3-3　熔渣的化学成分

氧化物类型	碱性按由强到弱的次序排列
碱性氧化物	K_2O、Na_2O、CaO、MgO、BaO、MnO、FeO、Cu_2O、NiO
酸性氧化物	SiO_2、TiO_2、P_2O_5、V_2O_5
中性氧化物	Al_2O_3、Fe_2O_3、Cr_2O_3、V_2O_3、ZnO

为了表示熔渣碱性的强弱，一般用汉语拼音大写字母"K"或"碱度"来说明。碱度可以用熔渣中碱性氧化物质量分数之和与酸性氧化物质量分数之和的比值来近似地计算，即

$$K = \frac{\sum w_{碱性氧化物}}{\sum w_{酸性氧化物}}$$

当 $K>1.5$ 时，熔渣呈碱性，说明碱性氧化物比例高，此种焊条为碱性焊条；当 $K<1.5$ 时，熔渣呈酸性，说明酸性氧化物比例高，此种焊条为酸性焊条。

对碳钢焊条来说，由于钛型、钛钙型、钛铁矿型、氧化铁型、纤维素型的药皮所含强碱性氧化物较少，而酸性氧化物较多，故为酸性焊条；而低氢型药皮焊

条中有较多的大理石及萤石，碱性较强，故为碱性焊条。常用碳钢焊条的焊接工艺性能对比见表3-4。

表 3-4 常用碳钢焊条的焊接工艺性能对比

对比项目	J421 钛型	J422 钛钙型	J423 钛铁矿型	J424 氧化铁型	J425 纤维素型	J426 低氢型	J427 低氢型
熔渣特性	酸性，短渣	酸性，短渣	酸性，较短渣	酸性，长渣	酸性，较短渣	碱性，短渣	碱性，短渣
电弧稳定性	柔和、稳定	稳定	稳定	稳定	稳定	较差，交、直流	较差，直流
电弧吹力	小	较小	稍大	最大	最大	稍大	稍大
飞溅	少	少	中	中	多	较多	较多
焊缝外观	焊波纹细、美	美	美	稍粗	稍粗	粗	稍粗
熔深	小	中	稍大	最大	大	中	中
咬边	小	小	中	大	小	小	小
焊脚形状	凸	平	平、稍凸	平	平	平或凸	平或凸
脱渣性	好	好	好	好	好	较差	较差
熔化系数	中	中	稍大	大	大	中	中
粉尘	少	少	稍多	多	少	多	多
平焊	易	易	易	易	易	易	易
向上立焊	易	易	易	不可	极易	易	易
向下立焊	易	易	困难	不可	易	易	易
仰焊	稍易	稍易	易	不可	极易	稍难	稍难

3. 船用焊条

凡焊接材料制造厂生产的船用焊条，必须首先经过我国船级社根据《钢质海船入级与建造规范》的规定进行认可。如果建造出口船舶，还必须通过持证国的有关船级社的认可，方能用于船舶焊接生产。

世界主要船级社有：中国船级社（简称CCS）、英国劳埃德船级社（简称LR）、德国劳埃德船级社（简称GL）、法国船级社（简称BV）、日本海事协会（简称NK）、挪威船级社（简称DNV）和美国船级社（简称ABS）等。

二、焊条的型号

焊条型号是以国家标准为依据，反映焊条主要特性的一种表示方法。焊条型号主要内容包括焊条、焊条类别、焊条特点（主要指熔敷金属的力学性能、化学性能）、药皮类型。

以下仅以碳钢焊条型号的编制为例做一简要介绍，其他类型焊条型号的编制请参阅有关资料。

1) 型号中的第一个字母"E"表示焊条。

2) "E"后面的两位数表示熔敷金属的抗拉强度等级。

3) "E"后面的第三位数字表示焊条的焊接位置。其中"0"及"1"表示焊条适用于全位置焊接(即可进行平、横、立、仰焊),"2"表示焊条适用于平焊及平角焊,"4"表示焊条适用于向下立焊。

4) "E"后面的第三位和第四位数字组合表示药皮类型和电源种类。

碳钢焊条型号举例如下:

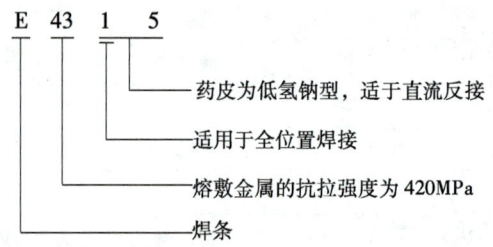

碳钢焊条的型号划分见表3-5。

表3-5 碳钢焊条型号划分

焊条型号	药皮类型	焊接位置	电流种类
E43 系列——熔敷金属抗拉强度>420MPa			
E4300	特殊型		交流或直流反接
E4301	钛铁矿型		
E4303	钛钙型		
E4310	高纤维钠型	平、立、仰、横	直流反接
E4311	高纤维钾型		交流或直流反接
E4312	高钛钠型		
E4313	高钛钾型		交流或直流正、反接
E4315	低氢钠型		直流反接
E4316	低氢钾型		交流或直流反接
E4320	氧化铁型	平、平角焊	交流或直流正接
E4322			交流或直流反接
E4323	钛粉钛钙型		交流或直流正、反接
E4324	铁粉钛型		
E4327			交流或直流正接
E4328	铁粉低氢型		交流或直流反接

(续)

焊条型号	药皮类型	焊接位置	电流种类
E50 系列——熔敷金属抗拉强度≥490MPa			
E5001	钛铁矿型	平、立、仰、横	交流或直流正、反接
E5003	钛钙型		交流或直流正、反接
E5011	高纤维钾型		交流或直流反接
E5014	铁粉钛型		交流或直流正、反接
E5015	低氢钠型		直流反接
E5016	低氢钾型		交流或直流反接
E5018	铁粉低氢型		
E5024	铁粉钛型	平、平角焊	交流或直流正、反接
E5027	铁粉氧化铁型		
E5028	铁粉低氢型	平、立、仰、向下立焊	交流或直接反接
E5048			

注：1. 焊接位置栏中文字含义：平—平焊，立—立焊，仰—仰焊，横—横焊，平角焊—水平角焊。
    2. 直径不大于 4.0mm 的 E5015、E5016 和 E5018 焊条及直径不大于 5.0mm 的其他型号的焊条可适用于立焊和仰焊。
    3. E4322 型焊条适用于单道焊。

三、焊条的牌号

焊条牌号是焊条制造厂对生产的焊条所规定的统一编号。牌号主要根据焊条的用途及性能特点来编制，一般可分为 10 大类。

1. 结构钢焊条牌号的编制

1) 牌号的第一个汉语拼音大写字母"J"或汉字"结"表示结构钢焊条。
2)"J"后面的两位数表示熔敷金属的抗拉强度等级。
3)"J"后面的第三位数字表示药皮类型和电源种类，见表 3-6。

表 3-6　焊条药皮类型及电源种类

牌　号	焊条药皮类型	焊接电源种类	牌　号	焊条药皮类型	焊接电源种类
××0	不属于规定的类型	不规定	××5	纤维素型	直流或交流
××1	氧化钛型	直流或交流	××6	低氢钾型	直流或交流
××2	氧化钛钙型	直流或交流	××7	低氢钠型	直流
××3	钛铁矿型	直流或交流	××8	石墨型	直流或交流
××4	氧化铁型	直流或交流	××9	盐基型	直流

4）药皮中铁粉质量分数约为30%或熔敷效率为105%以上,在牌号末尾只加注元素符号"Fe"或汉字"铁"即可;其后缀为两位数,表示熔敷效率的1/10。

铁粉焊条的特点是:在焊接时,由于铁粉受热氧化而产生大量的热量,成为除电弧以外的补充热源,因此可以提高焊芯的熔化系数和焊缝金属的熔敷效率,从而提高焊接生产率。

所谓熔化系数,是指熔焊过程中单位电流、单位时间内焊芯的熔化量,单位为$g/(A \cdot h)$。

所谓熔敷效率,是指熔敷金属量与熔化的填充金属量的百分比。

5）结构钢焊条具有特殊性能和用途时,在牌号末尾加注起主要作用的元素符号或主要用途的拼音字母(一般不超过2个)。

结构钢焊条牌号举例如下:

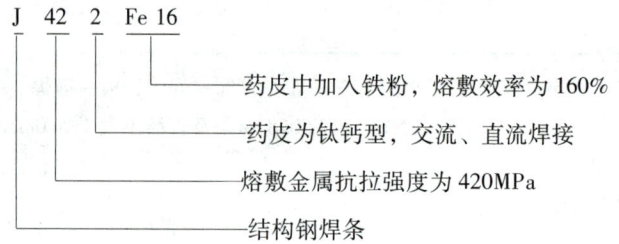

2. 船及海上平台用焊条的级别

(1) 船用焊条的级别　船用焊条按其熔敷金属的抗拉强度可分为R_m = 400MPa及R_m = 460MPa两个强度等级。每一强度等级又按其冲击吸收能量划分为三个级别。各级别的焊条焊接接头的拉力试验结果应符合表3-7和表3-8所示的要求。

表3-7　焊条级别和焊接接头的力学性能(一)

焊条级别	R_{eL}/MPa	R_m/MPa	伸长率(标准距离长度50mm)(%)	V型缺口冲击试验	
				温度/℃	冲击吸收能量/J
Ⅰ41 Ⅱ41 Ⅲ41	≥300	400~560	≥22	20 0 -20	≥48
Ⅱ47 Ⅲ47	≥370	460~660	≥22	0 -20	≥48

注:一组3个冲击试样中,允许有一个个别值小于所需的平均值,但不得小于平均值的70%。

表 3-8 焊条级别和焊接接头的力学性能（二）

焊条级别	抗拉强度 R_m（横向拉力试验）/MPa	V 型缺口冲击试验		
		温度/°C	冲击吸收能量/J	
			平焊、横焊	立焊
Ⅰ41 Ⅱ41 Ⅲ41	≥400	20 0 -20	≥48	≥35
Ⅱ47 Ⅲ47	≥490	0 -20	≥48	≥35

注：一组 3 个冲击试样中，允许有一个个别值小于所需的平均值，但不得小于平均值的 70%。

各个级别分别为Ⅰ41（1 级）、Ⅱ41（2 级）、Ⅲ41（3 级）和Ⅱ47（2Y 级）Ⅲ47（3Y 级）。所有低氢型焊条或超低氢型焊条在满足其力学性能要求后，应进行扩散氢的测定，并在焊条后面加上字母"H"或"HH"的标志，以表示符合测定要求的低氢型焊条或超低氢型焊条。如Ⅲ41H（3H 级）、41HH（3HH 级）、Ⅲ47HH（3YH 级）、47HH（3YHH 级）等。

（2）海上平台用焊条的级别 按照我国船级社《海上固定平台入级与建造规范》的规定，平台用焊条级别和焊接接头的力学性能试验结果应符合表 3-9 的要求。

表 3-9 平台用焊条级别和焊接接头的力学性能

焊条级别	拉力试验		断后伸长率 $A(\%)$	冷弯试验	V 型缺口冲击试验	
	R_{eL}/MPa	R_m/MPa			温度/°C	冲击吸收能量/J
1P	230	400~490	22	不裂	—	—
2P	230	400~490	22	不裂	0	28
3P					-20	
4P					-40	
1P32	310	440~490	22	不裂	0	32
3P32					-20	
4P32					-40	
1P36	350	490~620	21	不裂	0	35
3P36					-20	
4P36					-40	

注：焊接正弯和反弯试样的受拉面在弯曲规定的角度后，如无超过 3mm 其他缺陷者，则认为合格。

3. 钼及铬钼耐热钢焊条牌号的编制

1）牌号的第一个汉语拼音大写字母"R"或汉字"热"表示钼及铬钼耐热钢焊条。

2）"R"后面的第一位数字表示熔敷金属主要化学成分组成等级，见表3-10。

表3-10 钼及铬钼耐热钢焊条

牌号	熔敷金属主要化学成分（质量分数）组成等级	牌号	熔敷金属主要化学成分（质量分数）组成等级
R1××	Mo 为 0.5%	R5××	Cr 为 5%，Mo 为 0.5%
R2××	Cr 为 0.5%，Mo 为 0.5%	R6××	Cr 为 7%，Mo 为 1%
R3××	Cr 为 1%~2%，Mo 为 0.5%~1%	R7××	Cr 为 9%，Mo 为 1%
R4××	Cr 为 2.5%，Mo 为 1%	R8××	Cr 为 11%，Mo 为 1%

3）"R"后面的第二位数字表示同一熔敷金属主要化学成分组成等级中的不同编号。对同一药皮类型的焊条，可有十个编号，按0、1、2、…、9顺序编排。

4）"R"后面第三位数字表示药皮类型和电源种类，见表3-6。

钼及铬钼耐热钢焊条牌号举例如下：

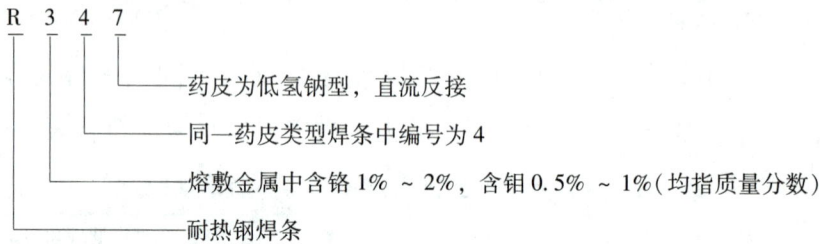

4. 不锈钢焊条牌号的编制

1）牌号中的第一个汉语拼音大写字母"G"及"A"或汉字"铬"及"奥"，表示铬不锈钢焊条和奥氏体不锈钢焊条。

2）"G"或"A"后面的第一位数字表示熔敷金属主要化学成分组成等级，见表3-11。

表3-11 不锈钢焊条

牌号	熔敷金属主要化学成分（质量分数）组成等级	牌号	熔敷金属主要化学成分（质量分数）组成等级
G2××	Cr 约 13%	A4××	Cr 约 25%，Ni 约 20%
G3××	Cr 约 17%	A5××	Cr 约 16%，Ni 约 25%
A0××	Cr≤0.04%（超低级）	A6××	Cr 约 15%，Ni 约 35%
A1××	Cr 约 18%，Ni 约 8%	A7××	铬锰氮不锈钢
A2××	Cr 约 18%，Ni 约 12%	A8××	Cr 约 18%，Ni 约 18%
A3××	Cr 约 25%，Ni 约 13%	A9××	待发展

3)"G"或"A"后面第二位数字表示同一熔敷金属主要化学成分组成等级中的不同编号。对同一种药皮类型的焊条,可有10个编号,按0、1、2、…、9顺序编排。

4)"G"或"A"后面第三位数字表示药皮类型和电源种类,见表3-6。

不锈钢焊条牌号举例如下:

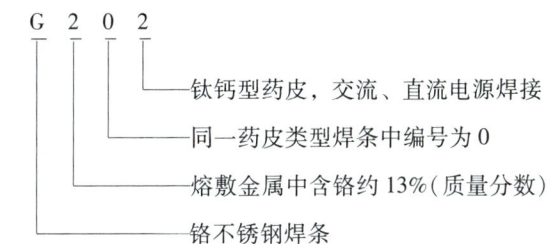

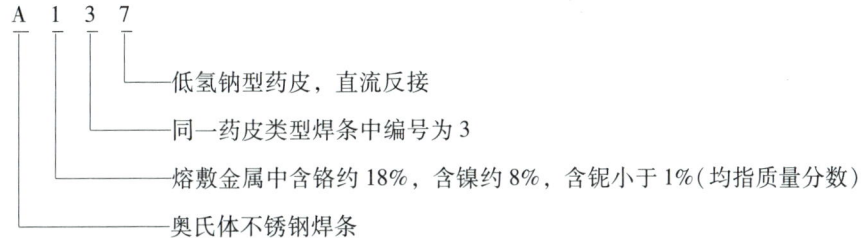

5. 堆焊焊条牌号的编制

1)牌号中的第一个汉语拼音大写字母"D"或汉字"堆",表示堆焊焊条。

2)"D"后面的第一位数字表示焊条的用途、组织或熔敷金属的主要成分,见表3-12。

表 3-12 堆焊焊条

牌 号	用途、组织或熔敷金属的主要成分	牌 号	用途、组织或熔敷金属的主要成分
D0××	不规定	D5××	阀门用
D1××	普通常温用	D6××	合金铸铁用
D2××	普通常温用及常温高锰钢	D7××	碳化钨型
D3××	刀具及工具用	D8××	钴基合金
D4××	刀具及工具用	D9××	待发展

3)"D"后面的第二位数字表示同一用途、组织或熔敷金属主要成分中的不同编号。对同一种药皮类型的焊条,可有10个编号,按0、1、2、…、9顺序编排。

4)"D"后面第三位数字表示药皮类型和电源种类,见表3-6。

堆焊焊条牌号举例如下:

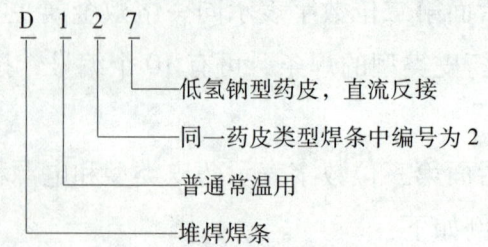

6. 低温钢焊条牌号的编制

1）牌号中的第一个汉语拼音大写字母"W"或汉字"温"，表示低温钢焊条。

2）"W"后面两位数字表示该焊条的工作温度等级，见表3-13。

表3-13　低温钢焊条

牌　号	工作温度等级	牌　号	工作温度等级
W70×	-70℃	W19×	-196℃
W90×	-90℃	W25×	-253℃
W11×	-110℃		

3）"W"后面的第三位数字表示药皮类型和电源种类，见表3-6。

低温钢焊条牌号举例如下：

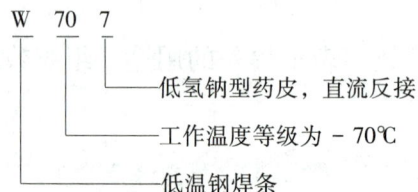

7. 铸铁焊条牌号的编制

1）牌号中的第一个汉语拼音大写字母"Z"或汉字"铸"，表示铸铁焊条。

2）"Z"后面第一位数字表示熔敷金属主要化学成分组成类型，见表3-14。

表3-14　铸铁焊条

牌　号	熔敷金属主要化学成分组成类型	牌　号	熔敷金属主要化学成分组成类型
Z1××	铸铁或高钒钢	Z5××	镍铜
Z2××	铸铁（包括球墨铸铁）	Z6××	铜铁
Z3××	纯镍	Z7××	待发展
Z4××	镍铁		

3）"Z"后面第二位数字表示同一熔敷金属主要化学成分组成类型中的不同编

号。对同一药皮类型焊条，可有 10 个编号，按 0、1、2…9 顺序编排。

4)"Z"后面第三位数字表示药皮类型和电源种类，见表 3-6。

铸铁焊条牌号举例如下：

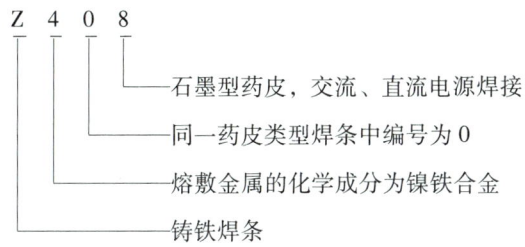

8. 特殊用途焊条牌号的编制

1) 牌号的两个汉语拼音大写字母"TS"或汉字"特殊"，表示特殊用途焊条。

2) "TS"后面的第一位数字表示焊条的用途，见表 3-15。

表 3-15 特殊用途焊条

牌　号	用途或熔敷金属主要成分	牌　号	用途或熔敷金属主要成分
TS2××	水下焊接用	TS5××	电渣焊用管状焊条
TS3××	水下切割用	TS6××	铁锰铝焊条
TS4××	铸铁件焊补前开坡口用	TS7××	高硫堆焊焊条

3) "TS"后面的第二位数字表示同一用途中的不同编号。对同一药皮类型焊条，可有 10 个编号，按 0、1、2…9 顺序编排。

4) "TS"后面的第三位数字表示药皮类型及电源种类，见表 3-6。

特殊用途牌号举例如下：

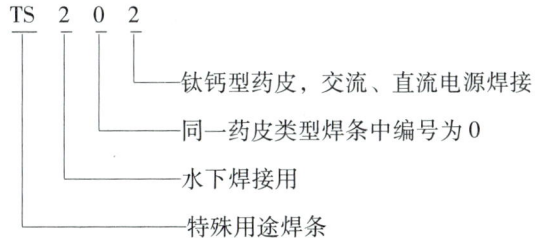

总之，凡标有型号的焊条，其技术要求、合格指标、检验方法等都应符合国家标准的规定。对于每一种焊条，通常可以通过型号及牌号来反映其主要性能特点及类别。目前，国产焊条的品种已比较齐全，正式列入焊接材料产品样本的品种就有数百个。国产焊条的质量也在逐步提高，有数十个厂家的主要产品通过了中国船级社的认证，其中不少厂家还获得了国外多个船级社的认证。

第三节　焊条的选用、保管、发放和使用

【学习目标】

1) 了解焊条的选用原则。
2) 掌握焊条的保管、发放和使用的方法。

一、焊条的选用

只有正确地选择焊条，拟订合理的焊接工艺，才能保证焊接接头不产生裂纹、气孔、夹渣等缺陷，才能满足结构接头的力学性能和其他特殊性能的要求，从而保证焊接产品的质量。

在金属结构的焊接中，选用焊条应注意以下几条原则。

（1）考虑母材的力学性能和化学成分　焊接结构通常采用一般强度的结构钢和高强度结构钢。焊接时，应根据设计要求，按结构钢的强度等级来选用焊条。值得注意的是，钢材一般按屈服强度等级来分级，而焊条是按抗拉强度等级来分级的。因此，应根据钢材的抗拉强度等级来选择相应强度或稍高强度的焊条。但焊条的抗拉强度太高会使焊缝强度过高而对接头有害。同时，还应考虑熔敷金属的塑性和韧性不低于母材。当要求熔敷金属具有良好的塑性和韧性时，一般可通过选择强度低一级的焊条来实现。

对合金结构钢来说，一般不要求焊缝与母材成分相近，只有焊接耐热钢、耐蚀钢时，为了保证焊接接头的特殊性能，才要求熔敷金属的主要合金元素与母材相同或相近。当母材中碳、硫、磷等元素含量较高时，应选择抗热裂性好的低氢型焊条。

（2）考虑焊接结构的受力情况　由于酸性焊条的焊接工艺性能较好，大多数焊接结构都可选用酸性焊条焊接。但对于受力构件，或构件中工作条件要求较高的部位和结构，都要求具有较高的塑性、韧性和抗热裂性能，必须使用碱性低氢型焊条。

（3）考虑结构的工作条件和使用性能　根据焊件的工作条件，包括载荷、介质和温度等，选择相应的能满足使用要求的焊条。如高温或低温条件下工作的焊

接结构，应分别选择耐热钢焊条和低温钢焊条；接触腐蚀介质的焊接结构，应选择不锈钢焊条；承受动载荷或冲击载荷的焊接结构，应选择强度足够、塑性和韧性较好的碱性低氢型焊条。

（4）考虑劳动条件和劳动生产率　在满足使用性能的情况下，应选用更高效的焊条，如铁粉焊条、下行焊条等。当酸性焊条和碱性焊条都能满足焊接性能要求时，应选用酸性焊条。

二、焊条的保管、发放和使用

焊条的保管、发放和使用，以及必要的复验，是保证焊接质量的重要环节，这些环节将直接影响焊缝的质量。每一个焊工、保管员和技术员都应该熟悉焊条的储存和保管规则，熟悉焊条的烘焙和使用要求。

1. 焊条的保管

1）进厂的焊条应先由技术检验部门核对其生产单位、质量证书、牌号、规格、重量、批号、生产日期。对无证书和无船检局认可的标记或包装破损、运输过程受潮以及不符合标准规定的焊条，检验人员有权拒绝验收入库。

2）当发现已入库的焊条因保管不善、存放时间过长或发放错误等情况时，质检人员可按有关产品验收技术条件进行抽样检查，不合格的应予报废，并通知车间停止使用。

3）焊条的仓库保管条件：①通风良好、干燥；②室温不应低于18℃，对含氢量有特殊要求的焊条，室内相对湿度应不大于60%；③货架或垫木应离墙、离地不小于300mm；④按品种、牌号分类堆放，并涂以明显标志。

2. 焊条的发放和使用

车间从仓库领回焊条，需按产品说明书规定的规范进行烘干后才能发放使用。

1）由于酸性焊条对水分不敏感，不易产生气孔，所以酸性焊条可根据受潮情况决定是否进行烘焙。对于受潮严重的焊条，要在70~150℃下进行烘焙，保温1h，使用前不再烘焙。对一般受潮的酸性焊条，焊前不必烘焙。

2）碱性焊条在使用前必须烘干，以降低焊条的含水量，防止气孔、裂纹等缺陷的产生。烘干温度一般为350~400℃，保温2h。经烘干的碱性焊条最好放入一个温度控制在100~150℃的保温电烘箱中存放，随用随取。

3）露天作业时，规定碱性焊条一次领取不得超过4h的用量，酸性焊条一次领取不得超过8h的用量，如果到时间未用完，应立即归还库房。

4）在现场作业时，焊工应将焊条存放在焊条箱（盒）或自垫式焊条保温筒内，不得随意乱放，以免因焊条受潮或破损而影响焊接质量。

项目训练三　焊条的选择

（一）训练任务

按给定的工作条件分别选择表 3-16 所示的焊条牌号。

表 3-16　焊件名称、材料牌号及力学性能

焊件名称	材料牌号	力学性能/MPa		焊条牌号
		R_{eH}	R_m	
锅炉锅筒	20G	245	450~550	
厂房屋架	Q235	235	370~500	
桥吊主梁	Q255	355	470~630	
高中压容器	15MnVN	420	520~680	
起重机吊臂	Q390	390	490~650	
异种材料焊接	SUS304+Q345R	—	—	
中碳钢等强度焊接	35	315（R_{eL}）	530	

（二）训练要求

按照焊条选用原则，正确选用焊条。

项目训练四　焊条的正确使用

（一）训练任务

酸性焊条、碱性焊条的烘干与使用。

（二）训练要求

1. 训练内容

1）能按要求对酸性焊条、碱性焊条进行加热与保温。

2）能正确使用烘干与保温设备。

3）养成正确使用焊条的职业习惯。

2. 安全文明生产

1）能正确执行安全技术操作规程。

2）能按企业有关文明生产的规定，做到场地整洁，工具摆放整齐。

（三）项目评分标准

项目评分标准见表3-17。

表3-17 项目评分标准

序号	检测项目	配分	技术标准	实测情况	得分	备注
1	焊条烘干温度	20	酸性焊条75~150℃，碱性焊条350~450℃，烘干温度不够扣20分			
2	烘干时间	20	保温时间1~2h，保温时间不够扣20分			
3	焊条放入与取出	10	防止骤冷骤热，不符合规定扣5分			
4	烘干焊条的保管	10	焊条烘干后，放入100~150℃的保温筒（箱）内，否则扣10分			
5	焊条烘干时的堆放	10	分层且不宜过厚，否则扣10分			
6	焊条烘干次数	10	不超过3次，否则扣10分			
7	焊条烘干记录	10	应记录牌号、批号、温度、时间，记录不全扣5分，无记录扣10分			
8	安全操作规程	7	劳动保护用品不齐全扣4分，稍差扣1分，很差扣3分			
9	文明生产规定	3	工作场地整洁，摆放整齐不扣分，稍差扣1分，很差扣3分			
	总分	100	项目训练成绩			

焊接专家

卢仁峰（图3-2），中国兵器集团首席技师、一机大成装备公司高级技师、第9届全国技术能手中焊接界唯一一位"中华技能大奖"获奖者、全国十大最美职工、中国2020年度人物候选人。卢仁峰几十年如一日，用一只手执着追求焊接技术革新、被誉为"独手焊侠"。

1. 人物事迹

2020年9月28日，中国坦克焊接大师卢仁峰再次发布新的科研创新成果"短段双向减应力焊接操作法"，为国内军用装备高强高硬度壳体批产制造奠定基础，获得军工界的高度评价。

卢仁峰的工作是负责把坦克的各种装甲钢板连缀为一体，30多年来，他不断突破自己的技术峰值，从最早的五九式坦克，到现在正在研发的第四代新型主战坦克，他都参与了攻关研发。

20多岁时，卢仁峰已经是厂里重点培养的技术骨干。1986年，一场事故让卢仁峰左手遭受重创。被切去的左手虽然勉强接上了，但已经完全丧失功能。卢仁峰没有放弃焊接工作，他泡在车间，刻苦练习，硬是靠给自己量身定做手套和用牙咬焊帽这些办法，在五年后恢复了过去的焊接水平，再次成为厂里的焊接技术领军人。

2. 自强不息

卢仁峰16岁那年，下乡知青回城，他来到一机集团做了焊工，他给自己定下目标：一定要学好、学精焊接技术。从此他刻苦努力，一心扑在工作上，即使师傅和工友们休息、下班了，他仍不停歇，努力地钻研和实践。同时，从基础开始，他认真学习《机械制图》《电工基础》《焊接材料》《焊工手册》等专业书籍，努力掌握焊接技术理论。

图3-2 卢仁峰——"独手焊侠"

正当在焊接岗位上潜心钻研焊接方法技术并开始大显身手的时候，1986年的一场事故让卢仁峰险些彻底失去左手，大拇指、食指、中指虽被勉强缝合，但已完全丧失功能。但他没有被吓到，反而更加坚定有力。他给自己定下了每天要焊完50根焊条的任务。他常常一连几个月吃住在车间，一蹲就是数小时，直到厂房里空无一人。他左手残疾，仅靠右手练就一身电焊绝活，焊条电弧焊单面焊双面成形技术堪称一绝；各类管道和容器所产生的泄漏的顶压补焊，压力容器焊接缺陷返修合格率为百分之百；各种有色金属和低、中、高合金钢的焊接及大型铸铁、铸钢的补焊样样精通。

3. 勇挑重担

某军品项目大型水压机 1#高压泵体突然出现裂纹。该设备承担 13 个品种、1850 余项、42 万件军品生产任务，按照常规需更换泵体，可市场上没有相应的备件。如果设备不能及时修复，将会影响整体进度。卢仁峰主动请缨，在没有技术参数、没有可靠的技术保障的情况下，他反复思考、试验，52 个小时里，用手中的焊钳止住了高压水流，挽回损失近 400 万元。2009 年，作为国庆阅兵装备的某型号轮式车辆首次批量生产，在整车焊接蜗壳部位过程中，由于新型装甲材料具有碳含量高、刚性极大和蜗壳壁薄等特点，焊接过程中焊接变形和焊缝成形难以控制，致使平面度超差，严重影响整车的装配质量和进度。卢仁峰再一次投入到了紧张的作业中。从焊丝的型号到电流大小的选择，他和工友们反复研究细节，确定操作步骤，最终利用焊接变形的特性，采用"正反面焊接，以变制变"的方法，使该产品生产合格率一下由 60% 提高到 96%。

4. 甘为人梯

卢仁峰性格很温和，但是教起徒弟，他就像变了一个人，理论和实践上都严格要求。为了提高徒弟们焊接手法的精确度，他总结出"强化基础训练法"，每带一名新徒弟，不管徒弟过去的基础如何，都要求他一年内每天必须进行 5 块板、30 根焊条的"定位焊"，每点误差不得大于 0.5mm，不合格就推倒重来。几年间，卢仁峰带出了 40 多名徒弟，个个都成了技术上的骨干。他带出的徒弟有"全国劳动模范""五一劳动奖章"和"全国技术能手"获得者、内蒙古第一机械集团公司高级技师王文山，有"全国技术能手""内蒙古劳动模范"、内蒙古第一机械集团公司高级技师翟兴刚，有内蒙古自治区五一劳动奖章获得者、内蒙古第一机械集团公司高级技师卢仁昌，有兵器工业集团技术能手付阿什等。此外，卢仁峰对焊接事业的深爱也感染了身边的人。在他的影响下，他的爱人、弟弟、弟媳等家人共计 8 人干起了电焊工，其中 1 人获得"内蒙古自治区五一劳动奖章"，1 人获得"兵器工业集团级技术能手"，2 人成为高级技师，4 人成为技师，他的家庭成为了名副其实的"焊工之家"。

第四章

焊条电弧焊操作技能

焊条电弧焊是熔焊中最基本的一种焊接方法。焊条电弧焊设备简单、操作方便灵活，适于在各种条件下焊接，特别适合形状复杂的焊接结构（如船体结构）的焊接。虽然各种自动化的焊接方法在焊接结构生产中应用得越来越普遍，但是有些新型的焊接材料更适合采用焊条电弧焊。因此，焊条电弧焊在焊接生产中仍然占据着重要的位置。本章主要介绍焊条电弧焊中焊接接头的有关知识、焊条电弧焊的操作技术及焊接参数的选择。

第一节 焊接接头形式、焊缝形式及符号

【学习目标】

1) 了解焊接接头的形式与焊缝形式。
2) 了解焊缝符号的组成，掌握焊缝符号的识别方法。

一、焊接接头形式

用焊接方法连接的接头称为焊接接头（简称接头）。焊接接头包括熔合区（也叫焊缝）和热影响区。焊接接头的形式主要有对接接头、T形接头、角接接头、搭接接头等。

1. 对接接头

两焊件端部在同一平面并相对且平行的接头称为对接接头。对接接头是最常见的接头形式，它多用于船体的外板、甲板、内底板及舱壁板等构件之间的连接。对接接头的焊缝应是全焊透焊缝，焊缝两侧的母材金属应熔化均匀。对接接头又可分为以下两种形式。

（1）不开坡口的对接接头　厚度小于6mm且能够保证完全焊透的构件，可采用不开坡口的对接接头。为了确保完全焊透，被焊钢材间要留有1~2mm的装配间隙，如图4-1所示。板厚增加，装配间隙也要相应增大。这种接头形式通常需要进行双面焊接。

（2）开坡口的对接接头　所谓坡口，就是根据设计或工艺需要，在工件的待焊部位加工出具有一定几何形状的沟槽。开坡口就是采用机械切割、火焰切割或碳弧气刨等方法加工坡口的过程。

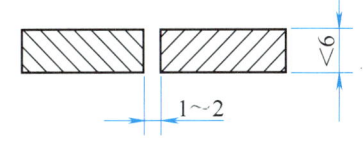

图4-1　不开坡口的对接接头

1）坡口的几何尺寸。①坡口面：焊件上的坡口表面叫坡口面，如图4-2所示。②坡口面角度和坡口角度：焊件表面的垂直面与坡口面之间的夹角叫坡口面角度，两坡口面之间的夹角叫坡口角度，如图4-3所示。开单面坡口时，坡口角度等于坡口面角度；开双面对称坡口时，坡口角度等于两倍的坡口面角度。③根部间隙：焊前在

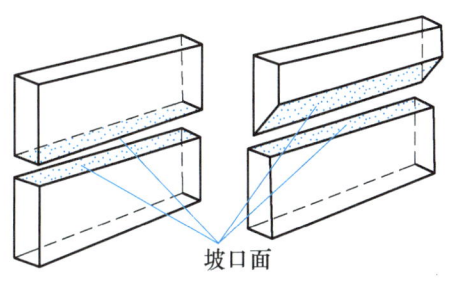

图4-2　坡口面

接头根部之间预留的空隙，称作根部间隙，如图4-3所示。根部间隙的作用是保证焊接打底焊道时根部被焊透。④钝边（俗称留根）：焊件开坡口时，沿焊件厚度方向未开坡口的端面部分，称作钝边，如图4-3所示。钝边的作用是防止根部被焊穿。⑤根部半径：在V形、U形坡口中，其底部的半径称作根部半径，如图4-3所示。根部半径的作用是增大坡口根部的空间，使焊条能伸入根部，以确保根部焊透。

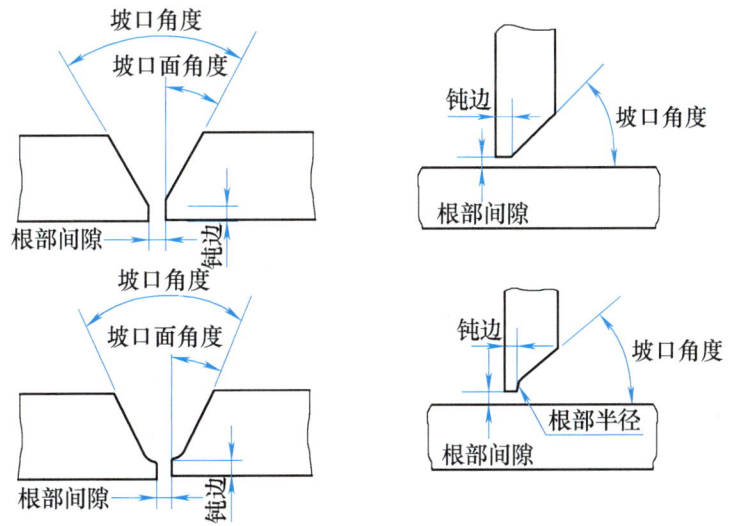

图4-3　坡口的几何尺寸

2）坡口的形式。根据坡口形状的不同，坡口可分成I形（不开坡口）、V形、X形、U形、双U形、单边V形、单边U形、K形等，如图4-4所示。

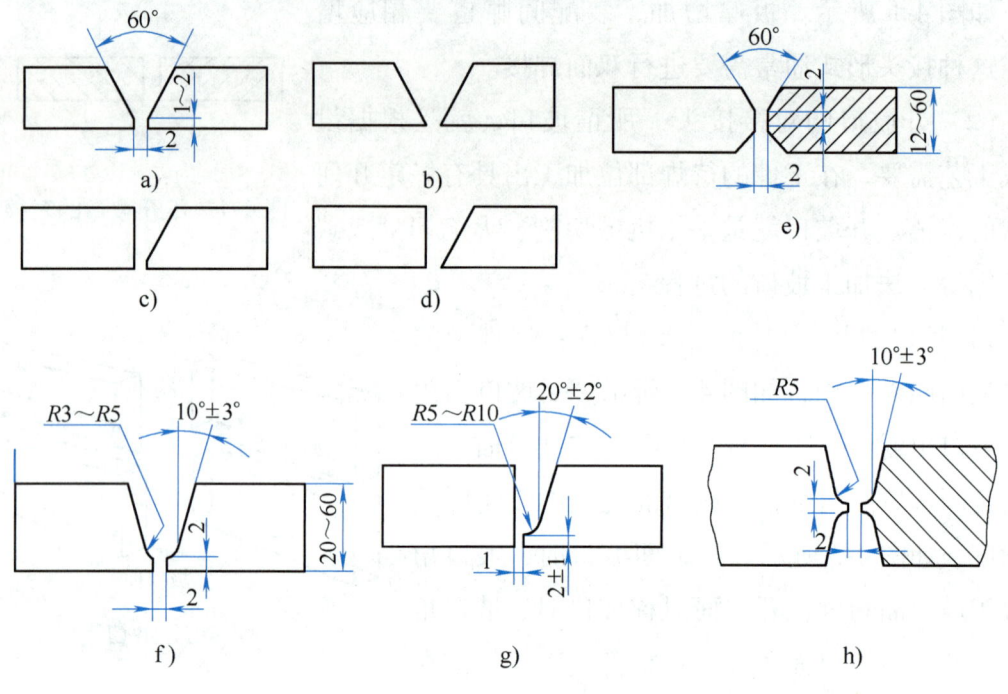

图 4-4　坡口形式
a）有钝边V形坡口　b）无钝边V形坡口　c）带钝边单边V形坡口　d）无钝边单边V形坡口
e）X形坡口　f）U形坡口　g）单边U形坡口　h）双U形坡口

V形坡口是最常用的坡口形式。这种坡口便于加工，但焊件容易产生焊接残余变形。

X形坡口是在V形坡口的基础上发展起来的一种坡口形式。当焊件厚度增大时，V形坡口的空间面积随之加大，因此大大增加了填充金属（焊条或焊丝）的消耗量和作业时间。采用X形坡口后，在同样厚度下，能减少一半的焊缝金属量，并且因为是对称焊接，所以焊接变形较小。

在焊件厚度相同的条件下，U形坡口的空间面积比V形坡口小得多，所以当焊件厚度较大、质量要求较高时，可采用U形坡口。但这种坡口的根部有圆弧，加工比较复杂，特别是在圆筒形焊件的筒壳上加工时更加困难。

不同厚度的钢板对接，当厚度差（$\delta - \delta_1$）不超过表4-1中的规定时，焊接接头的基本形式应按较厚板的尺寸选取。当对接钢板的厚度差超过表4-1中的规定时，则应在较厚的板上做出图4-5所示的削薄，削薄的长度$L \geq 3(\delta - \delta_1)$。

表 4-1 不同厚度钢板对接时的厚度差范围

较薄板的厚度 δ_1/mm	≥2~5	>5~9	>9~12	>12
允许厚度差 ($\delta-\delta_1$)/mm	1	2	3	4

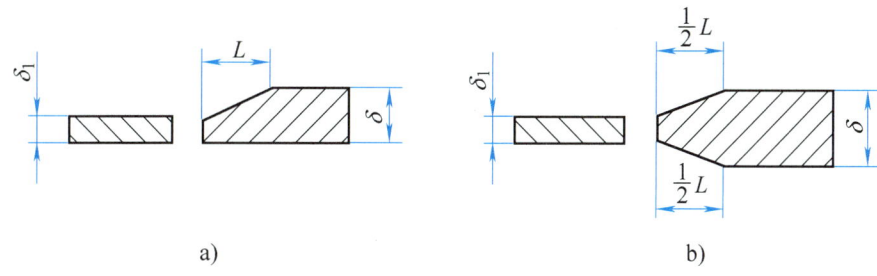

图 4-5 不同厚度钢板的对接

3）坡口的加工。坡口的加工方法需要根据钢板的厚度及接头形式而定，目前常用的坡口加工方法有以下几种：①氧乙炔切割。这是一种使用很广泛的坡口加工方法。②碳弧气刨。这是一种新的坡口加工方法，与用风铲加工相比，具有效率高、劳动强度低的优点，并且能加工 U 形坡口。但刨割时烟雾多，噪声大。③刨削。利用刨边机进行刨削，能加工形状复杂的坡口面，且加工质量好，适用于较长的直线形坡口面的加工。④车削。对于圆形焊件的环缝，可用车床进行坡口加工，且加工的坡口质量较好。

2. T 形接头

两焊件的表面构成直角或近似直角的接头，称为 T 形接头。T 形接头在焊接结构中被广泛地采用；造船厂的船体结构中，约有 70% 的接头是 T 形接头。按照焊件厚度和坡口形式的不同，T 形接头可分为不开坡口、单边 V 形坡口、K 形坡口以及双 U 形坡口四种形式，如图 4-6 所示。

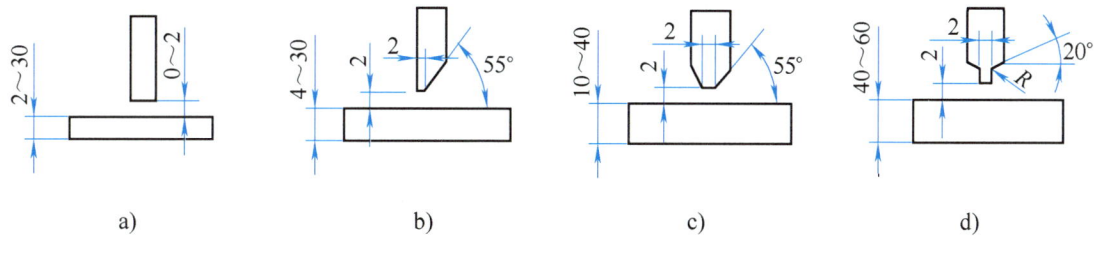

图 4-6 T 形接头
a) 不开坡口　b) 单边 V 形坡口　c) K 形坡口　d) 双 U 形坡口

对于板厚小于 10mm 的构件，或者受力不太大的构件，可以采用不开坡口的 T

形接头，焊条电弧焊时，对这种不开坡口的 T 形接头一般要进行双面焊接。若 T 形接头的焊缝承受较大的载荷，则应根据钢板的厚度和对强度的要求，分别选用不同的坡口形式，使接头能够熔透，以保证焊接接头的强度。

3. 角接接头

两焊件端面构成大于 30°、小于 135°夹角的焊接接头，称为角接接头。角接接头一般用于不太重要的焊接结构中。它的许多特征与 T 形接头相似，坡口尺寸也都有相应的规定，如图 4-7 所示。

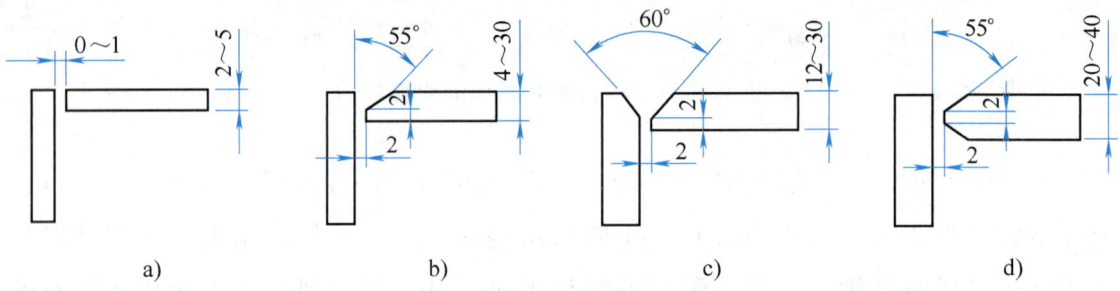

图 4-7　角接接头

a）不开坡口　b）单边 V 形坡口　c）V 形坡口　d）K 形坡口

4. 搭接接头

两焊件部分重叠而构成的焊接接头称为搭接接头。根据规定，在搭接接头中，搭接宽度应为板厚的 2 倍加 15mm，但不大于 50mm，两搭接板表面应紧密接触。搭接接头易于装配，但接头的承载能力低，所以只用在不重要的焊接结构中。搭接接头形式如图 4-8 所示。

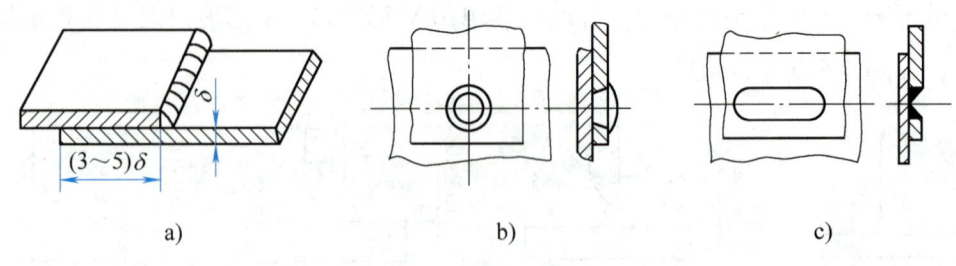

图 4-8　搭接接头

a）不开坡口　b）圆孔内塞焊　c）长孔内塞焊

5. 其他接头形式

（1）十字接头　三个焊件装配成"+"字形的接头称为十字接头，如图 4-9 所示。

（2）端接接头 两焊件重叠放置，或两焊件表面之间的夹角不大于30°，在端部进行连接的接头称为端接接头，如图4-10所示。

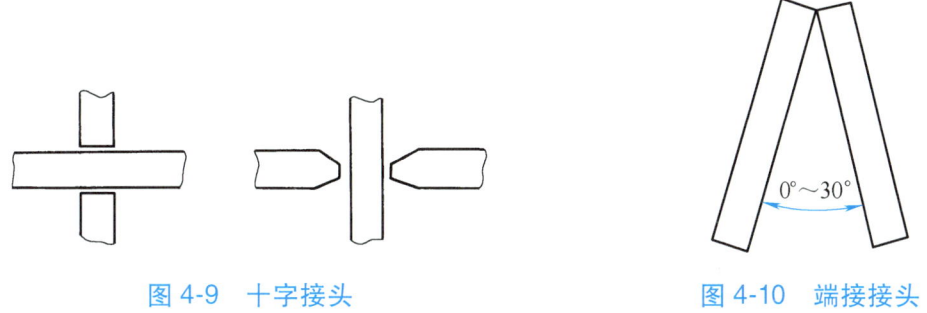

图4-9 十字接头　　　　　　　　图4-10 端接接头

（3）卷边接头 将焊件端部预先卷边的焊接接头称为卷边接头，如图4-11所示。

（4）套管接头 将一根直径稍大的短管套于需要连接的两根管子的端部所构成的接头称为套管接头，如图4-12所示。

图4-11 卷边接头　　　　　　　　图4-12 套管接头

（5）斜对接接头 接缝在焊件平面上倾斜布置的对接接头称为斜对接接头，如图4-13所示。

（6）锁底接头 一个焊件端部放在另一个预留焊件底边上所构成的接头称为锁底接头，如图4-14所示。

图4-13 斜对接接头　　　　　　　　图4-14 锁底接头

二、焊缝形式

焊缝是焊接接头的一个组成部分。焊缝通常按下列方法进行分类。

1. 按焊缝的空间位置分

（1）平焊缝 它是焊缝倾角在0°～5°，焊缝转角在0°～10°的平焊位置施焊的焊缝，如图4-15所示。

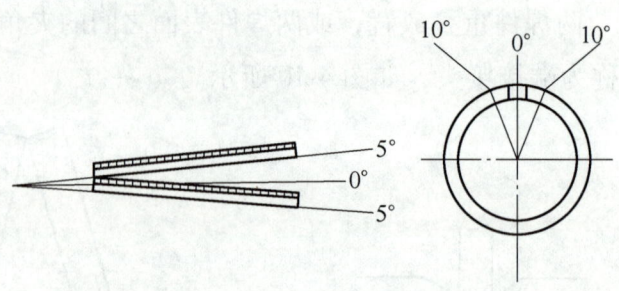

图 4-15　平焊缝

(2) 立焊缝　它是焊缝倾角在 80°~90°，焊缝转角在 0°~180°的立焊位置施焊的焊缝，如图 4-16 所示。

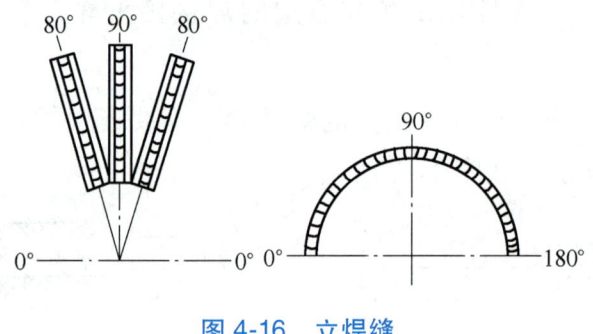

图 4-16　立焊缝

(3) 横焊缝　它是焊缝倾角在 0°~5°，焊缝转角在 70°~90°的横焊位置施焊的焊缝，如图 4-17 所示。

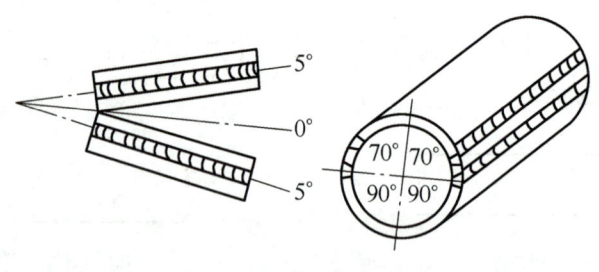

图 4-17　横焊缝

(4) 仰焊缝　它是焊缝倾角在 0°~15°，焊缝转角在 165°~180°的对接焊缝或焊缝倾角在 0°~15°，焊缝转角在 115°~180°的角焊缝，如图 4-18 所示。

2. 按焊缝结合形式分

(1) 对接焊缝　在焊件的坡口面间，或一焊件的坡口面与另一焊件表面间焊接的焊缝称为对接焊缝，如图 4-19 所示。

(2) 角焊缝　沿两直交或近直交焊件的交线焊接所形成的焊缝，称为角焊缝，如图 4-20 所示。

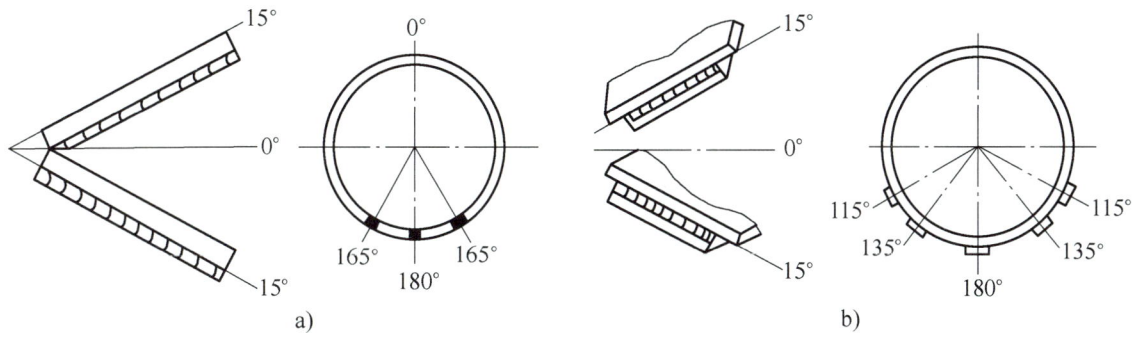

图 4-18 仰焊缝
a) 对接仰焊缝　b) T形接头仰焊缝

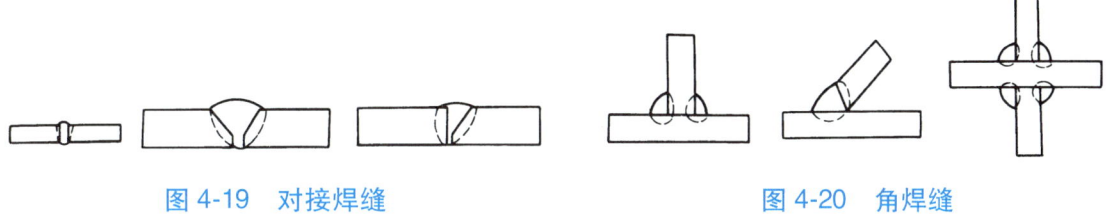

图 4-19　对接焊缝　　　　　　　图 4-20　角焊缝

（3）塞焊缝　两焊件重叠，其中一块开有圆孔，然后在圆孔中焊接，所形成的填满圆孔的焊缝，称为塞焊缝，如图4-8b、c所示。

3. 按焊缝断续情况分

（1）定位焊缝　焊前，为装配和固定焊件位置而焊接的短焊缝称为定位焊缝。定位焊缝的质量很重要，但往往不被焊工所重视，因此生产上经常出现因定位焊缝质量较差而引起的吊装开裂事故。因定位焊缝有裂纹、气孔和夹渣等缺陷而影响焊缝质量，造成焊后返修的事例也较多。

根据规定，定位焊缝应由考核合格的焊工焊接，所用的焊条应与正式施焊的焊条相同。在保证焊件位置相对固定的前提下，定位焊缝的数量应减到最少。但其厚度应不小于根部焊缝的厚度，其长度应不小于较厚板材厚度的4倍或不小于50mm（应取两者中较小的值）。定位焊缝不应处于焊缝交叉点，应与交叉点间隔50mm以上的距离。定位焊缝应尽可能焊在坡口的反面、型材的内缘和单面连续焊缝的另一边。要求全焊透的接头，应在清除定位焊缝焊渣后，再进行反面焊接。使用碳弧气刨清除定位焊缝时，如有渗碳现象发生，应按规定进行打磨。定位焊缝的质量应与正式焊缝的质量相同，如有不允许存在的缺陷，应消除缺陷后再进行焊接。焊件如果要求焊前预热，对定位焊缝也应局部预热到规定温度后再进行焊接，预热的温度范围与正式焊接接头相同。对要求不直接在坡口内进行定位焊的构件，可采用材质与母材相同的拉紧板或装配 L 形马把焊件间接固定，如图 4-21 所示。焊后再拆除拉紧板或 L 形马。拆除时，应注意不要损伤母材。

（2）连续焊缝　沿接头长度方向连续焊接的焊缝，称为连续焊缝。它包括连续对接焊缝和连续角焊缝。

（3）断续焊缝　沿接头长度方向焊接的具有一定间隔的焊缝称为断续焊缝。它又可分为并列断续焊缝和交错断续焊缝。断续焊缝一般都指角焊缝，它只适用于角焊缝中强度要求不高以及不需要密闭结构的焊接，其接头形式如图 4-22 所示。

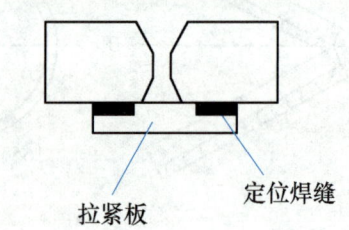

图 4-21　用拉紧板间接固定焊件

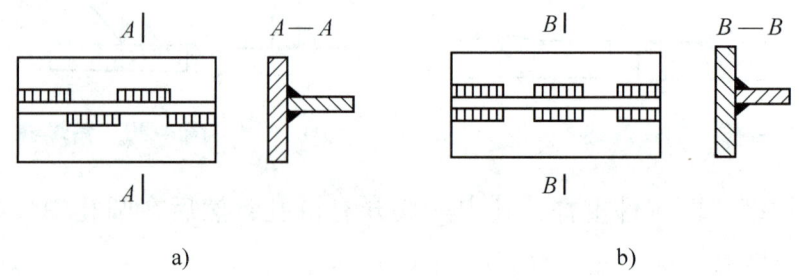

图 4-22　断续角焊缝
a）交错式　b）并列式

在焊接断续角焊缝时，构件的两端部还要按规定进行包角焊，如图 4-23 所示。近年来，一些船厂采用连续的小焊脚角焊缝代替断续角焊缝。这种方法不仅施焊方便、操作简单，同时还消除了断续焊缝未焊部分接头的缝隙，避免了水的渗入，从而提高了构件的耐蚀性。应当指出，将双面断续角焊缝改成双面连续焊缝时，一定要按规定减小焊脚尺寸，否则会引起较大的焊接变形。

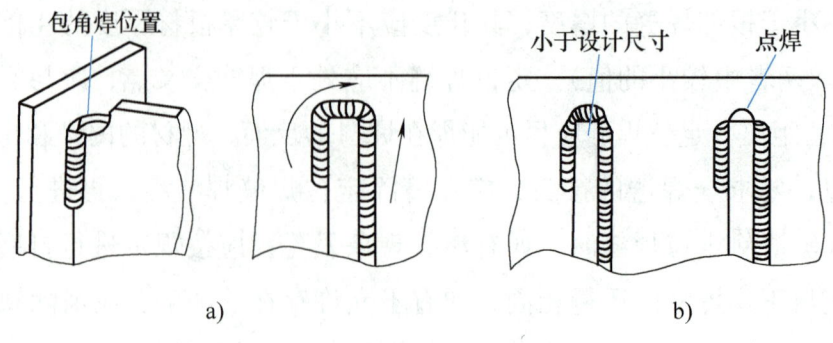

图 4-23　包角焊示意图
a）正确的操作方法　b）不正确的操作方法

三、焊缝符号

在图样上用来标注焊接方法、焊缝形式和焊缝尺寸的符号称为焊缝符号。焊接方法一般不标注,在需要时可以在引出线尾部用文字注明。所以,焊缝符号主要由基本符号、补充符号、指引线和尺寸符号等组成。

1. 基本符号

基本符号是表示焊缝横截面的基本形式或特征的符号。它采用近似于焊缝横截面形状的符号来表示,见表4-2。

表4-2 基本符号

序号	名 称	示 意 图	符 号
1	I形焊缝		||
2	V形焊缝		V
3	带钝边V形焊缝		Y
4	单边V形焊缝		V
5	带钝边单边V形焊缝		Y
6	带钝边U形焊缝		Y
7	带钝边J形焊缝		Y
8	角焊缝		△
9	塞焊缝或槽焊缝		⊓

(续)

序号	名称	示意图	符号
10	点焊缝	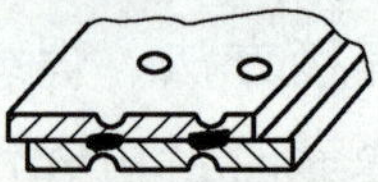	○
11	缝焊缝	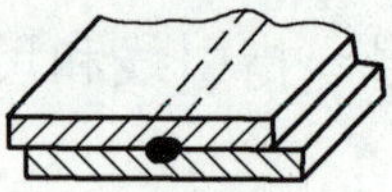	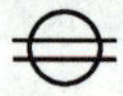 ⊖
12	封底焊缝	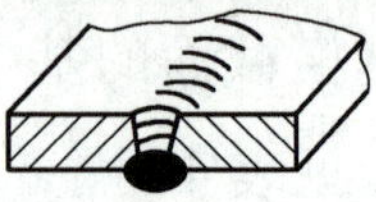	 ⌣
13	堆焊缝		 ⌒⌒

2. 补充符号

补充符号用来补充说明有关焊缝或接头的某些特征（如表面形状、衬垫、焊缝分布、施焊地点等）。补充符号见表4-3。

表4-3 补充符号

序号	名称	符号	说明
1	平面	—	焊缝表面通常经过加工后平整
2	凹面	 ⌣	焊缝表面凹陷
3	凸面	 ⌢	焊缝表面凸起
4	圆滑过渡	 ⌣	焊趾处过渡圆滑
5	永久衬垫	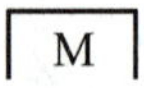 M	衬垫永久保留
6	临时衬垫	 MR	衬垫在焊接完成后拆除
7	三面焊缝	⊐	三面带有焊缝
8	周围焊缝	○	沿着工件周边施焊的焊缝 标注位置为基准线与箭头线的交点处
9	现场焊缝	 ▶	在现场焊接的焊缝
10	尾部	 <	可以表示所需的信息

3. 指引线

指引线由箭头线和基准线（实线和虚线）组成，如图4-24所示。

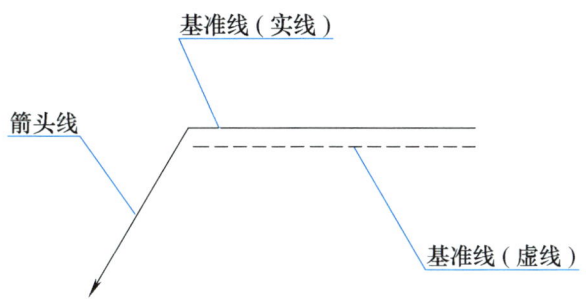

图 4-24　指引线

箭头直接指向的接头侧为"接头的箭头侧"，与之相对的则为"接头的非箭头侧"。基准线一般应与图样的底边平行，必要时也可与底边垂直。

实线和虚线的位置可根据需要互换。

4. 尺寸符号

尺寸一般不标注，只有在设计或生产需要时才标注。尺寸符号见表4-4。

表 4-4　尺寸符号

符号	名　称	示　意　图	符号	名　称	示　意　图
δ	焊件厚度		R	根部半径	
α	坡口角度		l	焊缝长度	
b	根部间隙		e	焊缝间距	
p	钝边		K	焊脚尺寸	
c	焊缝宽度		d	点焊：熔核直径 塞焊：孔径	

（续）

符号	名称	示意图	符号	名称	示意图
S	焊缝有效厚度	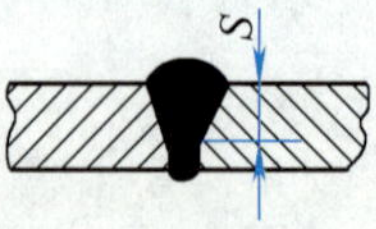	H	坡口深度	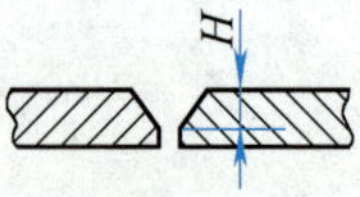
N	相同焊缝数量	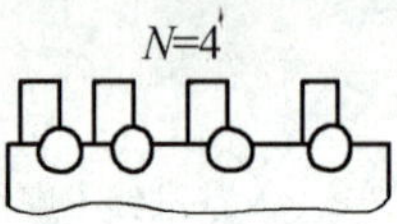	h	余高	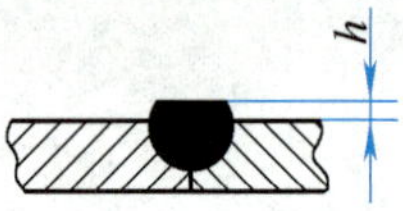

5. 焊缝尺寸标注

焊缝尺寸标注示例见表 4-5。

表 4-5　焊缝尺寸标注示例

序号	名称	示意图	尺寸符号	标注方法
1	对接焊缝	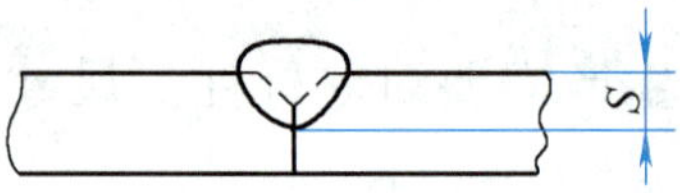	S：焊缝有效厚度	
2	连续角焊缝	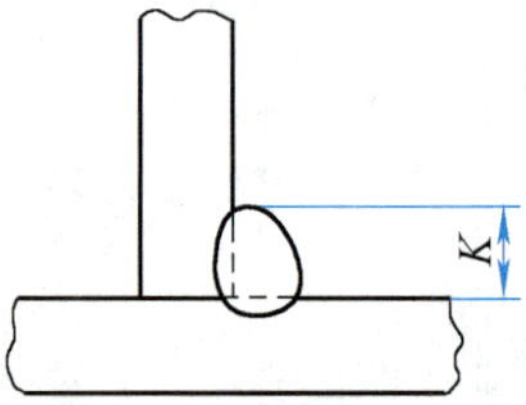	K：焊脚尺寸	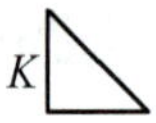
3	断续角焊缝	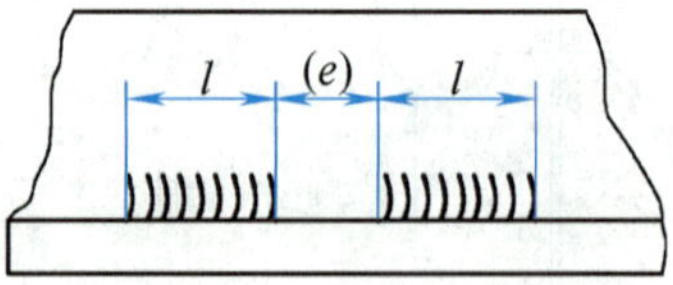	l：焊缝长度 e：间距 n：焊缝段数 K：焊脚尺寸	
4	交错断续角焊缝	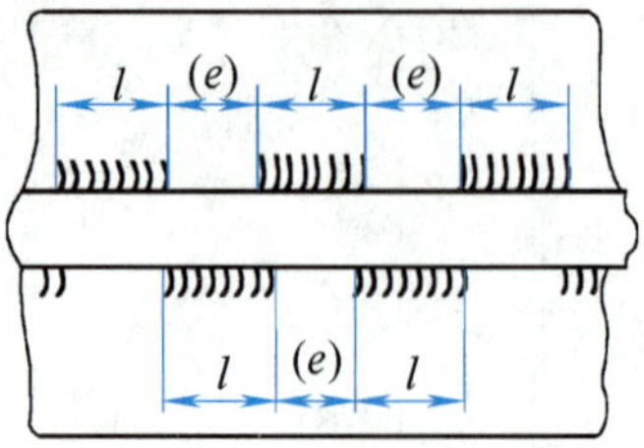	l：焊缝长度 e：间距 n：焊缝段数 K：焊脚尺寸	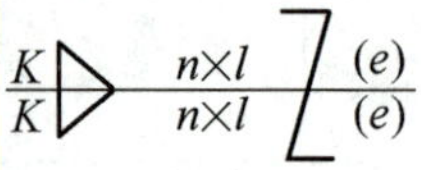

(续)

序号	名称	示意图	尺寸符号	标注方法
5	塞焊缝或槽焊缝		l：焊缝长度 e：间距 n：焊缝段数 c：槽宽	$c \sqsubset n \times l(e)$
			e：间距 n：焊缝段数 d：孔径	$d \sqsubset n \times (e)$
6	点焊缝		n：焊点数量 e：焊点距 d：熔核直径	$d \bigcirc n \times (e)$
7	缝焊缝		l：焊缝长度 e：间距 n：焊缝段数 c：焊缝宽度	$c \ominus n \times l(e)$

四、焊接相关工艺方法及其代号

焊接相关工艺方法及其代号见表 4-6。

表 4-6 焊接相关工艺方法及其代号

焊接相关工艺方法	代号	焊接相关工艺方法	代号
电弧焊	1	熔化极非惰性气体保护电弧焊	135
焊条电弧焊	111	钨极惰性气体保护电弧焊	141
重力焊	112	等离子弧焊	15
埋弧焊	12	点焊	21
单丝埋弧焊	121	缝焊	22
带极埋弧焊	122	电阻对焊	25
熔化极惰性气体保护电弧焊	131	气焊	3
氧乙炔焊	311	硬钎焊、软钎焊及钎焊	9
摩擦焊	42	硬钎焊	91
电渣焊	72	软钎焊	94

第二节　焊条电弧焊的基本操作技术

【学习目标】

1) 了解平敷焊的特点,学习板对接平焊的基本操作技术。
2) 掌握焊条电弧焊的引弧、运条、收尾及接头连接等的基本操作技术。

一、引弧

引弧是焊接过程中频繁进行的动作。引弧技术直接影响焊接质量,因此必须认真对待,予以重视。

焊接开始时,将焊条末端轻轻接触焊件,然后迅速离开,保持一定的距离(2~4mm)后产生电弧的过程称为引弧。引弧方法一般有以下两种。

1. 直击法引弧

先将焊条末端对准焊缝,然后将手腕放下,轻微碰一下焊件,随后迅速地将焊条提起2~4mm,电弧引燃后立即使弧长保持在焊条直径所要求的范围内,如图4-25所示。

2. 划擦法引弧

划擦法引弧与划火柴有些相似。先将焊条末端对准焊件,然后将焊条在焊件表面划擦一下,当电弧产生后金属还没有熔化的一瞬间,立即拉开电弧,使焊条末端与被焊金属表面的距离维持在2~4mm,如图4-26所示。

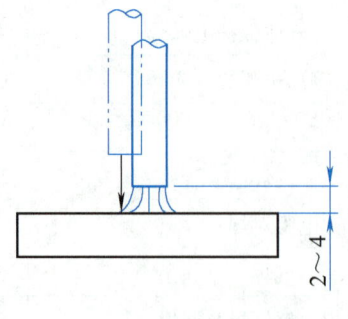

图4-25　直击法引弧

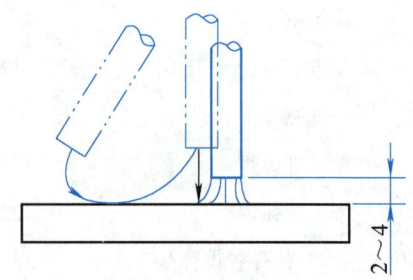

图4-26　划擦法引弧

以上两种方法相比,划擦法比较容易掌握。但是在狭小工作面上或焊件表面不允许损伤时,就不如直击法好。直击法对初学者来说较难掌握,一般容易发生电弧熄灭或短路现象，这是由于没有掌握好焊条离开焊件时的速度和焊条与焊件表面的距离造成的。如果动作太快或焊条提得太高，就不能引燃电弧，或者电弧只燃烧一瞬间就熄灭；相反，动作太慢就可能使焊条与焊件粘在一起，焊接回路发生短路现象。

引弧时，如果焊条和焊件粘在一起，只要将焊条左右摆动几下，就可脱离焊件，如果这时还不能脱离焊件，就应立即将焊钳与回路断开，待焊条稍冷后再扳下。如果焊条粘住焊件的时间过长，可能会因过大的短路电流而使电焊机烧坏，所以引弧时，手腕动作必须灵活准确，而且要选择好引弧起始点的位置。

直击法一般适用于酸性焊条，划擦法一般适用于碱性焊条。

实训一　引弧的操作步骤

序号	操作程序	操作技术要领	技术依据质量标准	检验方法	可能产生的问题	原因或防止方法
1-1	焊件准备	一只手握住钢丝刷长柄，另一只手按住焊件，用力刷焊件表面，待焊处稍露金属光泽后，用石笔和钢直尺在焊件表面划好引弧线	每条直线长度为30mm，间距为20mm	用钢直尺测量	由于旧钢板表面仍残留有锈污及较厚的氧化皮，使引弧困难	重新彻底清除或用砂纸打磨
1-2	焊条电弧焊电源准备	焊条电弧焊电源的输出端接焊钳和焊件。若用低氢型碱性焊条焊接，则应采用直流反接法，即电源正极端接焊钳，负极端接焊件	焊条电弧焊电源输出端的接头要紧固　空载电压50~80V	扳紧螺栓接头连接处。用电压表测量空载电压	当起动焊条电弧焊电源后，三相电源熔丝熔断	起动前要求焊条电弧焊电源输出端的防护罩不能与接线柱接触，以免发生短路现象
1-3	下蹲姿势	身体呈下蹲，上半身稍向前倾，但不能伏靠在大腿上。双脚跟着地蹲稳，手臂不能放在双腿中间或搁靠腿旁，右臂能自由运条。焊件放在人体正前方，靠近身体一点	下蹲的重心要稳。手臂能自由运条	自己徒手模拟操作，检验下蹲位置是否合适	右臂搁靠在腿上，不能自由运条。双脚跟没着地，重心不稳	根据操作技术要领，纠正下蹲姿势
1-4	手握焊钳姿势	手持面罩，右手握住焊钳长柄，钳口与焊件成水平位置，焊钳的弯臂在拇指一侧，便于夹持焊条。手腕向右侧倾斜，焊钳位置应在视线右侧，不能影响观察熔池的视线。夹持焊条时，焊钳与焊条保持基本垂直	便于夹持和更换焊条，并能看清熔池	自检和互检	1) 焊钳弯臂在四指外侧，不便于夹持焊条 2) 焊钳夹住焊条末端药皮，导致引不着电弧	1) 纠正握焊钳的姿势 2) 使焊钳夹在焊条末端焊芯上

(续)

序号	操作程序	操作技术要领	技术依据质量标准	检验方法	可能产生的问题	原因或防止方法
1-5	引弧准备	看焊件上的引弧线条,将焊条端头对准引弧点,在其上方10mm左右试划一下,然后左手持面罩,遮住面部,准备引弧	焊条端头应在规定的引弧点上方10mm左右的位置	互相检查	焊条端头偏离了规定的引弧点	当面罩遮住脸部后,右手持焊条的位置不能再移动
1-6	划擦法引弧	握焊钳的手腕向右侧倾斜,使焊条略斜对准焊件引弧点前上方10mm左右,戴好面罩,然后将手腕向下扭转一下(似划火柴),迅速将焊条垂直提起2~4mm,即产生电弧,如附图1a所示。引弧后,弧长不能超过焊条直径 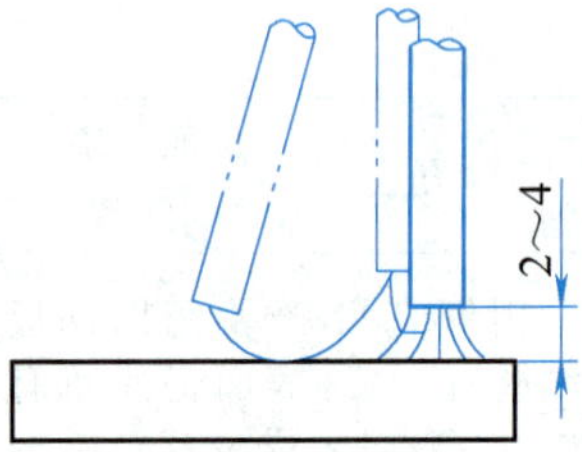 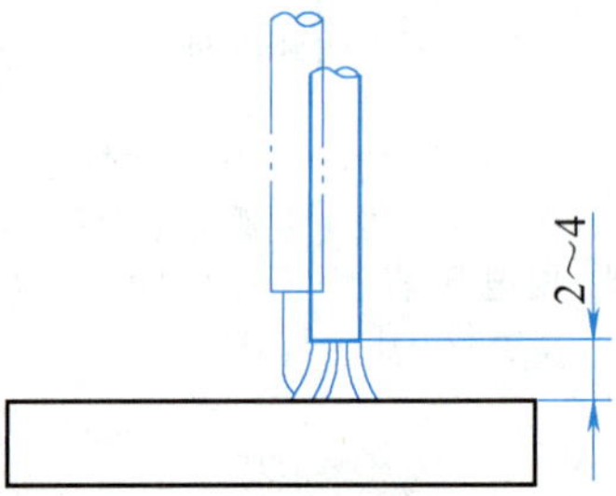	焊接电流90~110A。引弧点准确。焊条划擦焊件,一次引燃电弧	互相检查	1)弧光刺伤眼睛,严重者患畏光眼疾 2)引弧困难 3)电弧引着后又断弧 4)焊条粘住焊件	1)应该先罩好面罩,再开始引弧 2)清除焊件表面焊渣或敲去焊条端部的套管形药皮 3)焊条不能提起太高,弧长一般不能超过焊条直径 4)将粘住的焊条左右摆动几下,若不能脱离焊件,即将焊钳松开焊条,待冷却后扳下焊条

附图1 引弧方法

a) 划擦法引弧

b) 直击法引弧

| 1-7 | 直击法引弧 | 将右手腕下击,使焊条端头的焊芯轻微碰击一下焊件,迅速将焊条提起2~4mm,即产生电弧,如附图1b所示 | 对准引弧点,焊条垂直碰击焊件,一次引燃电弧 | 互相检查 | | |
| 1-8 | 焊条下送 | 电弧引燃后,当看到焊条端头熔滴过渡到熔池中(即焊条熔化),电弧逐渐变长,此时,焊条应随着熔化而相应地下送,并保持一定弧长 | 电弧长度不超过焊条直径。保持电弧稳定 | 自己观察和互相检查 | 1)焊条下送过慢而导致电弧中断

2)焊条下送太快而引起焊条粘住焊件 | 1)焊条随着熔化而均匀下送

2)焊条下送速度应该与焊条熔化速度相适应 |

（续）

序号	操作程序	操作技术要领	技术依据质量标准	检验方法	可能产生的问题	原因或防止方法
1-9	焊条直线移动	当形成熔池后，焊条朝焊接方向倾斜，与焊件的夹角为75°~80°，如附图2所示。直线移动，焊条下送和沿焊接方向移动的速度要均匀，配合协调。当焊缝长度为30mm时，停留一下即熄弧，然后再重新引弧 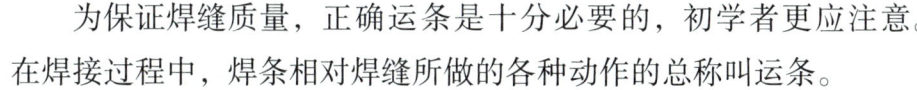 附图2 引弧时的焊条角度	焊缝基本平直 焊缝宽8~10mm，余高2~4mm	清除焊渣。目测引弧焊缝质量。用钢直尺和焊缝量规测定焊缝尺寸	1）熔池形状过大，成形扁平，表面粗糙 2）熔池形状过小，焊缝堆高过多，焊缝两边缘熔合不良，成形不佳 3）焊缝断断续续不成形	1）电流不能过大，电弧不宜过长 2）电流不能过小，电弧不能忽长忽短，严格控制弧长 3）保持均匀的焊接速度

二、运条

为保证焊缝质量，正确运条是十分必要的，初学者更应注意。在焊接过程中，焊条相对焊缝所做的各种动作的总称叫运条。

1. 焊条的运动

当电弧引燃后，焊条要有三个基本方向的运动，它们分别是：焊条朝熔池送进的运动、焊条沿焊接方向的移动和焊条的横向摆动。

（1）焊条朝熔池送进的运动 为了使焊条在熔化后仍能保持一定的弧长，要求焊条向熔池方向送进的速度与焊条熔化的速度相适应。如果焊条送进的速度低于焊条熔化的速度，则电弧的长度逐渐增加，最终导致断弧。如果焊条送进速度太快，则电弧长度迅速缩短，使焊条末端与焊件接触造成短路，同样会使电弧熄灭。

电弧的长度对焊缝质量的影响很大。电弧过长，焊缝质量差。因为长弧易左右飘动，造成电弧不稳定，保护效果差，飞溅增大，同时使电弧的热损失增加，焊缝熔深浅，而且由于空气的侵入易产生气孔。因此，在焊接过程中一定要采用中、短弧施焊，特别是用低氢型焊条时，必须用短弧施焊才能保证焊接质量。

（2）焊条沿焊接方向的移动　这个运动主要是使焊接熔敷金属形成焊缝。焊条移动的速度与焊接质量、焊接生产率有很大关系。如果焊条移动的速度太快，则电弧可能来不及熔化足够的焊条与焊件金属，造成未焊透、焊缝较窄。若焊条移动的速度太慢，则会造成焊缝过高、过宽，外形不整齐，在焊接较薄焊件时容易造成焊穿。因此，运条速度适当才能使焊缝均匀。

（3）焊条的横向摆动　其主要目的是得到一定宽度的焊缝，防止两边产生未熔合或夹渣，也能延缓熔池金属的冷却速度，有利于气体的逸出。焊条横向摆动的范围应根据焊缝宽度与焊条直径而定，横向摆动的速度应根据熔池的熔化情况灵活掌握。横向摆动力求均匀一致，以获得宽度一致的焊缝。正常的焊缝宽度一般为焊条直径的 2~5 倍。

总之，在焊接时除应保持正确的焊接角度外，还应根据不同的焊接位置、接头形式、焊件厚度等灵活应用运条中的三个动作，分清熔渣与铁液，控制熔池的形状与大小，焊出合格的焊缝。焊条的三个运动的方向如图 4-27 所示。

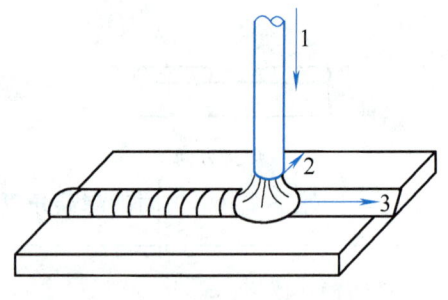

图 4-27　焊条的三个运动方向
1—焊条送进　2—焊条摆动
3—焊条沿焊缝移动

2. 运条方法

在生产实践中，运条的方法很多，选用运条方法时应根据接头形式、装配间隙、焊缝位置、焊条直径、焊接电流大小及焊工的水平等因素而定。常用的运条方法及应用范围如下。

（1）直线形运条法　使用这种方法焊接时，要保持一定的电弧长度，焊条沿焊接方向做不摆动的前移，如图 4-28 所示。由于焊条不用横向摆动，电弧较稳定，所以能获得较大的熔深，但焊缝宽度较小，一般用于 3~5mm 不开坡口的对接平焊缝、多层焊的第一层焊缝和多层多道焊。

图 4-28　直线形运条法

（2）直线往返运条法　用这种方法焊接时，焊条的末端沿焊缝的纵向做来回的直线形摆动，如图 4-29 所示。其特点是焊接速度快、焊缝窄、散热快，适用于薄板和接头间隙较大的多层焊的第一层焊缝的焊接。

(3) 锯齿形运条法　用这种方法焊接时,将焊条的末端做锯齿形连续摆动并向前移动,在焊缝两边稍停片刻,以防止产生咬边,如图 4-30 所示。焊条的摆动是为了达到必要的焊缝宽度以及便于控制熔化金属的流动,以获得较好的焊缝质量。这种方法操作容易,在实际生产中应用较广,适合于较厚钢板平焊及仰焊的对接接头、立焊的对接接头、角接接头的焊接。

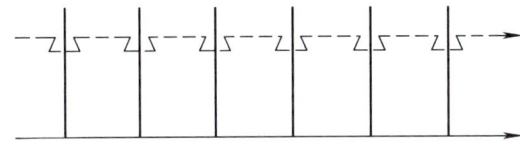

图 4-29　直线往返运条法

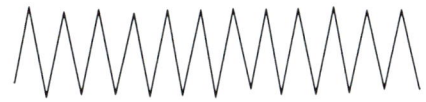

图 4-30　锯齿形运条法

(4) 月牙形运条法　它是将焊条末端沿着焊接方向做月牙形的左右摆动,摆动的速度要根据焊缝的位置、接头形式、焊缝宽度和电流大小而定,如图 4-31 所示。为保证焊缝两侧边缘能够熔透并防止产生咬边现象,必须注意在两侧做片刻停留。这种

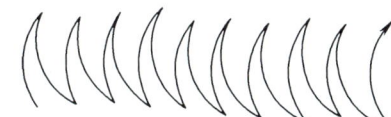

图 4-31　月牙形运条法

方法适用的范围和锯齿形运条法相同,但焊缝的余高较大。

(5) 三角形运条法　它是将焊条末端做连续的三角形运动,并不断向前移动。根据适用范围的不同,可分为斜三角形和正三角形(图 4-32)两种运条法。

正三角形运条法只适用于开坡口的立焊和不开坡口的立角焊,其特点是一次能焊成较厚的焊缝截面。斜三角形运条法只适用于平焊、仰焊位置的角焊缝和开坡口的横焊缝。其特点是能够借助焊条的运条动作来控制熔化金属量,使焊缝成形良好。

(6) 圆圈形运条法　它是将焊缝末端连续地做圆圈形运动,并不断向前移动。这种运条方法可分为正圆形和斜圆形(图 4-33)两种方法。

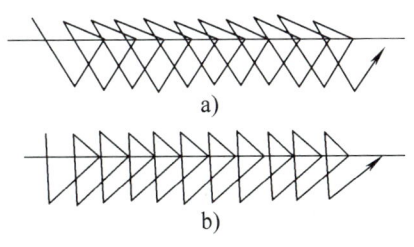

图 4-32　三角形运条法
a) 斜三角形运条法　b) 正三角形运条法

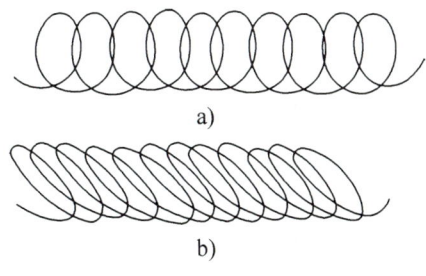

图 4-33　圆圈形运条法
a) 正圆形运条法　b) 斜圆形运条法

正圆形运条法适用于焊接较厚焊件开坡口的平焊缝，能使熔化金属有足够高的温度，使溶解在熔池中的氢、氮等气体有足够的时间析出，同时便于熔渣上浮。斜圆形运条法适用于平焊、仰焊位置的角焊缝和开坡口的横焊缝，能够控制熔化金属的温度，避免下淌，有助于焊缝成形。

以上这些是最基本的运条方法。在实际生产中，焊工根据自己的习惯及经验，采用的运条方法是各不相同的，所以要联系生产实际，灵活应用。

三、焊缝的起头、收尾与连接

1. 焊缝的起头

焊缝的起头是指刚开始焊接部分的焊缝。在一般情况下，这部分焊缝略高些，这是因为焊件在施焊之前温度较低，引弧后不可能使这部分金属温度迅速升高，所以使焊缝熔深较浅而余高略高。为了避免这种情况的发生，在引弧后应先将电弧稍微拉长些，对焊件进行必要的加热，然后再适当地缩短电弧进行正常的焊接。

2. 焊缝的收尾

焊缝的收尾是指一条焊缝完成后进行收弧的过程。焊接结束后，如果突然将电弧熄灭，会形成低于焊件表面的弧坑。过深的弧坑会降低焊缝收尾处的强度，并容易造成应力集中而产生弧坑裂纹，在使用低氢型焊条时容易产生气孔。正确的收尾方法有以下三种。

（1）划圈收尾法　电弧在焊缝收尾处做圆圈运动，直到弧坑填满后再慢慢地拉长电弧并熄灭，如图4-34所示。此法适用于厚板焊接，酸性、碱性焊条都可以采用这种收尾方法。

（2）反复断弧收尾法　在焊缝收尾处，电弧反复熄灭和引燃数次，直到填满弧坑为止，如图4-35所示。此法多用于薄板焊接、多层焊的打底层焊道或大电流焊接。采用低氢型焊条时不宜采用反复断弧收尾法，因为容易产生气孔。

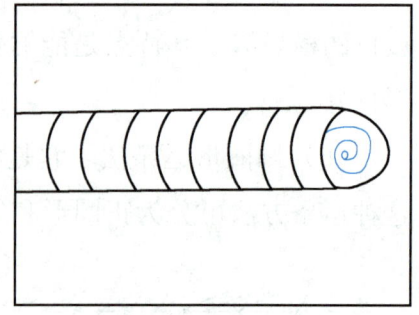

图4-34　划圈收尾法

（3）回焊收尾法　电弧在焊缝收尾处（图4-36位置1）停住，同时将焊条朝相反方向回焊一小段距离后再熄弧，如图4-36位置2、3所示。这种收尾方法适用于低氢型焊条的焊接。

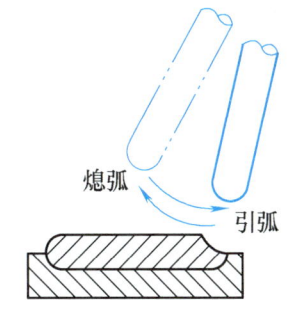

图 4-35　反复断弧收尾法

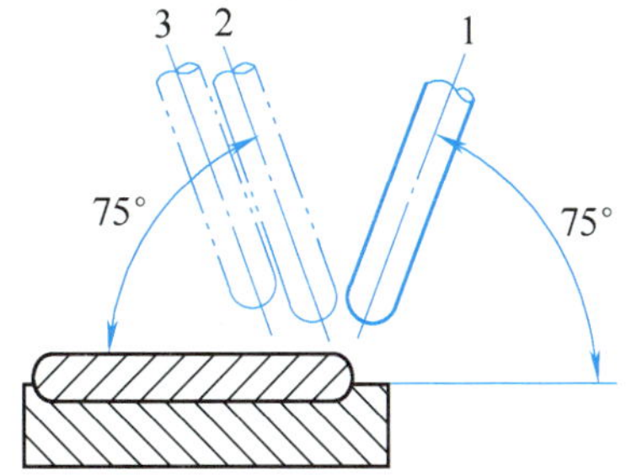

图 4-36　回焊收尾法

3. 焊缝的连接

对长焊件进行焊条电弧焊时，由于受焊条长度的限制，焊缝是逐段连接起来的，因而出现了焊缝前后段的连接问题。为保证焊缝连接处的质量，必须使后焊的焊缝和先焊的焊缝能均匀地连接。焊缝接头的连接一般有以下四种形式。

（1）头尾法　后焊焊缝的起头与先焊焊缝的结尾相接，如图 4-37a 所示。为防止连接处产生弧坑、裂纹、未焊透、焊缝过高、宽窄不一等缺陷，要求先焊的焊缝在熄弧时出现明显的弧坑，后焊的焊缝在离弧坑 10mm 处引弧，用长弧预热片刻（使用低氢型焊条时要短弧施焊，否则产生气孔），然后回到弧坑，并压低电弧稍作摆动，再向前焊接。这是使用最多的焊缝连接方法。

（2）头头法　后焊焊缝的起头与前段焊缝的起头相接，如图 4-37b 所示。要求先焊焊缝的起始端应略微低些，后焊的焊缝在起焊时必须在前段焊缝始端的稍前处起弧，然后将电弧引向前段焊缝的始端，待焊平后再向焊接方向移动。

（3）尾尾法　后焊焊缝的结尾与先焊焊缝的结尾相接，如图 4-37c 所示。这种方法在连接处容易形成根部未焊透的缺陷。为此，后焊的焊缝焊到前段焊缝的收尾处时，焊接速度应略慢些，填满前段焊缝的弧坑，再以较快的速度向前焊一段后熄弧。

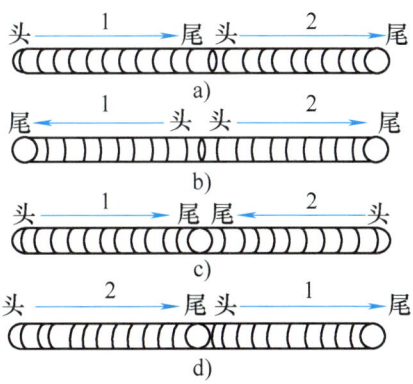

图 4-37　焊缝接头的连接形式
a）头尾法　b）头头法
c）尾尾法　d）尾头法
1—先焊焊缝　2—后焊焊缝

（4）尾头法　后焊焊缝的结尾与前段焊缝的起头相接，这种方法也叫分段退焊连接，如图 4-37d 所示。此方法由于头尾温差较大，所以当后焊的焊缝焊至靠近前段焊缝的始端时，应改变焊条角度，使焊条指向前段焊缝的端头，拉长电弧，待形成熔池后，再压低电弧，返回到原来的熔池处收弧。

焊缝连接不但影响焊缝的外观，而且对整个焊缝的质量也有极大影响，所以焊缝接头应做到均匀连接，弧坑要填满。为了避免产生连接处过高、脱节和宽窄不一致的缺陷，在焊接过程中要前后照应，选择适当的连接方法，以获得良好的焊缝连接质量。

实训二　平敷焊的操作步骤

序号	操作程序	操作技术要领	技术依据质量标准	检验方法	可能产生的问题	原因或防止方法
2-1	焊前准备工作	用钢丝刷用力将焊件表面的锈、污清除，再用石笔划直线或打样冲眼做标记	每条直线间距为20mm	自己检查	焊件表面仍残留锈污，使引弧困难	重新彻底清理或用砂纸打磨
2-2	操作姿势	平敷焊是在水平位置的焊件上堆敷焊缝的一种操作方法。运条手腕动作：手腕稍向右倾斜，焊钳垂直夹持焊条。焊条与焊件的角度如附图3所示 附图3　平敷焊操作图	两脚蹲稳，右用臂腾空，便于自由运条	自己检查	1. 右臂肘搁靠在腿旁，不能自由运条 2. 焊条与焊件夹角不正确	1. 按引弧中操作姿势要领来纠正 2. 按平敷焊操作示意图纠正焊条角度
2-3	焊缝的起头	焊条在起弧点前面10mm左右，并在焊件线缝轨迹内引燃电弧，如附图4所示 附图4　平敷焊起头示意图 电弧引燃后，稍拉长移至起弧点，进行短时间的预热，然后压短电弧，待起弧形成熔池，且熔池形状、大小符合技术要求后，沿焊接方向（从左到右）开始均匀移动	焊接电流90~120A 焊缝起头饱满，高低、宽窄符合整条焊缝尺寸的要求	用钳形电流表测定电流值。目测焊缝起弧点处成形质量	1) 引弧未在起弧点前10mm处或未在线缝轨迹内进行 2) 焊件表面引弧痕迹较多 3) 焊缝起弧点处太高或太低	1) 引弧后，必须将电弧移至焊件起弧点 2) 引弧位置要准确，一次引燃电弧 3) 电弧引燃后按操作技术要领进行，多练习，多摸索

(续)

序号	操作程序	操作技术要领	技术依据质量标准	检验方法	可能产生的问题	原因或防止方法
2-4	运条	运条一般有三个基本动作,即沿焊条中心线向熔池送进、沿焊接方向移动和沿焊缝横向摆动,如附图5所示 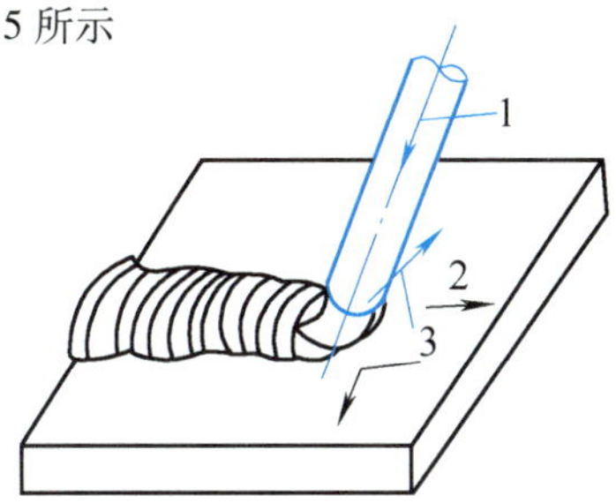 附图5 运条的基本动作 初练时,焊条可不做横向摆动。直线形运条时,焊条的送进速度应与焊条的熔化速度相等。焊条沿焊接方向直线移动的速度要均匀 采用直线往返形运条时,如附图6a所示 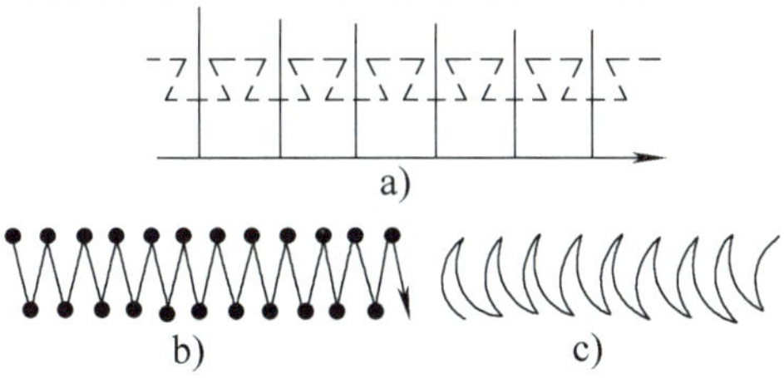 附图6 平敷焊运条方法 焊条末端沿焊缝方向做来回直线形摆动。当电弧往返到熔池中电弧要短,并稍作停留,往返的距离不宜拉得太长(一般不大于6mm),手势要稳。视线应在熔池的后部位,看清熔池轮廓线的形状、大小,并用眼睛余光控制好朝焊接方向移动的直线 采用锯齿形或月牙形运条时,如附图6b、c所示,要用石笔在焊件上划好线条。横向摆动到焊道两侧的直线端稍作停留,横摆幅度要一致,并有节奏性地沿焊接方向移动。月牙形运条时,运条轨迹略带弧度	电弧稳定,运条方法正确 焊缝基本平直,焊波均匀 焊缝宽度为(10±2)mm,余高为(3±1)mm	自检和互检 用焊缝量规测定焊缝尺寸	1)焊缝歪斜或弯曲 2)焊缝高、低、宽、窄不均匀 3)焊缝尺寸不符合要求	1)由于焊件无坡口,线条不明显,要加强操作熟练程度 2)初学时,不能准确把握弧长、焊速及横摆幅度,要加强操作练习 3)控制好焊接速度和横摆幅度
2-5	焊缝的接头连接	头尾连接:焊条端头位于弧坑稍前处10mm左右,并在线缝轨迹内引弧,如附图7所示 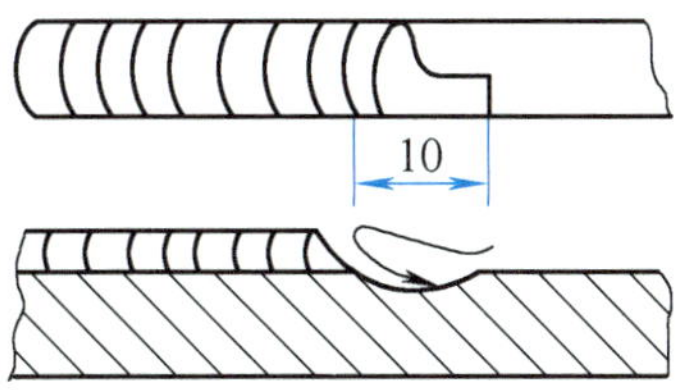 附图7 平敷焊接头连接	接头处平滑过渡 接头处尺寸符合要求,无过高、脱节或接偏现象	自检和互检 用焊缝量规测定接头处尺寸	1)接头偏	1)引弧后,要适当拉长电弧,借弧光看准后移位置,新形成的熔池不能偏离原弧坑位置

(续)

序号	操作程序	操作技术要领	技术依据质量标准	检验方法	可能产生的问题	原因或防止方法
2-5	焊缝的接头连接	引弧后略拉长电弧移至原弧坑 2/3 处，压短电弧稍作停顿，使新形成的熔池形状、大小与原熔池相同，再朝焊接方向移动 更换焊条速度要快，采用"热接头"方法。因为在熔池尚未冷却时进行接头，不仅能保证质量，而且焊道成形美观 在常用的头尾连接熟练掌握的情况下，可进一步练习"头头法""尾尾法"和"尾头法"的接头连接方式，如附图 8 所示 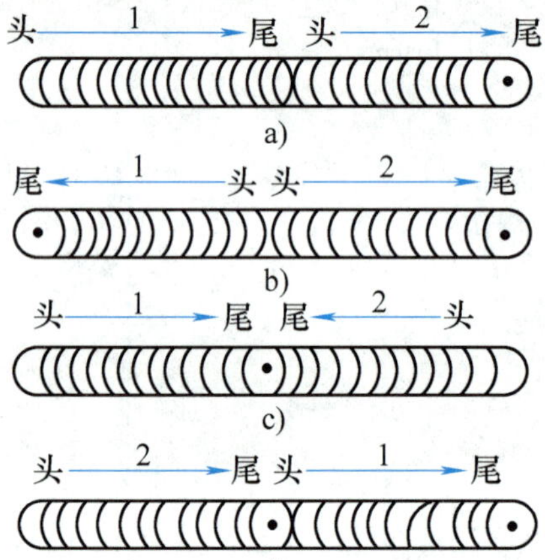 附图 8　焊缝接头的四种形式 1—先焊焊缝　2—后焊焊缝			2）接头过高、脱节或宽窄不一致	2）更换焊条速度要快，接过头或停留时间过长，都会造成接头过高过宽。反之则接头过低、脱节或过窄 进一步练习接头连接的全过程
2-6	焊缝的收尾	当焊条移至焊道末端离焊件边缘 2~3mm 处，即停止移动，压短电弧，此时未熄弧，适当改变焊条角度如附图 9 所示 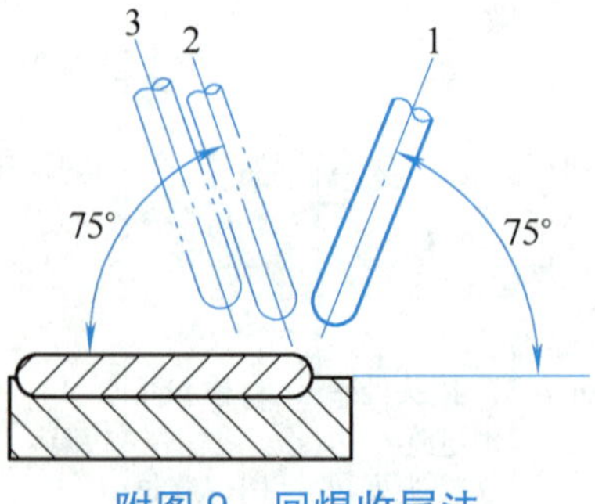 附图 9　回焊收尾法 同时移至焊件边缘回焊 2~3mm，朝焊接反方向拉断电弧，或在收尾处划圈收弧。此法适宜碱性焊条及厚板焊接	焊缝收尾饱满，无气孔等缺陷 收尾处高低、宽窄与整条焊缝尺寸一致	清除焊渣用焊缝量规来测定焊缝收尾处尺寸	1）收尾处出现弧坑 2）没有在焊件边缘的尽头处收尾	1）收弧速度不宜过快，在弧坑处停顿，回焊数圈后待填满弧坑再熄弧 2）收弧时要看清熔池金属在焊件边缘的尽头处冷凝结晶，方可熄弧

(续)

序号	操作程序	操作技术要领	技术依据质量标准	检验方法	可能产生的问题	原因或防止方法
2-6	焊缝的收尾	另一种方法是在收尾处做瞬时断续引弧、熄弧，如附图10所示。适用于酸性焊条，或用于大电流及薄板焊接 附图10　反复断弧收尾法			3）收尾处焊缝超宽	3）收尾处熔池金属温度过高时，应采取压短电弧或熄弧，待熔池冷却后再施焊

项目训练五　平敷焊

（一）训练图样（图4-38）

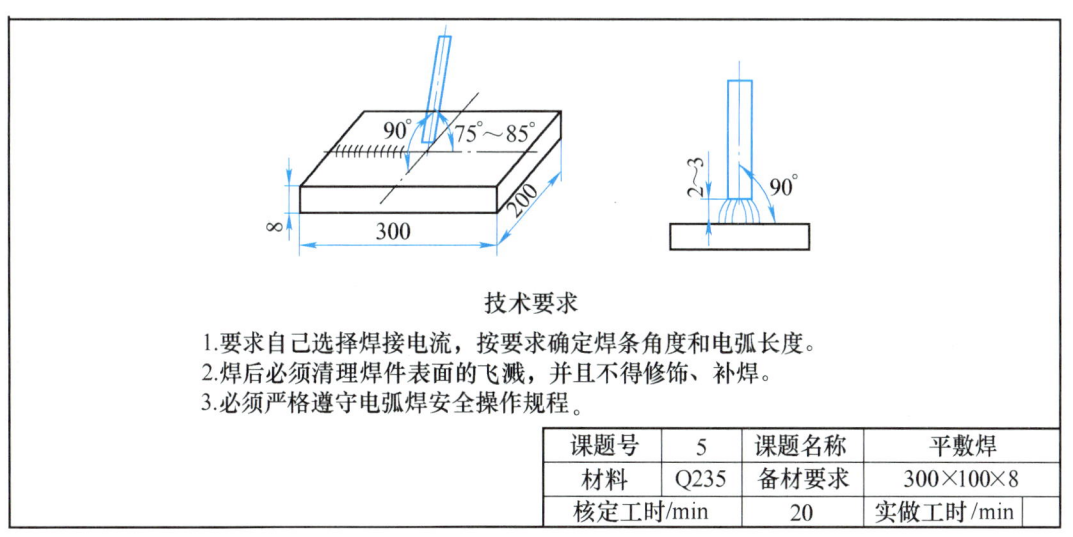

技术要求
1. 要求自己选择焊接电流，按要求确定焊条角度和电弧长度。
2. 焊后必须清理焊件表面的飞溅，并且不得修饰、补焊。
3. 必须严格遵守电弧焊安全操作规程。

课题号	5	课题名称	平敷焊
材料	Q235	备材要求	300×100×8
核定工时/min	20	实做工时/min	

图4-38　训练图样

（二）训练要求

1. 训练目的

掌握引弧、接头、收尾的正确操作方法；能正确选用各种运条方法及操作方法；掌握操作姿势及握钳方法。

2. 训练内容

1）填写焊接参数卡（表 4-7）。

表 4-7 焊接参数卡

焊机型号	焊条牌号	焊条直径	焊接电源	运条方法	电弧长度

2）焊缝长 300mm、宽 8~12mm、余高 0.5~2mm，平直光滑且无任何焊缝缺陷。

3. 工时定额

工时定额为 20min。

4. 安全文明生产

1）能正确执行安全技术操作规程。

2）能按文明生产的规定，做到工作场地整洁，焊件、工具摆放整齐。

（三）操作准备

实习焊件：Q235，长×宽×高：300mm×100mm×8mm。

焊条牌号：E4303，ϕ3.2mm。

弧焊设备：ZX7-400。

辅助工具：渣锤、面罩、划线工具及个人劳保用品。

（四）操作步骤

1. 模拟训练

制沙箱，如图 4-39a 所示。

准备工具：焊钳、焊条 ϕ3.2mm，有护目玻璃的面罩。

操作：用焊钳夹持焊条，按正确方法，左手拿面罩，右手拿焊钳，将焊条的端部放在沙箱上，如图 4-39b 所示。按照各种引弧运条、连接、收尾方法在沙面上进行动作训练，直到能熟练掌握为止。

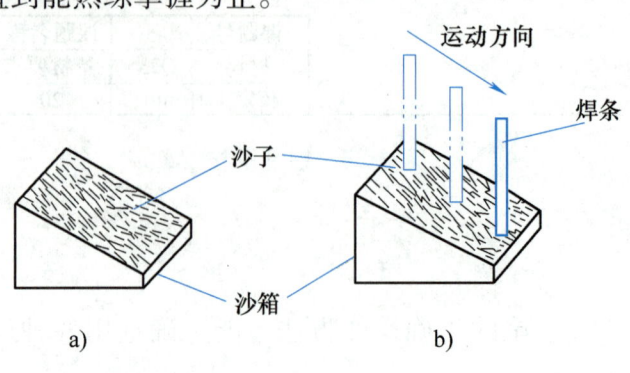

图 4-39 制沙箱

训练目的：主要掌握操作姿势、握钳方法、焊条夹持方法；掌握各种运条方法及焊接操作的三个基本动作的协调性；掌握引弧、连接、收尾的操作要领。

训练时间：2 学时。

2. 实际训练

训练内容：引弧、运条、连接、收尾的分解动作和连贯动作。

步骤：取出已准备好的训练焊件及焊条、面罩等工具。

确定焊接参数，见表 4-8。

表 4-8　焊接参数

焊条直径/mm	焊接电流/A	电弧长度/mm	运条方法
φ3.2	100~120	3	直线形、锯齿形

训练时间：4 学时。

（五）操作要领

手持面罩，看准引弧位置，用面罩挡着面部，将焊条端部对准引弧处，用划擦法或直击法引弧，迅速而适当地提起焊条，形成电弧。

根据以下三种情形调试电流。

1. 看飞溅

电流过大时，电弧吹力大，可看到较大颗粒的铁液向熔池外飞溅，焊接时爆裂声大；电流过小时，电弧吹力小，熔渣和铁液不易分清。

2. 看焊缝成形

电流过大时，熔深大，焊缝余高低，两侧易产生咬边；电流过小时，焊缝窄而高，熔深浅，且两侧与母材金属熔合不好；电流适中时，焊缝两侧与母材金属熔合得很好，呈圆滑过渡。

3. 看焊条熔化状况

当电流过大时，焊条熔化了大半截，其余部分均已发红；电流过小时，电弧燃烧不稳定，焊条易粘在焊件上。

操作要求：按指导教师示范动作进行操作，教师巡查指导，主要检查焊接电流、电弧长度、运条方法等，若出现问题，及时解决，必要时再进行个别示范。

（六）注意事项

1）焊接时要注意对熔池的观察，熔池的亮度反映熔池的温度，熔池的大小反映焊缝的宽度；注意对熔渣和熔化金属的分辨。

2）焊缝的起头、运条、连接和收尾的方法要正确。

3）正确使用焊接设备，调节焊接电流。

4）焊缝的起头和连接处基本平滑，无局部过高、过宽现象，收尾处无缺陷。

5）焊波均匀，无任何焊缝缺陷。

6）焊后焊件无引弧痕迹。

7）训练时注意安全，焊后焊件及焊条头应妥善保管或放好，避免烫伤。

8）为了延长弧焊电源的使用寿命，调节电流时应在空载状态下进行，调节极性时应在焊接电源未闭合状态下进行。

9）在实习场所周围应设置灭火器材。

10）操作时必须穿戴好工作服、脚盖和手套等防护用品。

11）必须戴好防护遮光面罩，以防电弧灼伤眼睛。

12）弧焊电源外壳必须有良好的接地或接零，焊钳绝缘手柄必须完整无缺。

（七）项目评分标准（表 4-9）

表 4-9 项目评分标准

序号	检测项目	配分	技术标准	实测情况	得分	备注
1	焊缝宽度	8	宽 8~12mm，每超差 1mm 扣 4 分			
2	焊缝余高	8	余高 0.5~2mm，每超差 1mm 扣 4 分			
3	焊缝成形	8	要求波纹细、均匀、光滑，否则每项扣 2 分			
4	焊缝高低差	6	允许差 1mm，每超差 1mm 扣 3 分			
5	起焊熔合	4	要求熔合良好，否则扣 4 分			
6	弧坑	6	弧坑饱满，否则每处扣 3 分			
7	接头	8	要求不脱节，不凸高，否则每项扣 4 分			
8	夹渣	8	无，若有点渣<2mm，扣 4 分，条渣>2mm，扣 8 分			
9	气孔	4	无，否则每个气孔扣 2 分			
10	咬边	6	深<0.5mm，每长 5mm 扣 3 分；深>0.5mm，每长 5mm 扣 6 分			
11	电弧擦伤	6	无，否则每处扣 2 分			
12	飞溅	6	清干净，否则每处扣 2 分			
13	运条方法	4	直线、锯齿、月牙形正确，否则扣 4 分			
14	熔渣的分辨	8	视情况分别扣 2 分、4 分、8 分			
15	安全文明生产	10	服从管理、安全操作，否则扣 10 分			
总分		100	项目训练成绩			

第三节　焊接参数

【学习目标】

1) 了解焊条电弧焊的焊接参数对焊接生产的影响。
2) 掌握焊接参数的选择原则。

焊接时，为保证焊接质量而定的各个物理量，如焊条种类、牌号和直径，焊接电流的种类、极性和大小，电弧电压，焊接速度，焊接层数等，被称为焊接参数。焊接参数的选择直接影响焊缝形状、尺寸、焊接质量和焊接生产率，因此选择合适的焊接参数是焊接生产中不可忽视的一个重要问题。

一、焊条牌号与焊条直径的选择

1. 焊条牌号的选择

焊缝金属的性能主要是由焊条和焊件来决定的。在焊缝金属中填充金属占50%~70%，因此，焊接时只有选择合适的焊条牌号才能保证焊缝金属的性能。在第三章中已讲述了选择焊条的原则，实际工作中则主要根据母材的性能、焊接接头的刚性和工作条件来选择焊条，如焊一般碳钢和低合金结构钢主要是按等强度原则选择焊条的强度级别，一般结构选择酸性焊条，重要结构选择碱性焊条。

2. 焊条直径的选择

焊条直径过大，易造成未焊透或焊缝成形不良的缺陷；焊条直径过小，会使生产率降低。因此，必须正确选择焊条直径，这是保证焊接质量的重要因素。焊条直径的选择与下列因素有关。

（1）焊件厚度　厚度较大的焊件选用大直径的焊条；反之，较薄构件的焊接，则应选用小直径的焊条。表4-10列出了焊条直径选择的参考数据。

表4-10　焊条直径的选择

焊件厚度/mm	2	3	4~5	6~12	>13
焊条直径/mm	2	3.2	3.2~4	4~5	4~6

（2）焊接位置　在板厚相同的条件下，平焊位置的焊接所选用的焊条直径应

大一些，立焊、横焊和仰焊应选用较小的焊条直径，但一般都不超过4mm。否则，熔池过大，铁液易下淌，焊缝成形较差。

（3）焊接层数　在进行开坡口多层焊时，如果第一层选用较大直径的焊条来焊接，那么焊条不能深入坡口根部，造成根部焊不透的现象，而且清根过深，会增加焊接工作量。因此，第一层焊道应选用小直径焊条，以后各层可以根据焊件厚度，选用较大直径的焊条。

（4）接头形式　T形接头、搭接接头都应选用较大直径的焊条。

二、焊接电源种类和极性的选择

通常根据焊条的种类来决定焊接电源的种类，除低氢钠型焊条必须采用直流反接电源外，低氢钾型焊条可采用直流或交流，所有酸性焊条通常都采用交流电源焊接，但也可以用直流电源。焊厚板时用直流正接，焊薄板时用直流反接。

三、焊接电流的选择

焊接时，流经焊接回路的电流称为焊接电流，焊接电流的大小是影响焊接生产率和焊接质量的重要因素之一，也可以说是唯一的独立参数，因为焊工在操作过程中需要调节的只有焊接电流，而焊接速度和焊接电压都是由焊工直接控制的。

选择焊接电流时，应根据焊条类型、焊条直径、焊件厚度、接头形式、焊接位置和层数等因素综合考虑。焊接电流过小会造成电弧不稳，形成未焊透、夹渣及焊缝成形不良等缺陷；焊接电流过大易产生咬边、焊穿的缺陷，同时增加焊接变形和金属飞溅，也会使焊接接头的组织由于过热而发生变化。所以，焊接时要合理地选择焊接电流。

（1）根据焊条直径选择　用焊条电弧焊焊接碳钢时，焊接电流可按下述经验公式来选择

$$I=(35\sim55)d$$

式中　I——焊接电流（A）；

d——焊条直径（mm）。

（2）根据焊条类型选择　在相同条件的情况下，碱性焊条使用的焊接电流一般可比酸性焊条小10%左右，否则焊缝中易产生气孔。

（3）根据焊接位置选择　在相同焊条直径的条件下，平焊时的焊接电流可大些，其他位置的焊接电流比平焊时小10%~20%。

（4）根据焊缝层次选择　通常焊接打底焊缝时，特别是焊接单面焊双面成形的焊缝时，使用的焊接电流比较小，这样便于操作和保证背面焊缝的质量；焊填充焊缝时，为提高效率，保证熔合良好，通常使用较大的焊接电流；而焊盖面焊缝时，为防止咬边和获得较美观的焊缝，使用的焊接电流稍小些。

以上所讲的只是选择焊接电流的一些原则和方法，实际生产过程中焊工都是根据试焊的试验结果和自己的实践经验来选择焊接电流的。通常焊工都根据焊条直径推荐的电流范围，或根据经验选定一个电流，在试板上试焊，在焊接过程中观察熔池的变化、熔渣和铁液的分离情况、飞溅大小、焊条是否发红、焊缝成形是否良好、脱渣性是否好等来确定焊接电流。当焊接电流合适时，施焊起来很容易引弧，电弧稳定，熔池温度较高，熔渣比较稀，很容易从铁液中分离出去；能观察到颜色比较暗的液体从熔池中翻出，并向熔池后面集中；熔池较亮，表面稍下凹，但很平稳地向前移动，焊接过程中飞溅很小，能听到均匀的噼啪声。焊后，焊缝两侧圆滑地过渡到母材，鱼鳞纹较细，焊渣也容易清除。如果选择的焊接电流太小，则很难引弧，焊条容易粘在焊件上；焊缝余高很高，鱼鳞纹粗，焊缝两侧熔合不好。当焊接电流过小时，根本形不成焊缝，熔化的焊条金属粘在工件上像一条蚯蚓，十分难看。如果选择的焊接电流太大，焊接时飞溅和烟尘很大，焊条药皮成块脱落，焊条发红，电弧吹力大，熔池有一个很深的凹坑，表面很亮；非常容易烧穿、产生咬边，由于焊接电源的负载过重，可听到很明显的哼哼声，焊缝外观很难看，鱼鳞纹很粗。

总之，在保证不焊穿和成形良好的条件下，应尽量采用较大的焊接电流，并适当提高焊接速度，以获得较高的生产率。

四、电弧电压的选择

电弧电压主要影响焊缝的宽窄，电弧电压越高，焊缝越宽。焊条电弧焊时，焊缝宽度主要靠焊条的横向摆动幅度来控制，因此电弧电压大小的影响不明显。

焊条电弧焊的电弧电压主要由电弧长度来决定。由电弧静特性可知：电弧长度越长，电弧电压越高；电弧长度越短，电弧电压越低。在焊接过程中，电弧不宜过长。电弧过长会导致下列几种不良现象。

1）电弧燃烧不稳定，易摆动，电弧热能分散，飞溅增多，造成金属和电能的浪费。

2）熔深浅，容易产生咬边、未焊透、焊缝表面高低不平和焊波不均匀等缺陷。

3) 对熔化金属的保护变差，空气中氧、氮等有害气体容易侵入焊接区，使焊缝中产生气孔的可能性增加，降低焊缝金属的力学性能。

焊条电弧焊应尽量使用短弧施焊。立焊、仰焊时的电弧应比平焊短些，以利于熔滴过渡，防止熔化金属下滴。碱性焊条焊接时应比酸性焊条焊接时的弧长短些，以利于电弧的稳定和防止气孔的形成。长度为焊条直径的 0.5~1.0 倍的电弧，一般被称为短弧，可用计算式表示如下

$$L_h = (0.5 \sim 1.0)d$$

式中　L_h——电弧长度（mm）；

　　　d——焊条直径（mm）。

五、焊接速度的选择

单位时间内完成的焊缝长度称为焊接速度。焊接过程中，焊接速度应该均匀适当，既要保证焊透，又要保证不焊穿，同时还要使焊缝宽度和余高符合设计要求。如果焊接速度过快，熔化温度不够，易造成未熔合、焊缝成形不良等缺陷；如果焊接速度过慢，会使高温停留时间过长，热影响区宽度增加，焊接接头的晶粒变粗，力学性能下降，变形量也增大。当焊接较薄构件时，易发生烧穿现象。

焊接速度直接影响焊接生产率，所以应该在保证焊缝质量的基础上采用较大的焊条直径和焊接电流，同时根据具体情况适当加快焊接速度，以保证在焊缝成形良好的条件下，提高焊接生产率。

六、焊缝层数的选择

在焊件厚度较大时，往往需要多层焊。对低碳钢和普通低合金高强度钢进行多层焊时，每层焊缝的厚度较大时，对焊缝金属的塑性（主要表现在冷弯上）稍有不利的影响。因此，对质量要求较高的焊缝，每层焊缝的厚度最好不大于 5mm。

焊接层数主要根据钢板厚度、焊条直径、坡口形式和装配间隙等因素确定，可进行如下近似估算

$$n = \delta/(md)$$

式中　n——焊接层数；

　　　δ——焊件厚度（mm）；

m——经验系数,一般取 0.8~1.2;

d——焊条直径(mm)。

七、焊接热输入的选择

在选择上述各项焊接参数时,不能单纯考虑某一个参数对焊接接头的影响,因为对一个参数进行分析是不全面的。因此,焊接参数的大小应综合考虑,通常用热输入来表示。所谓热输入,是指焊接时由焊接热源输入到单位长度焊缝上的能量,一般用下述公式表示

$$E = \eta I_h U_h / v$$

式中 E——焊接热输入(J/cm);

I_h——焊接电流(A);

U_h——电弧电压(V);

v——焊接速度(cm/s);

η——焊接电弧有效功率因数。

在一定的焊接条件下,η 是常数,它主要取决于焊接方法、焊接参数和焊接材料的种类等。各种电弧焊方法的 η 值见表 4-11。

表 4-11 各种电弧焊方法的有效功率因数

焊接方法	η	焊接方法	η
直流焊条电弧焊	0.75~0.85	CO_2 气体保护焊	0.75~0.90
交流焊条电弧焊	0.65~0.75	钨极氩弧焊	0.65~0.75
埋弧焊	0.80~0.90	熔化极氩弧焊	0.70~0.80

焊接参数对热影响区的大小及性能也有很大的影响。采用较小的焊接热输入,如降低焊接电流、增大焊接速度等,可以减少热影响区的尺寸。不仅如此,从防止过热组织和晶粒粗化角度来看,也是采用较小的热输入比较好。

由图 4-40 可以看出,当焊接电流增大或焊接速度减慢,导致焊接热输入增大时,过热区的晶粒尺寸粗大,韧性降低严重;当焊接电流减小或焊接速度增大时,在硬度、强度提高的同时,韧性也在变差。因此,对于具体的钢种和具体的焊接方法,存在一个最佳的焊接参数范围。图 4-40 中 20Mn 钢(板厚 20mm,堆焊),在热输入 $E = 3000$J/cm 左右时,可以保证焊接接头具有最好的韧性,热输入大于或小于这个理想的数值范围,都会引起塑性和韧性的下降。

以上是热输入对热影响区性能的影响。对于焊缝金属，热输入也有类似的影响。不同的钢材，其热输入的最佳范围也不一样，需要通过一系列的试验来确定恰当的焊接热输入和焊接参数。此外，还应指出，仅仅保证焊接热输入符合要求是不够的，因为即使焊接热输入相同，其中的焊接电流、电弧电压、焊接速度还有很大差别。当这些参数之间不相匹配时，还是不能得到良好的焊缝质量。比如，在焊接电流比较大、电弧电压较低的情况下，得到的焊缝窄而深，而适当地减小焊接电流，提高电弧电压，则得到的焊缝成形就比较好，这两种焊接工艺所得到的焊缝性能就不同。因此，要在参数合理的原则下，选择合适的焊接热输入。

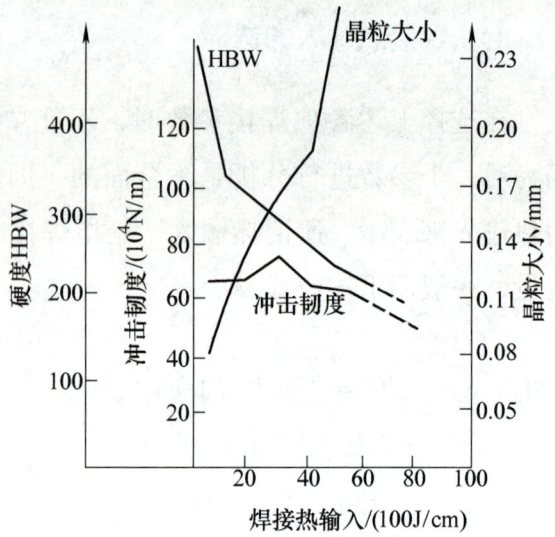

图 4-40　焊接热输入对 20Mn 钢热影响区性能的影响

焊条电弧焊适用的焊接参数见表 4-12。

表 4-12　焊条电弧焊适用的焊接参数

焊缝空间位置	焊件厚度[①]焊脚尺寸[②]/mm	第一层焊缝		其他各层焊缝		封底焊缝	
		焊条直径/mm	焊接电流/A	焊条直径/mm	焊接电流/A	焊条直径/mm	焊接电流/A
平对接焊缝	2	2	55~60	—	—	2	55~60
	2.5~3.5	3.2	90~120	—	—	3.2	90~120
	4~5	3.2	100~130	—	—	3.2	100~130
		4	160~200	—	—	4	150~210
		5	200~260	—	—	5	220~250
	5~6	4	160~210	—	—	3.2	100~130
	5~6	4	160~210	—	—	4	180~210
	≥6	4	160~210	4	160~210	4	180~210
			160~210	5	220~280	5	220~260
	≥12	4	160~210	4	160~210	—	—
			160~210	5	220~280	—	—

(续)

焊缝空间位置	焊件厚度①焊脚尺寸②/mm	第一层焊缝		其他各层焊缝		封底焊缝	
		焊条直径/mm	焊接电流/A	焊条直径/mm	焊接电流/A	焊条直径/mm	焊接电流/A
对接焊缝	2	2	50~55	—	—	2	50~55
	2.5~4	3.2	80~110	—	—	3.2	80~110
	5~6	3.2	90~120	—	—	3.2	90~120
	7~10	3.2	90~120	4	120~160	3.2	90~120
		4	120~160	4	120~160	3.2	90~120
	≥11	3.2	90~120	4	120~160	3.2	90~120
		4	120~160	5	160~200	3.2	90~120
	12~18	3.2	90~120	4	120~160	—	—
		4	120~160	4	120~160	—	—
	≥19	3.2	90~120	4	120~160	—	—
		4	120~160	5	160~200	—	—
横对接焊缝	2	2	50~55	—	—	2	50~55
	2.5	3.2	80~110	—	—	3.2	80~110
	3~4	3.2	90~120	—	—	3.2	90~120
	—	4	120~160	—	—	4	120~160
	5~8	3.2	90~120	3.2	90~120	3.2	90~120
		3.2	90~120	4	140~160	4	120~160
	≥9	3.2	90~120	4	140~160	3.2	90~120
		4	140~160	4	140~160	4	120~160
	14~18	3.2	90~120	4	140~160	—	—
		4	140~160	4	140~160	—	—
	≥19	4	140~160	4	140~160	—	—
仰对接焊缝	2	—	—	—	—	2	50~65
	2.5	—	—	—	—	3.2	80~110
	3~5	—	—	—	—	3.2	90~110
		—	—	—	—	4	120~160
	5~8	3.2	90~120	3.2	90~120	—	—
		3.2	90~120	4	140~160	—	—
	≥9	3.2	90~120	4	140~160	—	—
		4	140~160	4	140~160	—	—
	12~18	3.2	90~120	4	140~160	—	—
		4	140~160	4	140~160	—	—
	≥19	4	140~160	4	140~160	—	—
船形焊缝	2	2	55~65	—	—	—	—

（续）

焊缝空间位置	焊件厚度①焊脚尺寸②/mm	第一层焊缝 焊条直径/mm	第一层焊缝 焊接电流/A	其他各层焊缝 焊条直径/mm	其他各层焊缝 焊接电流/A	封底焊缝 焊条直径/mm	封底焊缝 焊接电流/A
船形焊缝	3	3.2	100~120	—	—	—	—
	4	3.2	100~120	—	—	—	—
		4	160~200	—	—	—	—
	5~6	4	220~280	—	—	—	—
		5	160~200	—	—	—	—
	≥7	4	220~280	5	220~230	4	160~220
		5	220~280	5	220~230	—	—
	—	4	160~200	4	160~200	4	160~220
		4	160~200	5	220~280	4	160~220
立角焊缝	2	2	50~60	—	—	—	—
	3~4	3.2	90~120	—	—	—	—
	5~8	3.2	90~120	—	—	—	—
		4	120~160	—	—	—	—
	9~12	3.2	90~120	4	120~160	—	—
		4	120~160	4	120~160	—	—
	—	3.2	90~120	4	120~160	3.2	90~120
		4	120~160	4	120~160	3.2	90~120
仰角焊缝	2	2	50~60	—	—	—	—
	3~4	3.2	90~120	—	—	—	—
	5~6	4	140~160	—	—	—	—
	≥7	4	140~160	4	140~160	—	—
	—	3.2	90~120	4	140~160	3.2	—
		4	140~160	4	140~160	4	—

① 对接焊缝的焊件厚度范围。
② 角接焊缝的焊脚尺寸。

第四节　各种位置焊缝的焊接

【学习目标】

1) 了解不同焊接位置焊缝的特点，学习控制熔池的方法。

2) 掌握平焊、横焊、立焊和仰焊的焊接技术要求及操作要领。

焊接时，由于焊接位置的不同，导致操作方法和焊接参数也不相同。但只要将熔池的温度控制在一定范围内，使熔池中的冶金反应充分进行，较彻底地排除气体和杂质，焊缝与母材金属很好地熔合，就能够得到优良的焊缝质量和美观的焊缝成形。

一、平焊

平焊是一种最有利于焊接操作的空间位置。平焊时熔滴容易过渡，熔渣与熔化金属不易流失，也易于控制焊缝形状。平焊时可以使用较粗的焊条和较大的焊接电流来提高生产率；因焊接是俯视操作的，焊工不易疲劳。由于平焊操作具有上述优点，因此在焊接时应尽可能使接缝处于平焊位置。

1. 对接平焊

（1）不开坡口的对接平焊　当板厚小于6mm时，一般采用不开坡口的对接平焊。焊正面焊缝时，选用直径 $\phi3.2\sim\phi4mm$ 的焊条进行短弧施焊，使熔深达到焊件厚度的 2/3，焊缝宽度为 5～8mm，焊缝余高应小于 1.5mm，如图 4-41 所示。

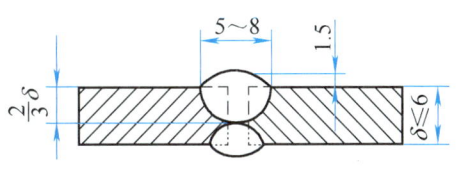

图 4-41　不开坡口的对接焊缝

焊接反面焊缝时，除重要的构件外，一般不必清根，但要将正面焊接时所渗漏的熔渣清除干净，然后使用 $\phi3.2mm$ 的焊条，焊接电流可大些。对于重要构件的反面焊缝，一定要进行清根，以保证焊透。

焊接时所用的运条方法均为直线形，焊条与焊件表面的角度如图 4-42 所示。在焊接下面的焊缝时，运条速度应慢些，以保证获得较大的熔深和熔宽。在焊接封底焊缝时，运条速度要快些，以保证有较窄的熔宽。

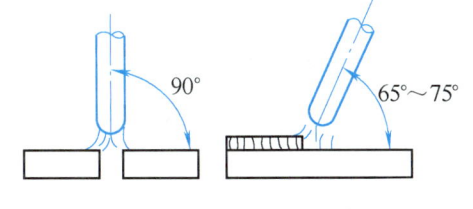

图 4-42　对接平焊的焊条角度

（2）开坡口的对接平焊　当板厚超过 6mm 时，由于电弧的热量难以熔透焊缝根部，为了保证焊透，必须开坡口。开坡口的对接平焊缝可采用多层焊和多层多道焊，如图 4-43 和图 4-44 所示。

1）多层焊时，第一层应选用较小直径的焊条，运条方法视焊条与坡口间隙之间的情况而定。可采用直线形运条法或直线往返运条法，要注意边缘熔合的情况并防止焊穿。后面各层在焊接前，应先将前一层熔渣清除干净，然后用粗直径焊条配以较大的焊接电流进行焊接。运条可采用锯齿形，并且用短弧施焊。每一层都不宜过厚，还要注意在坡口两边稍作停留，以防止产生熔合不良及夹渣等缺陷。每层的焊缝接头需相互错开，焊缝宽度视坡口宽度的增大而增大。

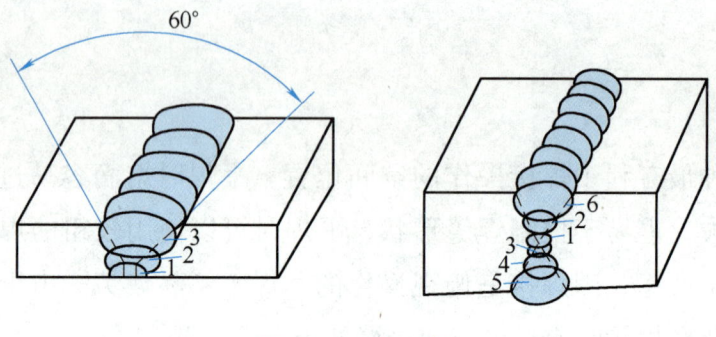

图 4-43　多层焊

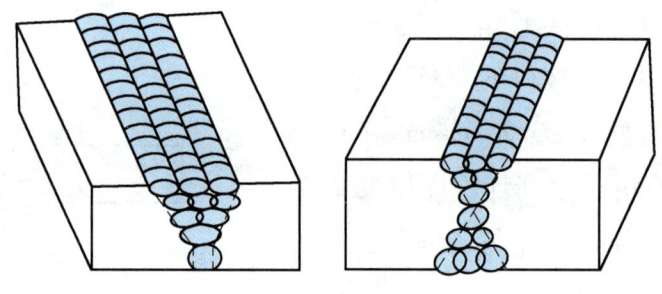

图 4-44　多层多道焊

2）多层多道焊的焊接方法与多层焊相似，焊接时宜采用直线形运条法，但要注意同一层焊缝中，焊道与焊道的排列要均匀紧密，避免产生过深的焊谷而导致夹渣。多层多道焊的焊缝晶粒较细，不易产生热裂纹，有助于改善力学性能，所以多用于厚板或高强度钢的焊接。

2. 船形焊

在焊接 T 形接头的构件时，应尽可能把焊件置于船形位置进行焊接，如图 4-45 所示。

船形焊能避免产生咬边和单边等缺陷，易获得良好的焊缝成形，同时可采用大电流和粗直径的焊条，不但能得到较大的熔深，而且能一次焊成较大断面的焊缝，大大地提高了焊接生产率。运条方法一般采用月牙形或锯齿形。

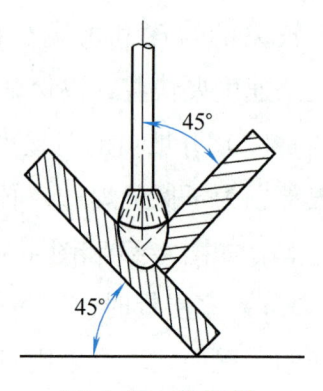

图 4-45　船形焊

实训三 单层平角焊的操作步骤

序号	操作程序	操作技术要领	技术依据质量标准	检验方法	可能产生的问题	原因或防止方法
3-1	焊件拼装	先将两焊件拼装成T形接头,两端对齐,然后在一侧进行定位焊。定位焊的位置如附图11所示 焊接时,应先焊接无定位焊缝的一侧 附图11 平角焊定位焊要求	焊条直径为 φ3.2mm 定位焊电流为 100~120A	清除定位焊缝上的焊渣,用角尺测两焊件的垂直度	1)两焊件的端部未能对齐就进行定位焊 2)定位焊的焊脚尺寸过高	1)检查两板端头对齐后再定位焊 2)定位焊要按要求尺寸练习
3-2	起弧	引弧点应离焊件起始端10mm左右,并在焊缝轨迹内引燃电弧,如附图12所示 附图12 平角焊的引弧点	焊接电流为130~150A,焊条直径φ4mm。焊缝起始处要饱满,这一点的高、低、宽、窄要符合整条焊道的焊脚尺寸	清除焊渣,自检和互检	1)起弧点处的焊缝高而窄,熔深过浅 2)焊脚下偏 3)熔深不足或产生夹渣	1)因为起焊处是冷的,需拉长电弧瞬时预热,使局部金属温度升高,然后按操作要领施焊 2)严格控制焊条角度和运条方法 3)严格控制焊条角度和运条方法

(续)

序号	操作程序	操作技术要领	技术依据质量标准	检验方法	可能产生的问题	原因或防止方法
3-3	运条	当焊脚尺寸小于6mm时，一般采用直线形运条或直线往返形运条；往返的幅度不宜过大，一般不大于6mm，往返到熔池中稍作停留。应注意熔池在两板的位置，不能单边，并防止垂直板产生咬边缺陷 当焊脚尺寸大于6mm时，可采用斜圆圈形运条，如附图13所示 $a \to b$ 要稍慢，以保证水平焊件的熔深；$b \to c$ 要稍快，以防止熔化金属下淌；在 c 处稍作停留，以保证垂直板的熔深，避免咬边；$c \to d$ 稍慢，避免夹渣。运条必须有规律，并用短弧反复进行 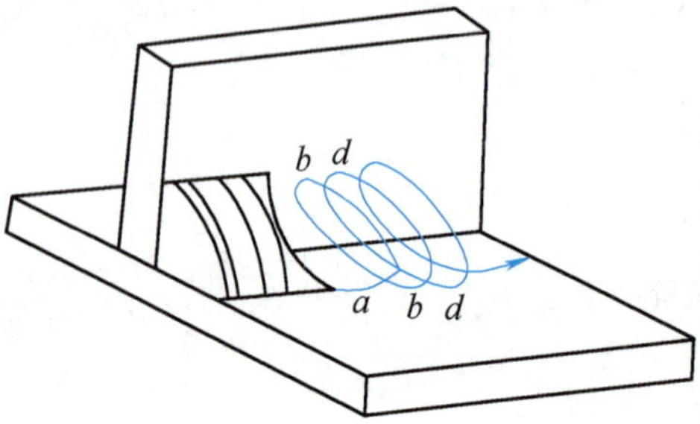 附图13 平角焊时的斜圆圈运条法	无咬边，无夹渣 焊脚均匀整齐无下垂。焊脚尺寸为(6±1)mm	清渣，检查焊接缺陷 用焊缝量规测定焊脚尺寸	1) 咬边与下垂 2) 夹渣与未焊透 3) 不等边	1) 由电流太大或电弧太长，焊条角度和运条方法不正确造成的，需根据操作要领进行运条 2) 电流太小或运条方法、焊条角度不正确。选用正确电流，调整焊条角度和运条手法 3) 焊条角度不正确。调整焊条角度，使熔池在焊件上的焊脚尺寸相等
3-4	接头连接	在弧坑前面10～15mm，两板夹角处引燃电弧，如附图14所示 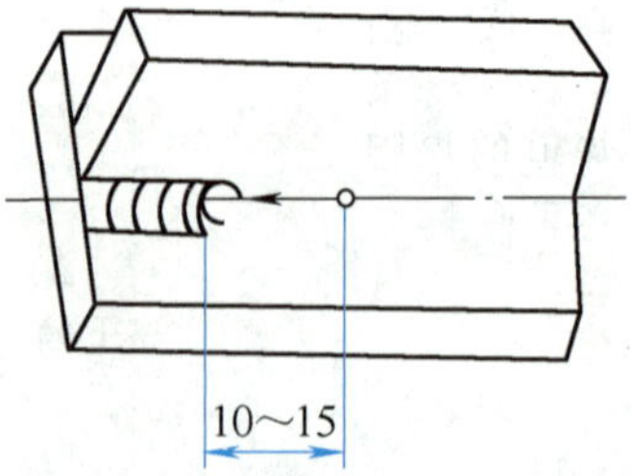 附图14 平角焊连接头引弧点 电弧引燃后，略拉长电弧移至原弧坑2/3或3/4处，压短电弧，看清新形成的熔池形状，大小与前道焊缝相一致，再沿焊接方向运条 接头时，尽量采用"热接头"	接头平整，不偏，不过高，不脱节 焊件上不允许有引弧痕迹	清渣，检查接头处焊接质量 用焊缝量规测定接头处焊脚尺寸	1) 接偏 2) 接头过高或脱节	1) 引弧后要适当拉长电弧，后移位置不能偏离原弧坑 2) 必须多练习，逐步掌握接头连接过程的操作规程

(续)

序号	操作程序	操作技术要领	技术依据质量标准	检验方法	可能产生的问题	原因或防止方法
3-5	收尾	焊条焊至焊缝末端时，压低电弧，采用回焊收尾法填满弧坑，然后朝焊缝方向（即焊接反方向）拉断电弧 如果在收尾端产生磁偏吹现象，应适当改变焊条角度，使焊条略后倾，如附图15所示 附图15 防止磁偏吹的焊条角度	采用回焊收尾法 收尾饱满，无弧坑、气孔等缺陷	清渣检查收尾焊缝质量。用焊缝量规测定收尾处焊脚尺寸	1）弧坑 2）气孔	1）根据不同的焊条性能和板厚情况，选择不同的收尾方法 2）收尾时，要看清熔池金属冶金反应充分后才能熄弧

实训四 一层两道平角焊的操作步骤

序号	操作程序	操作技术要领	技术依据质量标准	检验方法	可能产生的问题	原因或防止方法
4-1	第一焊道	当焊脚尺寸为9mm时，宜采用一层两道焊法。焊第一道时，可采用斜圆圈形运条。焊条与水平板间的夹角为50°~55°，如附图16所示 运条时，看清熔池在水平板上的熔合情况，要保证水平板上的直线度。收尾时，应把弧坑填满或略高些，这样在第二道收尾时，不会因焊缝温度升高而产生弧坑现象 附图16 平角焊第一焊道的焊条角度	焊脚整齐均匀，接头平整，头尾良好 无咬边、夹渣、单边等缺陷 焊条直径为φ4mm，焊接电流为130~150A。焊脚尺寸：上部≥6mm，下部为（9±1）mm	清渣。检查焊道质量用焊缝量规测定焊脚尺寸	1）夹渣和咬边 2）下部焊脚不齐	1）运条均匀，保持水平板上的直线度 2）调整焊接电流、弧长和焊条角度。运条手势要稳

(续)

序号	操作程序	操作技术要领	技术依据质量标准	检验方法	可能产生的问题	原因或防止方法
4-2	第二焊道	焊第二焊道时，需要覆盖第一焊道的 1/3 或 1/2。如果第二焊道只需要覆盖第一焊道的 1/3，则可采用直线往返形运条，焊速稍快，以免第二焊道过高，使焊缝成形不佳。焊条与水平板间的夹角为 40°~45°，如附图 17a 所示。 如果第二焊道需要覆盖第一焊道的 1/2，则可采用斜圆圈形运条，运条至腹板上要稍作停留，以防止产生咬边。焊速稍慢，看清熔池在垂直板上的熔合情况，并保证熔池在垂直板上的直线度，如附图 17b 所示 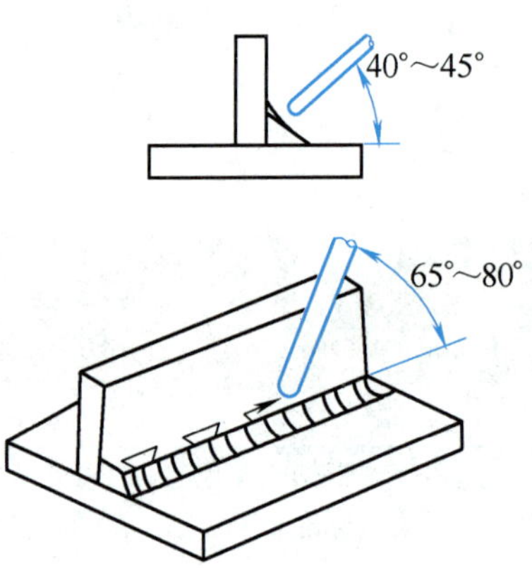 a) 直线往返形运条 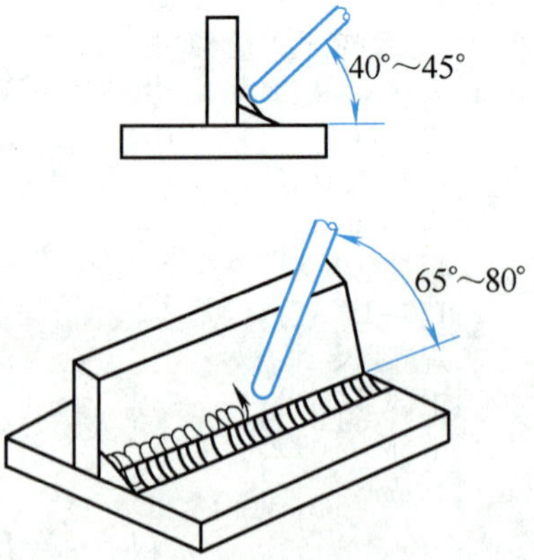 b) 斜圆圈形运条 附图 17 平角焊第二焊道的运条方法	焊脚尺寸对称分布为 (9 ± 1) mm。其余同上	同上	1) 咬边及夹渣 2) 层次排列不齐，甚至出现凹沟槽 3) 焊缝下垂	1) 运条均匀，保持垂直板上的直线度 2) 根据第一焊道的焊脚尺寸，选择合适的运条方法，操作过程中注意观察后焊道与前焊道相重叠的情况 3) 调整焊条角度和运条方法及层次的排列

项目训练六 6mm 钢板 I 形坡口平对接双面焊

(一) 训练图样 (图 4-46)

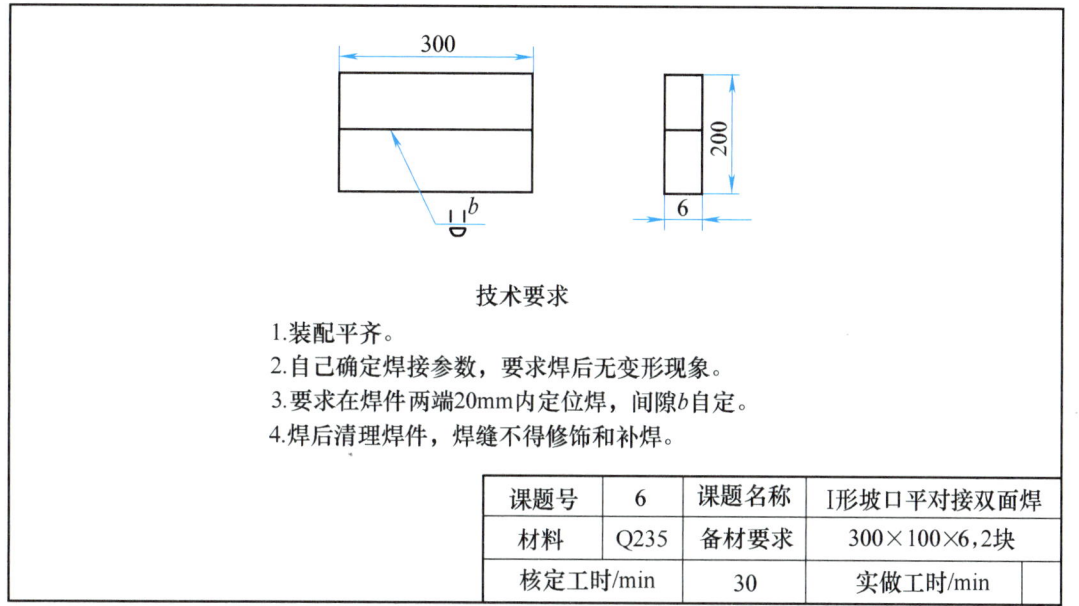

图 4-46 训练图样

(二) 训练要求

1. 训练目的

1) 熟练掌握双面焊的操作要领和方法。
2) 学会应用焊条角度、电弧长度和焊接速度来调整焊缝高度和宽度。
3) 掌握提高焊缝质量的操作方法。

2. 训练内容

1) 填写焊接工艺卡 (表 4-13)。

表 4-13 焊接工艺卡

焊件牌号、厚度	装配间隙	焊条牌号、直径	焊接电流/A	焊条角度	电弧长度/mm	运条方法	反变形角度

2) 焊缝余高 0.5~1.5mm、宽 8~10mm,焊缝表面无任何焊缝缺陷。
3) 选择与调节平对接双面焊工艺参数,掌握操作要领。

3. 工时定额

工时定额为 30min。

4. 安全文明生产

1）能正确执行安全技术操作规程。

2）能按文明生产的规定，做到工作场地整洁，焊件、工具摆放整齐。

（三）训练步骤

1）检查焊件是否符合焊接要求。

2）开启弧焊设备，调节电流。

3）装配及进行定位焊。

4）对定位焊点清渣，反变形角度为 1°。

5）按照操作要领施焊。

6）清渣，检查焊缝尺寸及表面质量。

（四）训练时间

训练时间为 6 学时。

（五）项目评分标准

项目评分标准见表 4-14。

表 4-14　项目评分标准

序号	检测项目	配分	技术标准	实测情况	得分	备注
1	焊缝余高	12	允许 0.5~1.5mm，每超差 1mm 扣 6 分			
2	焊缝宽度	10	允许 8~10mm，每超差 0.5mm 扣 5 分			
3	焊缝成形	12	要求整齐、光滑、美观，否则扣 4 分			
4	接头成形	6	成形良好，凡每处脱节或超高扣 3 分			
5	焊缝高低差	8	允许差 1mm，每超差 1mm 扣 4 分			
6	咬边	6	深<0.5mm，每长 10mm 扣 3 分；深>0.5mm，每长 10mm 扣 6 分			

（续）

序 号	检测项目	配 分	技 术 标 准	实测情况	得分	备注
7	焊缝宽窄	8	允许差1mm，每超差1mm扣4分			
8	夹渣	8	无，若有点渣<2mm扣4分，条渣>2mm扣8分			
9	烧穿	8	无，否则每个扣4分			
10	焊件变形	8	允许差1°，每超1°扣4分			
11	引弧痕迹	6	无，否则扣6分			
12	焊件清洁度	4	清洁，否则扣4分			
13	安全文明生产	4	服从管理，文明操作，否则扣4分			
总 分		100	项目训练成绩			

项目训练七　10mm 钢板 V 形坡口平对接双面焊

（一）训练图样（图 4-47）

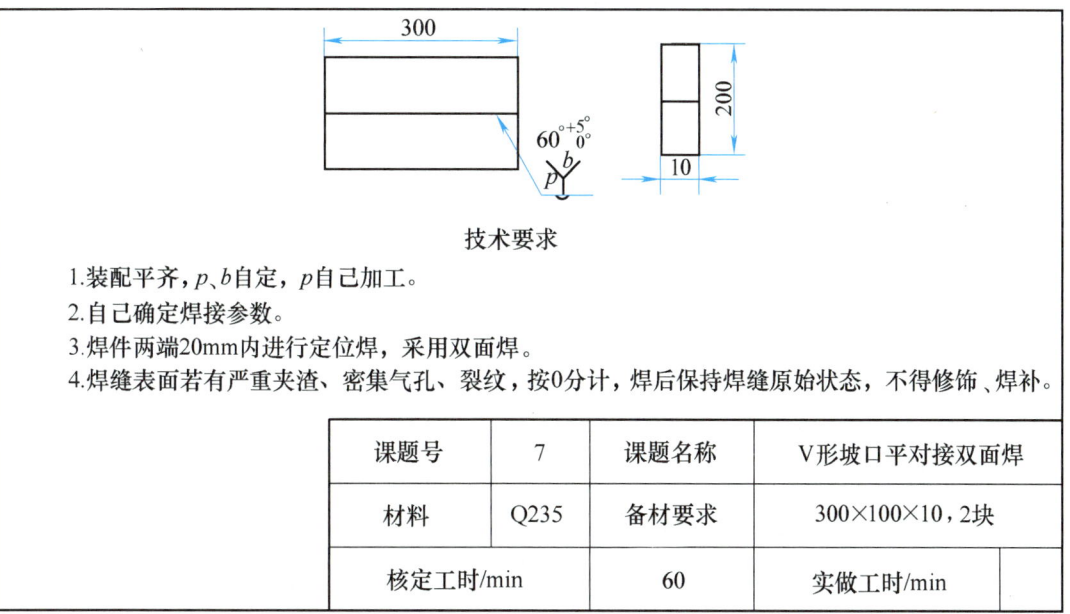

图 4-47　训练图样

（二）训练要求

1. 训练目的

通过完成训练，掌握多层焊操作方法与技巧，能够根据不同的焊道选用合适的工艺，能够合理有效地控制熔池形状，掌握提高焊缝质量的措施，注意对背面焊缝尺寸的控制。

2. 训练内容

1）填写焊接工艺卡（表4-15）。

表4-15 焊接工艺卡

层数	焊条直径/mm	焊接电流/A	焊条角度	电弧长度/mm	运条方法	焊条牌号	反变形角	焊件材质、厚度

2）焊缝余高 0.5~1.5mm，焊缝宽度为 12~14mm。起头、接头、收尾平滑且无明显焊缝缺陷。无咬边、气孔、夹渣、过高、过窄、过低等缺陷。

3）选择与调节焊接参数，掌握控制焊缝熔池的方法，以及选用焊条角度、电弧长度的方法。对焊接过程中出现焊缝缺陷进行处理。合理安排焊道，提高焊缝质量。

3. 工时定额

工时定额为60min。

4. 安全文明生产

1）能正确执行安全技术操作规程。

2）能按文明生产的规定，做到工作场地整洁，焊件、工具摆放整齐。

（三）训练步骤

1）对实习焊件坡口边缘进行修整锉削，进行组装、定位焊、清渣、反变形，确定焊接参数。

2）打底焊→清渣检查→调整焊接电流→填充焊1→清渣检查→填充焊2→清渣检查→盖面焊→清渣检查→返转180°焊→清渣检查→评定质量。

（四）训练时间

训练时间为8学时。

（五）项目评分标准

项目评分标准见表4-16。

表 4-16 项目评分标准

序号	检测项目	配分	技术标准	实测情况	得分	备注
1	焊缝正背面余高	8	允许余高 0.5～1.5mm，每超差 1mm 扣 4 分			
2	焊缝正背面宽度	8	允许宽度 12～14mm，每超差 1mm 扣 4 分			
3	焊缝正背面高低差	8	允许差 1mm，每超差 1mm 扣 4 分			
4	焊缝成形	15	要求细、匀、整齐、光滑、美观，否则每处扣 5 分			
5	焊缝正背面宽窄差	8	允许差 1mm，每超差 1mm 扣 4 分			
6	接头成形	6	成形良好，凡脱节或超高扣 6 分			
7	焊缝弯直度	8	要求平直，每弯 1 处扣 4 分			
8	夹渣	8	无，有点渣，每处扣 4 分，条渣每处扣 8 分			
9	咬边	8	深<0.5mm，每长 5mm 扣 4 分；深>0.5mm，每长 5mm 扣 8 分			
10	弧坑	4	无弧坑，否则扣 4 分			
11	引弧痕迹	6	无，否则每处扣 3 分			
12	焊件清洁度	3	清洁，否则扣 3 分			
13	焊件变形	5	允许差 1°，否则<2°扣 2 分，>2°扣 5 分			
14	安全文明生产	5	服从劳动管理，穿戴好劳动保护用品，否则扣 5 分			
总分		100	项目训练成绩			

项目训练八 16mm 钢板 X 形坡口平对接双面焊

（一）训练图样（图 4-48）

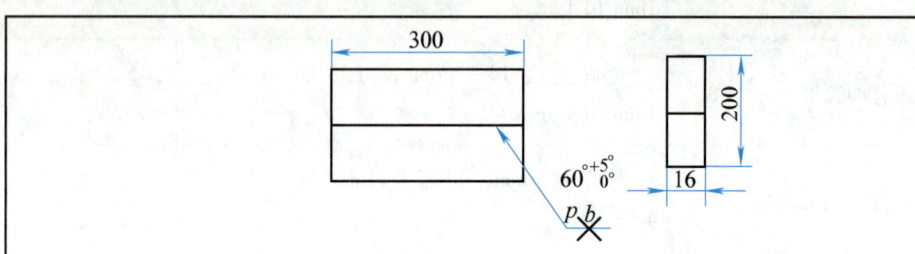

技术要求
1. 装配平齐，p、b 自定，p 自己加工。
2. 自己确定焊接参数。
3. 焊件两端 20mm 内进行定位焊，采用双面焊。
4. 焊缝表面若有严重夹渣、密集气孔、裂纹，按 0 分计，焊后保持焊缝原始状态，不得修饰、焊补。

课题号	8	课题名称	X形坡口平对接双面焊
材料	Q235	备材要求	300×100×16，2块
核定工时/min	70	实做工时/min	

图 4-48 训练图样

（二）训练要求

1. 训练目的

掌握 X 形坡口焊接操作要领，能熟练应用焊道顺序来控制焊接变形，能利用操作技巧克服焊缝缺陷，掌握提高焊缝质量的方法。

2. 训练内容

1）填写焊接工艺卡（表 4-17）。

表 4-17 焊接工艺卡

层数	焊条直径/mm	焊接电流/A	焊条角度	电弧长度/mm	运条方法	焊条牌号	反变形角	焊件材质、厚度

2）焊缝宽度为 18~20mm，余高 0.5~1.5mm。焊缝表面无明显焊缝缺陷，焊接过程无夹渣、气孔等缺陷。

3）正确选择与调节焊接参数，掌握操作方法和操作技巧，以及对焊接变形的控制。

3. 工时定额

工时定额为 70min。

4. 安全文明生产

1）能正确执行安全技术操作规程。

2）能按文明生产的规定，做到工作场地整洁，焊件、工具摆放整齐。

（三）训练步骤

焊件坡口校核及钝边修整→选择焊接参数→组装、预留间隙、定位焊→清理→安排焊道层数及焊接顺序→焊接、观察工件变形情况并处理→清渣、对焊缝质量评定。

（四）训练时间

训练时间为 8 学时。

（五）项目评分标准

项目评分标准见表 4-18。

表 4-18　项目评分标准

序号	检测项目	配分	技术标准	实测情况	得分	备注
1	焊缝两面余高	8	允许 0.5~1.5mm，每超差 1mm 扣 4 分			
2	焊缝两面宽度	12	允许 18~20mm，每超差 1mm 扣 6 分			
3	焊缝高低差	6	允许差 1mm，每超差 1mm 扣 3 分			
4	接头成形	6	良好，凡有脱节或超高，扣 6 分			
5	焊缝成形	12	要求细、匀、整齐、光滑、美观，否则每处扣 3 分			
6	焊缝宽窄差	10	允许差 1mm，否则<2mm 每处扣 5 分，>2mm 每处扣 10 分			
7	夹渣	10	无，若有点渣<2mm 扣 5 分，条渣>2mm 扣 10 分			

(续)

序号	检测项目	配分	技术标准	实测情况	得分	备注
8	咬边	6	深<0.5mm,每长5mm扣3分; 深>0.5mm,每长5mm扣6分			
9	弧坑	4	无弧坑,否则扣4分			
10	焊件变形	10	允许1°,否则<2°扣5分,>2°扣10分			
11	气孔	4	无,否则每处扣2分			
12	引弧痕迹	6	无,否则扣6分			
13	焊件清洁度	2	清洁,否则扣2分			
14	安全文明生产	4	服从劳动管理,穿戴好劳动保护用品,否则扣4分			
	总分	100	项目训练成绩			

二、横焊

横焊是在呈垂直的面上焊接水平焊缝的一种操作方法。横焊时,熔化金属由于受重力作用,容易下淌而产生各种缺陷,因此应采用短弧施焊,并选用小直径的焊条、较小的焊接电流并配以适当的运条方法。

1. 不开坡口的对接横焊

板厚为3~5mm时,可采用不开坡口的对接双面焊,它通常适用于不重要结构的焊接。正面焊时,选择φ3.2~φ4mm的焊条,焊条与下板成75°~80°角,如图4-49所示。

焊件较薄时,可用直线往返形运条法进行焊接,使熔池中的熔化金属有机会凝固,以防止烧穿。焊件较厚时,可采用斜圆圈形

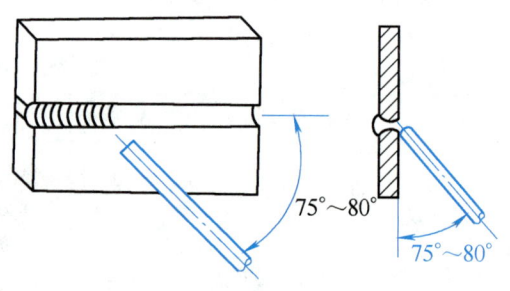

图4-49 不开坡口的对接横焊的焊条角度

运条法进行焊接,电弧宜短,以便得到合适的熔深,同时焊接速度稍快,而且要均匀,避免焊条末端的熔化金属聚集在一起形成焊瘤,防止焊缝上部发生咬边的缺陷。反面封底焊时,选择φ3.2~φ4mm的焊条,焊接电流偏大些,用直线形运条法焊接。

2. 开坡口的对接横焊

开坡口的对接横焊,其坡口形式一般有V形和K形两种,如图4-50所示。从

图中可看出,其坡口的特点是下板不开坡口或坡口角度小于上板,这样有利于焊缝成形。

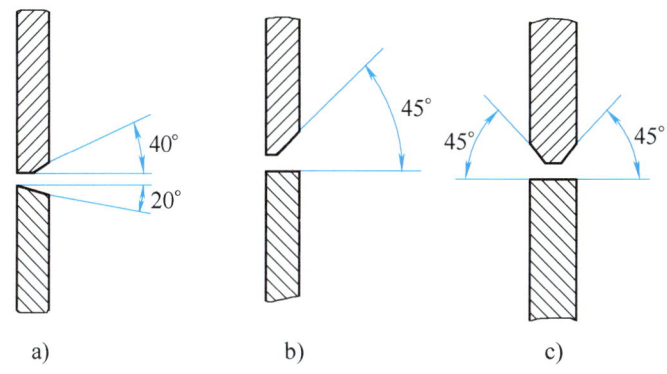

图 4-50　横焊时对接接头的坡口形式
a)V 形坡口　b)单边 V 形坡口　c)K 形坡口

6mm<焊件厚度 δ≤8mm 时,可采用多层焊,如图 4-51 所示。焊第一层时,选用 φ3.2mm 的焊条,间隙小时可用短弧直线运条法焊接,间隙大时可用直线往返形运条法焊接,以后各层可用斜圆圈形运条法焊接,如图 4-52 所示。

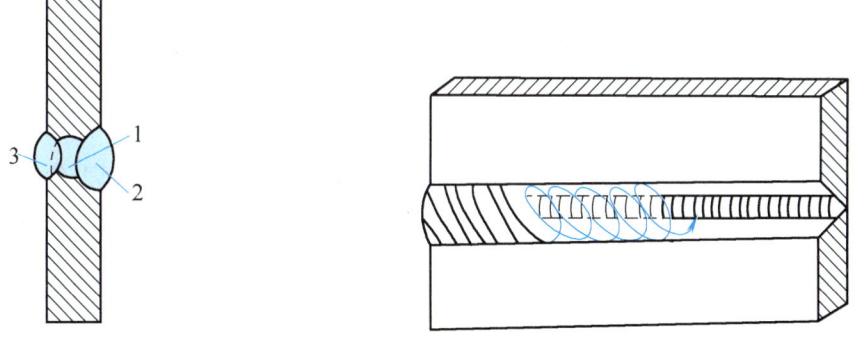

图 4-51　多层焊顺序　　　　图 4-52　V 形坡口横对接的斜圆圈形运条法

在焊接过程中,应保持较短的电弧长度和均匀的焊接速度。每个斜圆圈形与焊缝中心的斜度小于 45°,当焊条末端移动到斜圆圈形上部时,电弧应更短些,并稍停片刻,这样可有效地防止焊缝表面咬边和熔化金属下淌的现象,从而获得成形良好的焊缝。

当板厚大于 8mm 时,采用多层多道焊,能避免产生咬边和焊瘤等缺陷,有利于焊缝成形。运条方法采用直线形,在焊接时,应采用较短的电弧和适当的焊接速度。焊接第一层焊道时应选用 φ3.2mm 的焊条,以后各层随坡口宽度的增加而选用 φ3.2mm 的焊条和 φ4mm 的焊条。在坡口内焊接时,焊条的角度应随焊道的位置而变化，如图 4-53 所示。表层焊接时，最下一层的焊道，焊条角度应适当增大一些，焊接电流比坡口内焊接时要略有减小。

在施焊过程中，焊缝各层、各道的排列顺序如图 4-54 所示。

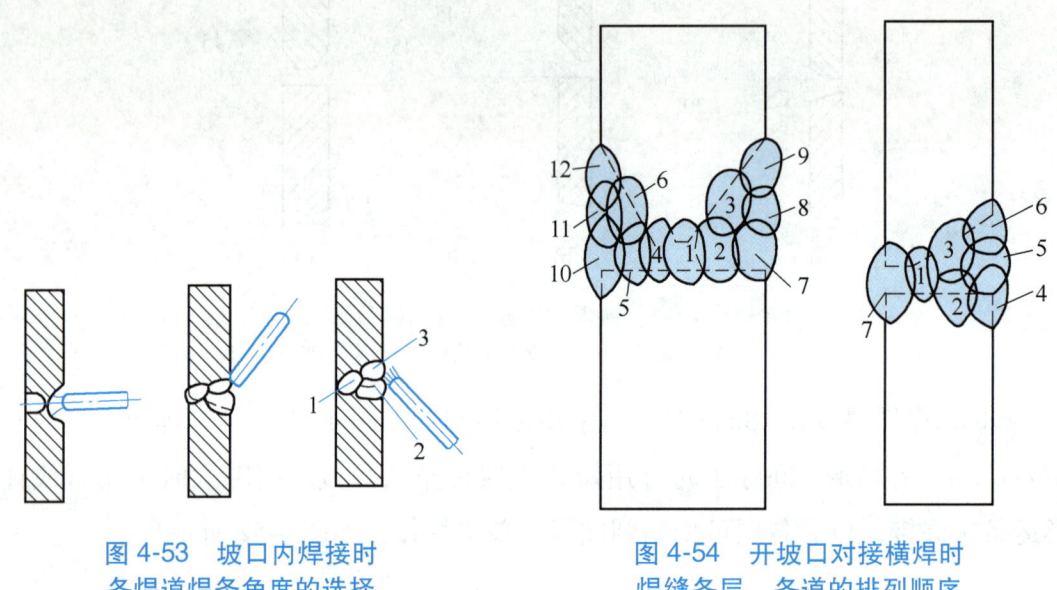

图 4-53　坡口内焊接时各焊道焊条角度的选择

图 4-54　开坡口对接横焊时焊缝各层、各道的排列顺序

3. 横角焊

横角焊主要是指 T 形接头横焊和搭接横焊。

（1）T 形接头横焊　T 形接头横焊在操作时容易产生未焊透、焊缝单边、咬边及夹渣等缺陷。为防止这些缺陷的产生，焊接时除正确选择焊接参数外，还必须根据两板的厚度来调整焊条角度，使电弧偏向厚板的一边，使两边受热均匀一致，如图 4-55 所示。

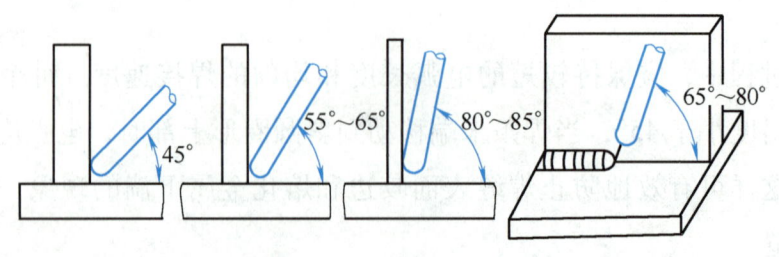

图 4-55　T 形接头横焊时的焊条角度

焊脚尺寸小于 6mm 的横角焊的焊缝可用单层焊。选择 ϕ4mm 的焊条，采用直线形或斜圆圈形运条法；焊接时保持短弧，防止产生单边或垂直板上的咬边现象。

焊脚尺寸为 6~10mm 时，可用两层两道的多层焊。焊第一层时，选择 ϕ3.2~ϕ4mm

的焊条，采用直线形运条法；焊第二层时，选择 φ4~φ5mm 的焊条，采用斜圆圈形运条法，防止产生单边或咬边现象。

当焊脚尺寸大于 10mm 时，采用多层多道焊，可选 φ5mm 的焊条，这样能提高生产率。焊接第一层焊道时，可采用较大的焊接电流和直线形运条法。焊接第二层焊道时，应覆盖为小于前一层焊道的 2/3，焊条与水平板之间的角度要稍大些，一般在 45°~55°之间，如图 4-56a 所示。焊条与焊接方向之间的角度为 65°~80°时，用斜圆圈形或锯齿形运条法。焊接第三层焊道时，应覆盖第二层焊道的 1/3~1/2，焊条与水平板的角度为 40°~45°，如图 4-56b 所示，采用直线形运条方法，以避免焊缝过高。

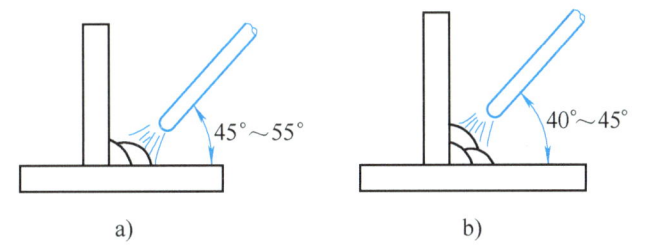

图 4-56　多层多道焊时各焊道的焊条角度

焊脚尺寸越大，则采用的层数或道数也越多，如图 4-57 所示。

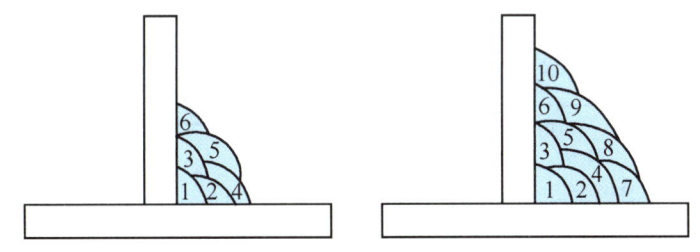

图 4-57　多层多道焊的焊道排列

（2）搭接横焊　搭接横焊的主要困难是：上板边缘受电弧高温易熔化而产生咬边，同时也容易造成焊缝单边，因此必须掌握好焊条角度和运条方法。焊条与下板表面的角度应随下板的厚度增大而增大，如图 4-58 所示。

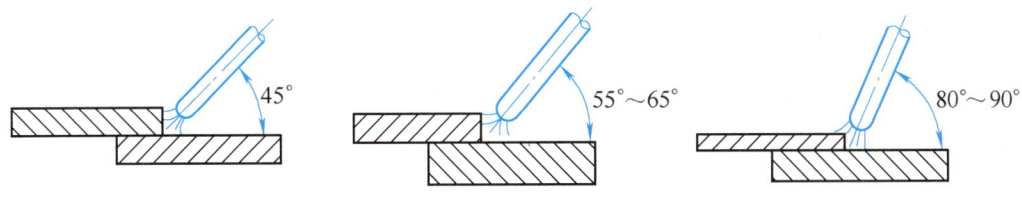

图 4-58　搭接横焊的焊条角度

搭接横焊根据板厚的不同也可分为单层焊、多层焊和多层多道焊。

（3）角焊缝的形状和尺寸　角焊缝根据外部形状不同，可分成凸形角焊缝和凹形角焊缝两大类。当然，这种角焊缝形状不单单指横角焊缝，还包括立角焊缝、仰角焊缝等多种形式。

角焊缝的形状和尺寸可用下列几个参数来表示。

1）焊脚。焊脚是指在角焊缝的横截面中，从一个焊件的焊趾到另一个焊件表面的最小距离。所谓焊脚尺寸，是指在角焊缝横截面中画出的最大等腰三角形中直角边的长度。对于凸形角焊缝，焊脚尺寸等于焊脚；对于凹形角焊缝，焊脚尺寸小于焊脚，如图4-59所示。

2）角焊缝计算厚度。角焊缝计算厚度是指在角焊缝断面内画出的最大直角等腰三角形中，从直角的顶点到斜边的垂线长度。如果角焊缝的断面是标准的等腰三角形，那么角焊缝计算厚度等于焊缝厚度；在凸形或凹形角焊缝中，角焊缝计算厚度均小于焊缝厚度，如图4-59所示。

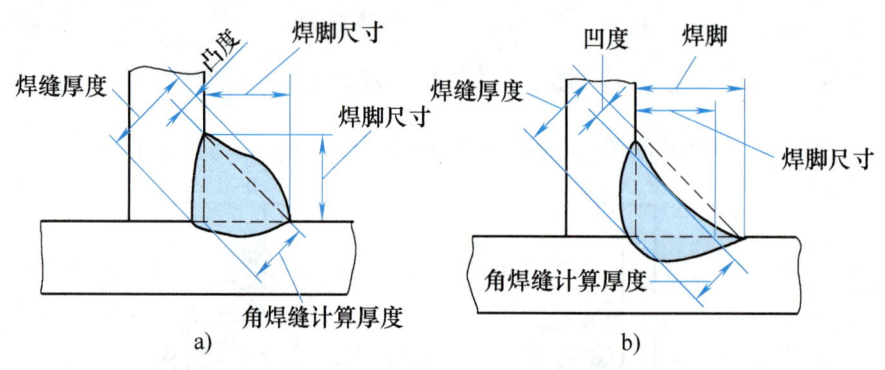

图 4-59　角焊缝的形状
a）凸形角焊缝　b）凹形角焊缝

3）角焊缝凸度。角焊缝凸度是指凸形角焊缝的横截面中，焊趾连线与焊缝表面之间的最大距离，如图4-59a所示。

4）角焊缝凹度。角焊缝凹度是指凹形角焊缝的横截面中，焊趾连线与焊缝表面之间的最大距离，如图4-59b所示。

T形接头和角接接头的角焊缝的表面均存在凸形和凹形两种情况，有时候也可能出现平面角焊缝。但是，表面过于凸出的角焊缝容易形成夹渣或造成很大的应力集中，应尽量避免。

实训五　对接横焊的操作步骤

序号	操作程序	操作技术要领	技术依据质量标准	检验方法	可能产生的问题	原因或防止方法
5-1	焊前准备	将两块板放水平位置，两端头对齐，进行两端定位焊，定位焊尺寸<4mm×10mm 把拼装好的焊件横向位置垂直固定在焊接工作架上，或用单面定位焊方式予以固定。焊缝离地面高度约400mm	两板端头对齐，装配间隙<1mm 焊件与地面横向垂直放置牢固	清除定位焊焊渣，检查质量 焊件固定后用手扳动不跌落	1）焊件装配定位焊没有焊牢 2）焊件横向垂直固定，两面都有定位焊	1）定位焊后要清渣检查 2）只需要单面进行定位焊，否则不易拆卸
5-2	操作姿势	焊接时，身体呈下蹲式，上身挺直稍向前倾，双脚跟着地蹲稳，蹲下的位置要考虑到所能焊的焊缝长度，从而决定身体与焊件的相对位置，右手臂半悬空，以小臂控制焊条与焊件的角度及焊条熔化伸缩长度；用手腕进行运条。焊条向下倾斜与水平面夹角为75°~80°。使电弧吹力托住熔化金属，防止下淌；同时焊条向焊接方向倾斜，与焊缝夹角为75°~80°，以防焊渣超前，如附图18所示 附图18　横焊焊条位置	人体要蹲稳 右手臂半悬空 手腕运条自如	自己试蹲一下位置和操作姿势，感觉自如	1）双脚跟不着地、蹲不稳 2）右臂肘依托在自己下蹲的右大腿上	1）根据操作技术要领进行横焊姿势的训练 2）必须使右臂半悬空，小臂运条自如，手腕运条灵活
5-3	起弧	起焊时，焊条在接缝始端前10~15mm处引弧，如附图19所示。当电弧引燃后，适当拉长电弧左移至接缝起焊处，压低电弧稍作停留（约1s），并做小幅度横向摆动（即上下移动）。待熔池大小符合焊缝所需要的尺寸后，再向焊接方向运条 附图19　横焊起头引弧点	在焊件接缝端头处起焊。起焊处的焊缝尺寸要与整条焊缝一致 焊条直径为φ3.2mm，焊接电流为100~110A	清除焊渣。检查起焊处的焊接质量。用焊缝量规测定起焊处的焊缝尺寸	1）起焊处不在焊件的起端和接缝上 2）起焊处出现又窄又高的焊缝	1）根据操作要领掌握起焊技术 2）引弧后焊速过快。应适当拉长电弧移至起焊处做瞬时预热，再压短电弧并做横向小幅度摆动

(续)

序号	操作程序	操作技术要领	技术依据质量标准	检验方法	可能产生的问题	原因或防止方法
5-4	运条	直线往返形运条时，焊条往返到熔池中稍作停顿，并压紧电弧，控制好熔池的形状和大小，然后焊条向焊接方向移动，电弧移开距离小于6mm，待熔池金属稍有冷却凝固时，焊条往返到原熔池的2/3或3/4处，重复上述过程，也可采用斜圆圈形运条，焊速稍快些，运条幅度要小，避免焊条的熔滴金属过多地集中在某一点上而形成焊瘤。当焊条前端运条到斜圆圈上面时，电弧应更短，并稍作停顿，以防止咬边及熔池金属下淌的倾向。斜圆圈的斜度与焊缝中心约成45°，如附图20所示 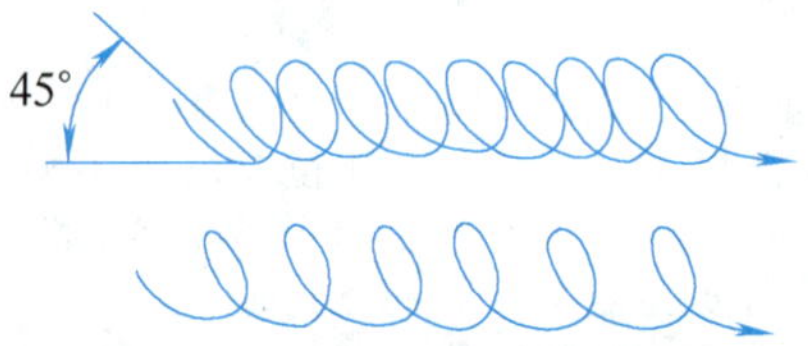 附图20 Ⅰ形坡口横焊的斜圆圈运条法	焊缝平直，宽窄一致 无咬边、无卷边、不下垂 焊缝宽度为 6_0^{+2} mm，余高为 (3±1)mm	清除焊渣。检查焊缝表面缺陷及平直度。用焊缝量规测定焊缝尺寸	1）焊缝严重下淌，并有卷边现象 2）焊缝有脱节现象 3）焊缝不直	1）采用正确的焊条角度，熟练掌握运条方法 2）运条时往返幅度不能太大，要看清原熔池的形状。回复要到位 3）水平方向运条要直，利用眼睛的余光注意Ⅰ形接缝的直线度
5-5	接头连接	接头引弧应在弧坑或熔池前约15mm处，并在接缝范围内进行，电弧引燃后适当拉长，沿接缝迅速引向接头弧坑处，重叠原熔池的2/3处做适当运条，待前后熔池吻合良好并符合焊缝尺寸要求时，即向焊接方向施焊 接头速度要快，采用"热接头"方法	接头要求平整过渡。不过高或不脱节、不接偏。无夹渣、焊瘤、气孔等缺陷	清除焊渣，检查接头连接处的质量 用焊缝量规测定焊缝接头处的尺寸	1）接头接偏 2）接头脱节 3）接头过高 4）接头处有气孔、夹渣	1）引弧后移至原弧坑偏上或偏下 2）新形成的熔池覆盖不到原熔池的2/3处，覆盖要到位 3）前后熔池重叠，停留时间过长，熟练操作手势 4）接头连接处电弧要压低且做瞬时停顿，采用"热接头"的方法

（续）

序号	操作程序	操作技术要领	技术依据质量标准	检验方法	可能产生的问题	原因或防止方法
5-6	收尾	当焊至焊件末端处，视熔池温度情况，决定熄弧、引弧的间隔时间，用断弧法填满弧坑。如果发生磁偏吹现象，及时调整焊条角度，如附图21所示 附图21　防止磁偏吹时焊条角度	断弧法收尾 收尾处饱满、无气孔、无焊瘤 收尾处的焊缝尺寸与整条焊缝尺寸一致	清除焊渣。检查焊缝收尾处的焊接质量 用焊缝量规测定收尾处的焊缝尺寸	1）收尾处塌陷，严重弧坑 2）收尾处有气孔	1）采用断弧法，逐步缩小熔池面积，降低熔池温度，填充熔化金属 2）采用短弧，熄弧动作要干脆

项目训练九　平角焊

（一）训练图样（图4-60）

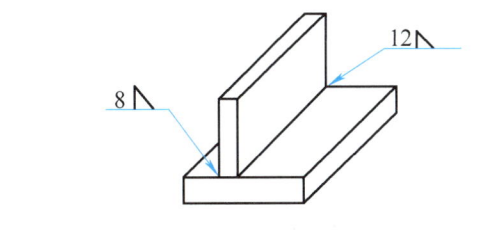

技术要求

1. 两块板装配成T形接头。
2. 自己确定焊接参数。
3. 焊件两端20mm内进行定位焊，采用多层多道双面焊。
4. 焊缝表面若有严重夹渣、密集气孔、裂纹，表面成形不规则者按0分计，焊后保持焊缝原始状态，不得修饰、焊补。

课题号	9	课题名称	平角焊
材料	Q235	备材要求	300×100×16 300×200×16
核定工时/min		60	实做工时/min

图4-60　训练图样

(二) 训练要求

1. 训练目的

掌握单层单道焊、单层两道焊、两层三道焊、三层六道焊的操作方法,学会处理在焊接过程中出现的焊缝缺陷。能够灵活地选择焊接参数及应用。

2. 训练内容

1) 填写焊接工艺卡(表4-19)。

表 4-19 焊接工艺卡

焊机类型	焊条牌号	焊条直径/mm	焊接电源	焊道层数	焊条角度	电弧长度/mm	接头形式	焊件厚度/mm	装配间隙/mm

2) 焊缝平整、焊波均匀、无焊缝缺陷。

3) 焊缝局部咬边深度不应大于0.5mm,长度不应长于10mm。

4) 焊脚分布对称,能按板厚确定焊脚尺寸。

5) 焊后不允许有明显的角变形。

3. 工时定额

工时定额为60min。

4. 安全文明生产

1) 能正确执行安全技术操作规程。

2) 能按文明生产的规定,做到工作场地整洁,焊件、工具摆放整齐。

(三) 训练步骤

1) 用工具清理焊件表面油、锈、漆等。

2) 组装:在平台上将两块板组装成T形,立板与水平板预留1~2mm间隙,用直角尺测量准确后,定位焊。

3) 选择焊接参数和焊接电流,进行正式焊接。

4) 焊接前确定焊条角度、运条方法,焊接过程中对焊条角度及运条方法进行调整,达到有效控制熔池的目的。

5) 焊后对焊缝进行彻底清渣、检查,发现缺陷及时处理。评定焊缝质量。

(四) 训练时间

训练时间为4学时。

(五) 项目评分标准

项目评分标准见表4-20。

表 4-20 项目评分标准

序号	检测项目	配分	技术标准	实测情况	得分	备注
1	焊脚尺寸	10	焊脚尺寸 12mm，8mm 每超差 1mm 扣 5 分			
2	焊缝高低差	4	允许差 1mm，否则每超差 1mm 扣 4 分			
3	焊缝宽窄差	10	允许差 1mm，否则每超差 1mm 扣 5 分			
4	焊脚下塌	8	无，否则每长 10mm 扣 4 分			
5	接头成形	6	良好，若脱节或超高每处扣 3 分			
6	夹渣	8	无，否则点渣<2mm，每处扣 4 分，条渣>2mm，每处扣 8 分			
7	咬边	12	深<0.5mm，每长 10mm 扣 4 分；深>0.5mm，每长 10mm 扣 6 分			
8	气孔	6	无，否则每个扣 2 分			
9	弧坑	8	无，否则扣 8 分			
10	焊缝成形	8	整齐、美观、均匀，否则每项扣 4 分			
11	焊件变形	6	允许差 1°，若>1° 扣 6 分			
12	电弧擦伤	4	无，否则每处扣 2 分			
13	表面清洁度	6	清洁，否则每处扣 3 分			
14	安全文明生产	4	安全文明操作，否则扣 4 分			
总分		100	项目训练成绩			

三、立焊

立焊是焊接垂直方向焊缝的一种操作方法。由于熔化金属受重力作用易下淌，使焊缝成形受影响，因此，立焊时选用的焊条直径和焊接电流均应小于平焊，并采用短弧施焊。通常在立焊第一层焊缝时，为避免熔化金属下淌，宜采用跳弧法，如图 4-61 所示。

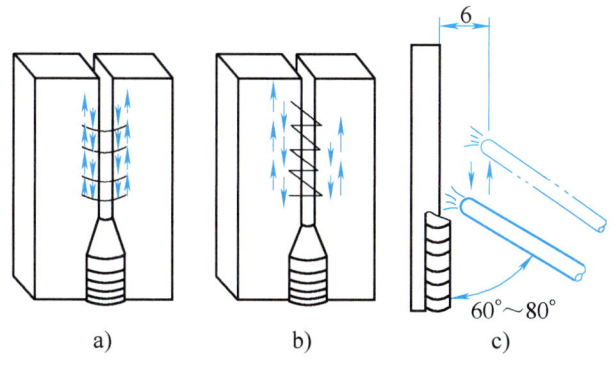

图 4-61 立焊时的跳弧法
a) 月牙形跳弧法 b) 锯齿形跳弧法 c) 直线形跳弧法

1. 对接立焊

对接立焊除了要控制熔化金属的下淌外，还要求焊缝保持平直。为此，应使用 φ3.2~φ4mm 的焊条，采用相对较小的焊接电流进行短弧施焊，并选用适当的运条方法和正确的焊条角度。对接立焊时的焊条角度如图 4-62 所示。

（1）不开坡口的对接立焊　这种接头常用于薄板的焊接，一般采用跳弧法。焊接时，易造成烧穿、咬边和变形等缺陷，给焊接带来很大困难。因此在保证熔透的情况下，要尽可能使电弧在焊件上加热的时间短些，避免电弧长时间停留在一点上。焊接速度和运条速度要做到快而协调，通过运条速度和弧长来调节熔池的热量。在进行反面封底焊时，先清除漏下的焊渣，然后采用比正面焊缝稍大一些的焊接电流，以获得一定的熔深。可采用月牙形或锯齿形跳弧运条法。

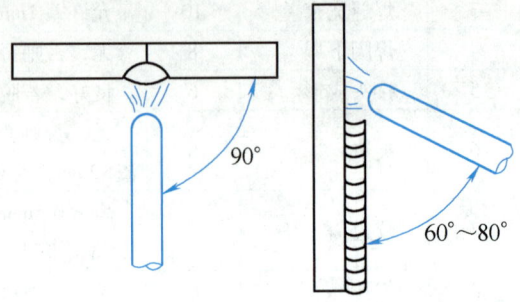

图 4-62　对接立焊时的焊条角度

（2）开坡口的对接立焊　开坡口的对接立焊的坡口形式有 V 形和 U 形。如果采用多层焊，焊接层数应根据焊件的厚度来决定，焊件越厚，层数越多，有时还要采用多层多道焊。对厚板采用小三角形运条法，对中厚度板可采用小月牙形跳弧运条法，如图 4-63 所示。

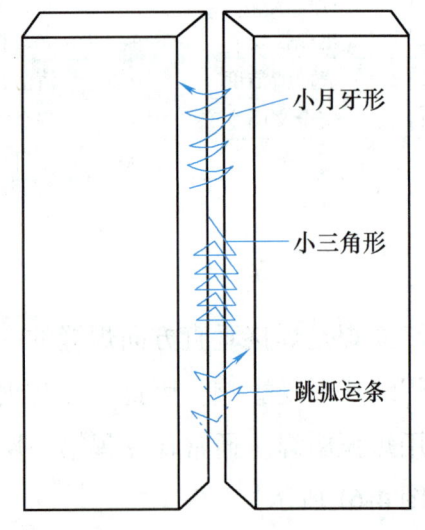

图 4-63　开坡口对接立焊的运条方法

为避免产生气孔等缺陷，对每层焊缝都应及时清理焊渣，并检查焊接质量。在焊接表面层焊缝的前一层时，焊缝表面要平直，不允许出现中间凸两边凹的现象，否则易产生夹渣，影响表面焊缝成形。为了有利于表面层的焊接，表面层的前一层焊缝应留出 1~2mm 的坡口边缘，绝不允许把坡口边熔掉。表面层焊缝应满足焊缝外形尺寸的要求，其运条方法按所需焊缝高度的不同来选择，运条的速度必须均匀。在焊缝两侧稍作停留，有利于熔滴过渡，防止产生咬边等缺陷。

2. 角接立焊

角接立焊操作的关键是观察熔化金属的冷却情况，焊条要根据熔化金属的冷却情况有节奏地做上下摆动。当起焊时出现第一个熔池后，电弧应较快地上移；当看到熔池瞬间冷却成暗红色时，电弧应立即回复到弧坑处，并使第二个熔池形成在前一个弧坑的 2/3 处，然后再将电弧上移。这样有节奏地循环往复地进行焊接，就会形成一条较好的角接立焊缝。角接立焊的焊条角度及摆动如图 4-64 和图 4-65 所示。

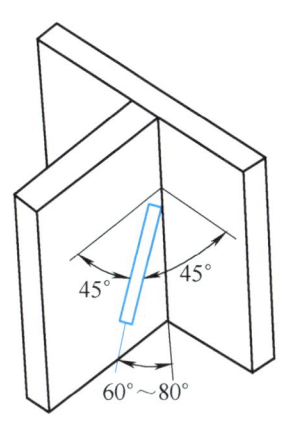

图 4-64　角接立焊的焊条角度

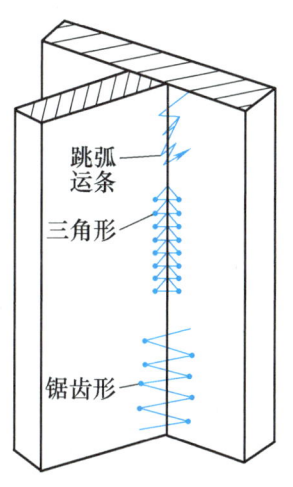

图 4-65　角接立焊的焊条摆动

实训六　立焊的操作步骤

序号	操作程序	操作技术要领	技术依据质量标准	检验方法	可能产生的问题	原因或防止方法
6-1	焊前准备	用钢丝刷清除焊件表面锈污，再用石笔沿焊件长度方向划直线，或打样冲眼做标记 然后将焊件垂直于距地面约 400mm 焊接工作架上（焊件长度方向垂直于水平面）。为了便于拆卸，只允许在焊件的一面进行定位焊	在焊件表面每相隔 20mm 划一条直线　焊条直径为 φ3.2mm，定位焊电流为 90~100A	定位焊后扳动焊件不摇动	1）焊件与水平面不垂直 2）定位焊未焊牢	1）焊件放置垂直，定位后不能前后摇摆 2）不能有夹渣，待定位焊冷却后，用手扳动焊件不跌落

(续)

序号	操作程序	操作技术要领	技术依据质量标准	检验方法	可能产生的问题	原因或防止方法
6-2	操作姿势	人体下蹲于焊件偏左侧，两脚跟着地蹲稳，人体站正，胸脯挺直。操作时，右胳膊半伸开悬空操作，靠胳膊的伸缩来调节焊条位置，依靠手腕动作进行运条 握焊钳方法有正握法（附图22a）和反握法（附图22b）两种。一般常用正握法。当遇到较低的焊接部位和不好施焊的位置时，可用正握法，也可用反握法。可根据本人情况和具体操作位置灵活掌握 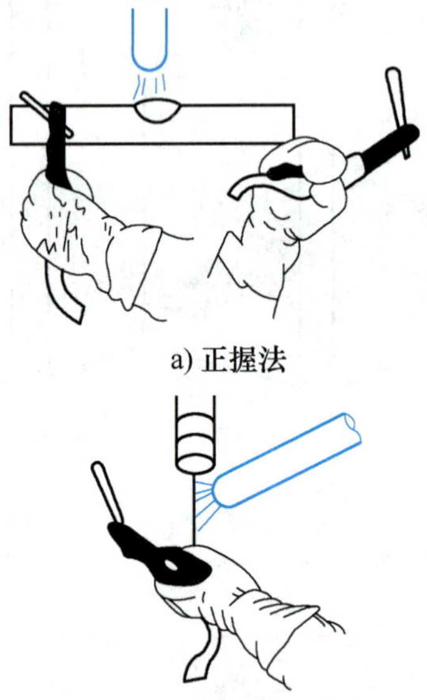 a) 正握法 b) 反握法 附图22　握焊钳的方法	焊缝处于立焊位置。焊接方向：由下往上施焊 操作姿势为无依托式	自己感觉蹲稳。徒手模拟，试操作一下位置的合适程度	1）人体下蹲不正确，脚跟没着地 2）握焊钳方法不正确	1）纠正操作姿势，蹲稳并感觉运条自如 2）根据具体操作位置来选择合适的焊钳握法
6-3	焊缝起头	起头时，电弧应在距焊件始端约15mm的线缝轨迹内引燃电弧，随即将电弧略微拉长，并下移至起焊位置进行瞬时预热，同时迅速压低电弧。当熔滴脱离焊条末端过渡到熔池中时，焊条做横向摆动，横摆幅度取决于焊缝宽度，从而形成一定大小和形状的第一个熔池，即形成第一个"台阶"	焊条直径为ϕ3.2mm，焊接电流为90~100A 从焊件始端的边缘处起焊，起头处无焊瘤、夹渣、气孔及熔化不良等缺陷	清渣。检查起头处的焊接缺陷 用焊缝量规测定焊缝宽度和余高	1）焊件表面有很多引弧痕迹	1）应该在线缝轨迹内引弧

(续)

序号	操作程序	操作技术要领	技术依据质量标准	检验方法	可能产生的问题	原因或防止方法
6-3	焊缝起头	立焊的焊条角度如附图23所示 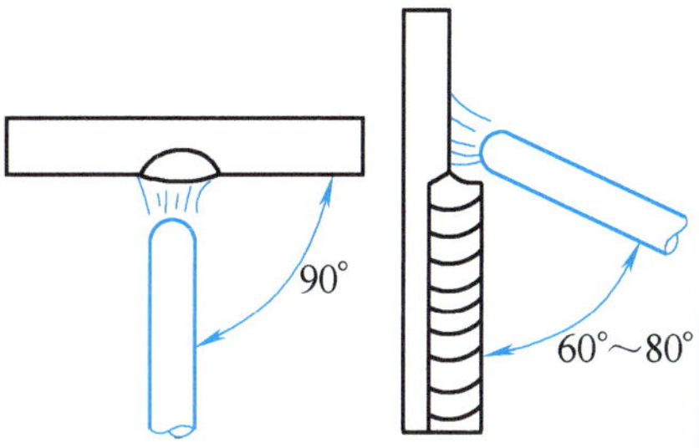 附图23 立焊的焊条角度			2）起头不良，出现焊偏、焊瘤、夹渣及熔化不良	2）引弧后按照操作要领，看准焊条熔敷金属向起焊处过渡的位置，避免熔滴偏向一侧，起焊处焊速过慢或电弧偏长易产生焊瘤；焊速过快，电流偏小，易产生夹渣
6-4	运条	根据焊缝宽度，立焊运条方法有直线跳弧法和月牙形跳弧法两种。 1. 直线跳弧法 　当熔滴脱离焊条末端过渡到熔池中，即把电弧沿线缝中心朝上跳弧，其跳弧长度一般不应超过8mm，如附图24所示，目的是让熔化金属迅速冷却凝固。当熔化金属冷却凝固至焊条直径的1～1.5倍时，将电弧下移至原熔池的2/3处，使之又形成一个新的熔化—冷却—凝固—再熔化的过程，就由下向上形成一条焊缝 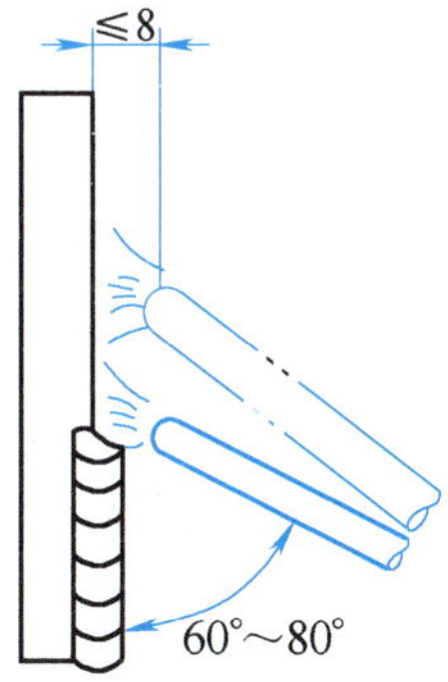 附图24 立焊直线跳弧法 2. 月牙形跳弧法 　电弧从左往右，或从右往左沿焊接方向斜跳弧，再斜落至前熔池中的2/3处，并向另一侧略微横摆后向上斜跳弧，重复上述运条步骤。中间运条稍快，两侧稍作停留，如附图25所示	焊缝平直饱满。焊波鳞片重叠均匀，接头平整。无夹渣、无咬边、无焊瘤等 　焊缝宽度为（12±2）mm，余高<4mm	清除焊渣，检查焊缝缺陷 　用焊缝量规测定焊缝主要尺寸	1）焊脚不齐，焊波鳞片重叠不均匀 2）焊缝宽窄不齐 3）有咬边或焊瘤缺陷	1）熟练运条手势 2）焊条横摆幅度要一致 3）电弧在焊缝两侧时稍作停留，中间运条快，严格控制好熔池温度

（续）

序号	操作程序	操 作 技 术 要 领	技术依据质量标准	检验方法	可能产生的问题	原因或防止方法
6-4	运条	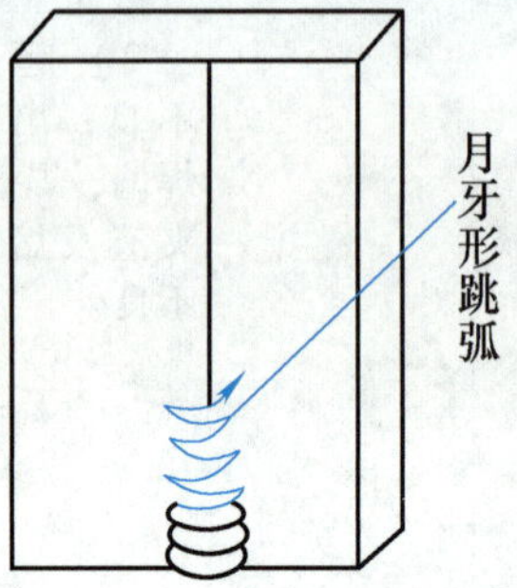 附图25　立焊月牙形跳弧法				
6-5	接头连接	在弧坑上方 10~15mm 处引燃电弧，稍拉长电弧下移，借助弧光的亮度，看清熔池位置，使焊条末端的熔滴落在弧坑的 2/3 处，迅速压短电弧同时做横向摆动，两侧稍作停留，待新形成的熔池大小与原熔池相等时，立即进入正常运条 接头时更换焊条速度要快，采用"热接法"	采用头尾相接法。接头平整、不接偏 接头处无夹渣	清渣。检查接头连接处的焊接质量 用焊缝量规测定接头处的尺寸	1) 夹渣 2) 接头凸起、脱节或接偏 3) 接头处超宽	1) 接头时，熔化金属和熔渣混在一起，必须将电弧稍拉长，在接头处适当停留，同时将焊条角度略增大，或清除熔渣再连接头 2) 熟练接头连接的操作全过程，掌握其规律 3) 接头处横摆幅度不能超出原熔池宽度
6-6	焊缝收尾	由于焊件顶端热量集中、温度高，而且容易产生磁偏吹，因此应通过改变焊条角度的方法来防止磁偏吹，如附图26所示。收尾时根据熔池温度变化，采用断弧法来填满弧坑，当熔池温度过高即熄弧，待熔池稍冷却后再引弧，重复数次，逐渐向焊件顶端上移，移至离顶端约 2mm，焊条与焊缝中心夹角近 90°，电弧直接在熔池中引燃，逐渐缩小熔池体积，直至填满弧坑为止	收尾处饱满，无下淌，无焊瘤 收尾处无咬边、气孔、弧坑等缺陷 收尾处的焊缝宽度、余高与整条焊缝一致	清渣。检查收尾处的焊缝缺陷 用焊缝量规测定收尾处的焊缝尺寸	1) 弧坑 2) 收尾处熔池下淌，严重时呈焊瘤 3) 收尾处焊缝超宽 4) 气孔	1) 压短电弧，采用断弧收尾法填满弧坑 2) 收尾处熔池温度过高，要适当延长冷却时间 3) 收尾处电弧横摆幅度不宜过大 4) 待熔池金属反应充分后，熄弧动作要干脆

序号	操作程序	操作技术要领	技术依据质量标准	检验方法	可能产生的问题	原因或防止方法
6-6	焊缝收尾	附图26 防止磁偏吹的焊条角度（<60°）				

实训七 立角焊的操作步骤

序号	操作程序	操作技术要领	技术依据质量标准	检验方法	可能产生的问题	原因或防止方法
7-1	焊件拼装	先把两块钢板拼装成T形接头，在一面进行定位焊，定位焊位置是首、尾及中间三点，定位焊尺寸<4mm×15mm。然后将焊件垂直固定在离地面约400mm高的工作架上，进行定位焊，只允许在焊件的一面定位，以便拆卸。焊接时，应先焊无定位焊的一面	焊条直径为φ3.2mm，定位焊电流为125~130A 水平板与垂直板夹角为90°	目测。用直角尺测量	两块板的夹角不相等，大于或小于90°。两块板端头没对齐	在定位焊前，先用直角尺测量垂直板与水平板的垂直度，并注意两板的端头要对齐，然后进行定位焊
7-2	操作姿势	人体下蹲于焊件偏左面，脚跟着地蹲稳，上半身稍向前倾，右手臂悬空，右手握焊钳长柄，垂直夹持焊条，并靠手臂的伸缩调节焊条熔化而缩短的距离，以保证电弧的长度	蹲时无依托蹲后，别人轻碰不摔倒，双手活动自如	自检和互检	1）脚后跟不着地，或右腿膝盖跪在地上 2）更换焊条不方便。焊至焊条末端时，焊件温度高而灼手	1）按照操作要领纠正姿势 2）右手握焊钳短柄。垂直夹持焊条

(续)

序号	操作程序	操作技术要领	技术依据 质量标准	检验方法	可能产生的问题	原因或防止方法
7-3	起弧	在离角接缝始端 15mm 左右,并在 T 形接头的尖角处引燃电弧,略拉长电弧下移至离接缝始端 2~3mm 的起弧端,预热瞬时即压短电弧做横向摆动,并在熔池两边稍作停留,使其形成第一个熔池(即形成第一个"台阶") 焊条与两块板的夹角互为 45°,与焊缝夹角为 75°~90°,如附图 27 所示 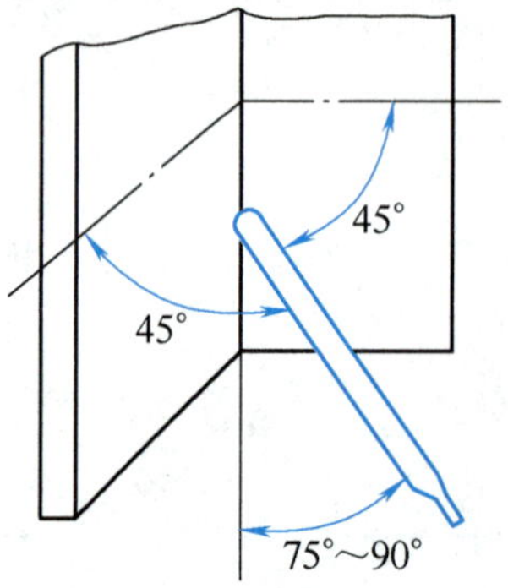 附图 27　立角焊操作	焊条直径为 ϕ3.2mm 时,焊接电流为 120~130A 焊条直径为 ϕ4mm 时,焊接电流为 130~150A 起弧处焊缝符合尺寸要求 不下垂、不歪斜,无夹渣、气孔	自检和互检	1)第一个焊波成形不完整,起头处熔深浅,未焊透 2)熔池歪向一侧,产生夹渣、气孔现象	1)始焊时,焊速不宜太快。先长弧预热,后短弧做横向摆动,也可做两次横向摆动。待第一只焊波达到焊脚尺寸要求后,再向上跳弧 2)引弧后,电弧沿两板接缝中间下移至起弧端,焊条做横向摆动时,分清熔池和熔渣,并使熔池在两板接缝中间形成
7-4	运条	立角焊运条的关键是如何控制好熔池金属的温度、形状和大小。要根据熔池金属的冷却情况有节奏地上下、左右运条。一般采用单面跳弧、三角形、月牙形等运条方法,如附图 28 所示 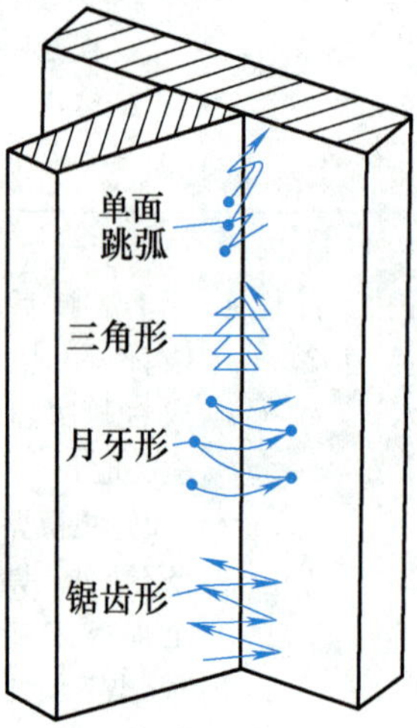 附图 28　立角焊的焊条摆动方法	焊缝平直,表面均匀,不单边 无咬边、夹渣、焊瘤、脱节等缺陷 焊波均匀,间距不大于 3mm 焊条直径为 ϕ3.2mm 时,焊接电流为 120~130A。焊脚尺寸:$K=(6±1)$mm 焊条直径为 ϕ4mm 时,焊接电流为 150~160A。焊脚尺寸:$K=(8±1)$mm	自检和互检。清渣,用焊缝量规测量焊脚尺寸,并检查焊接质量	1)焊脚尺寸过大或过小 2)单边 3)咬边 4)夹渣	1)焊条横摆幅度不能忽大忽小,控制横摆幅度一致 2)电弧不能偏向一边,通过调整焊条角度,使熔池形成在两板夹角接缝中间 3)电弧不宜太长,下移时,要压紧电弧 4)焊速不宜过快,焊条横摆要均匀,两侧稍作停留。焊条必须下移至弧坑的 2/3 或 3/4 处,才能上跳

(续)

序号	操作程序	操作技术要领	技术依据质量标准	检验方法	可能产生的问题	原因或防止方法
7-4	运条	当装配间隙较大时，薄板可采用单面跳弧运条 三角形运条时，当出现第一个熔池后，电弧应较快地从右（或从左）向上，并沿焊缝中心线方向跳弧（跳弧距离≤6mm）。实际上跳弧距离还要根据熔池温度情况做相应的变化。当看到熔池瞬间冷却成一个暗红点，熔池形状逐渐变小时，将抬高的电弧沿接缝中间下移至弧坑的2/3或3/4处，熔滴下落的同时压短电弧，并做从左往右（或从右往左）横向摆动，且在焊缝两侧稍作停留，以免产生咬边。然后电弧再沿焊缝中心线方向从右（或从左）向上跳弧。重复前一次运条 在运条过程中，要随时观察熔池的形状和大小，如发现椭圆形的熔池下部边缘由比较平直的轮廓逐渐鼓肚变圆时，表示熔池温度稍高，此时应将电弧跳高一些或熄弧，让熔池降温冷却，待熔池由亮白色变暗红色，形状逐渐变小时，再将电弧下移或重新引弧焊接			5）焊瘤 6）焊波间距不均匀，有重叠或脱节现象	5）焊速不宜太慢，电弧在熔池中停留时间不能过长，中间快，两边稍作停留，焊波鳞片避免重叠 6）熟练操作技术，掌握好电弧下移的位置和跳弧的频率，从而控制好焊波间距
7-5	接头连接	在弧坑上方10~15mm，并在T形接缝中间处引燃电弧，如附图29所示，略拉长电弧下移至原弧坑的2/3处，压紧电弧做横向摆动，使新形成的熔池大小与原熔池相等时，立即向焊缝中心线上方跳弧。接头往往容易产生夹渣；尽量采用"热接头"，接头处适当停留瞬时，做横摆时，使熔渣顺着电弧的吹力而淌落下来	采用头尾相接法，接头平整，焊件表面不允许有引弧痕迹	清渣自己检查接头处有无缺陷	1）接头接偏 2）接头过高或脱节	1）引弧后，电弧下移时对准中心处下落，并做横向摆动，要避免熔滴下落位置偏于一侧 2）新形成的熔池不能完全重叠原熔池，电弧停留时间不宜太长，更换焊条要快，勤学多练，掌握连接接头的全过程

(续)

序号	操作程序	操作技术要领	技术依据质量标准	检验方法	可能产生的问题	原因或防止方法
7-5	接头连接	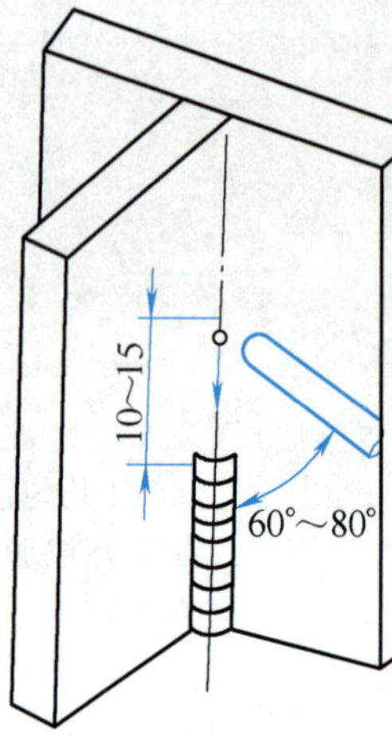 附图29 立角焊接头连接方法				
7-6	收尾	由于焊件末端处热量高,以及容易产生磁偏吹,熔滴不易过渡到熔池中,两边容易产生咬边,严重时甚至产生焊瘤 一般采用断弧收尾法;熄弧、引弧的间隔时间要根据熔池温度变化的情况来决定,在离收尾末端边缘2~3mm时,焊条角度逐渐增大,与焊缝夹角为90°,如附图30所示 每熄弧、引弧一次,熔池面积逐渐减小,直到填满弧坑为止 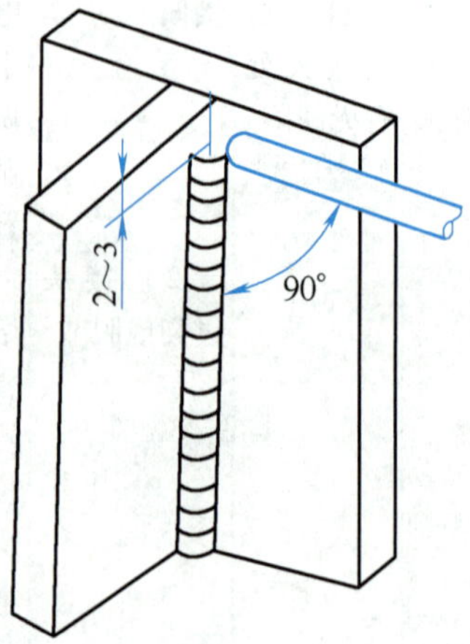 附图30 收尾处的焊条角度	断弧收尾法,收尾饱满,无咬边、焊瘤、气孔等 收尾处的焊缝尺寸与整条焊缝一致	自检和互检	1)收尾处的焊缝宽度逐渐增大,呈喇叭形状 2)收尾处产生熔池缩孔或密集气孔	1)当熔池温度过高时,采用断弧法收尾,横摆幅度不要超出焊脚尺寸 2)短弧焊接,熔池温度不宜过高,收尾时看清熔池金属的冶金反应充分后再熄弧

项目训练十　V形坡口立对接双面焊

（一）训练图样（图4-66）

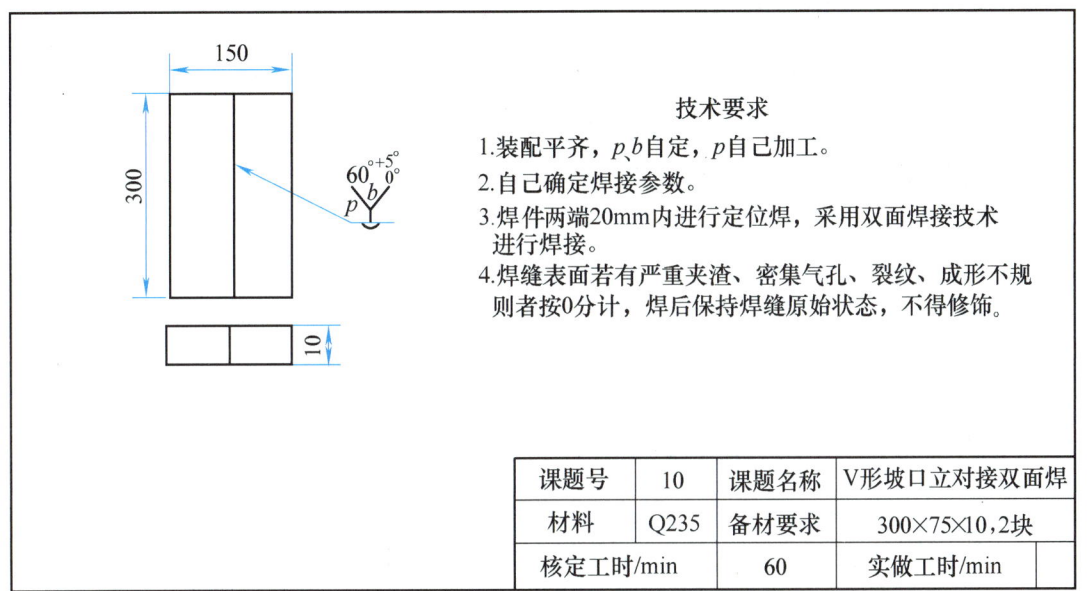

图4-66　训练图样

（二）训练要求

1. 训练目的

掌握V形坡口立对接焊接的操作要领，掌握好控制熔池的方法和运条方法，以及提高焊缝质量的方法。

2. 训练内容

1）填写焊接工艺卡（表4-21）。

表4-21　焊接工艺卡

焊接层数	焊条直径/mm	焊接电流/A	焊条角度	焊接方法	运条方法	间隙/mm	钝边/mm	反变形角度	电弧长度/mm

2）正面余高 0.5~1.5mm，正面焊缝宽度为宽于坡口两侧 0.5~1.5mm；背面余高 0.5~1.5mm，宽为 12~14mm，焊缝高低差 1.0mm，焊缝表面无明显缺陷，无咬边、夹渣、气孔、过高、过低、过窄、过宽等现象。

3）操作方法、操作技巧，以及对焊接变形的控制训练。

4）焊接参数的选择与调节。

5）能灵活地运用焊条角度、运条方法来控制熔池温度、形状和大小。

6）正确操作运条方法。

7）正确处理焊接过程中出现的焊缝缺陷。

8）合理安排焊道层次，提高焊缝质量。

3. 工时定额

工时定额为 60min。

4. 安全文明生产

1）能正确执行安全技术操作规程。

2）能按文明生产的规定，做到工作场地整洁，焊件、工具摆放整齐。

（三）训练步骤

1）清理焊件表面杂物，使坡口两侧 20mm 内露出金属光泽。

2）选择焊接参数。

3）校对坡口角度和钝边厚度。

4）组装平齐，无错边现象，定位焊电流与填充焊电流一致。

5）清渣、进行反变形。

6）调整焊接电流，选择运条方法，进行打底焊。

7）认真清渣后调整填充焊电流。

8）盖面焊后清渣，检查焊缝质量。

（四）注意事项

1）装配好焊件，要注意反变形。

2）将间隙较小的一端放在起焊处，调节焊接电流进行打底焊。

3）对准起焊处中心部位，用划擦法或直击法引燃电弧，焊条与焊件夹角为 90°，拉长电弧对起焊点进行预热，待看到坡口处出现水珠后立即压低电弧，进行正式焊接。焊接时注意焊条角度、运条方法是否正确，若不正确，会出现焊缝缺陷。

4）更换焊条动作要迅速准确，收尾要饱满，无任何焊缝缺陷。

5）背面焊时要注意调整焊接参数及操作方法。

6）焊后清渣，检查焊缝质量。

(五) 训练时间

训练时间为 10 学时。

(六) 项目评分标准

项目评分标准见表 4-22。

表 4-22 项目评分标准

序号	检测项目	配分	技术标准	实测情况	得分	备注
1	焊缝正背面余高	12	余高 0.5~1.5mm，每超差 1mm 扣 6 分			
2	焊缝正面宽度	8	比坡口每侧增宽 0.5~1.5mm，每超差 1mm 扣 4 分			
3	焊缝背面宽度	8	宽度 12~14mm，每超差 1mm 扣 4 分			
4	正背面接头	8	良好，凡脱节或超高每处扣 4 分			
5	正背面焊缝成形	10	要求美观、均匀、波纹细，否则每项扣 5 分			
6	焊缝层检	6	无任何焊缝缺陷，否则每项扣 3 分			
7	正背面咬边	10	深 < 0.5mm，每长 10mm 扣 5 分；深 > 0.5mm，每长 5mm 扣 10 分			
8	正背面夹渣	8	点渣 < 2mm，每处扣 4 分，条渣 > 2mm，每处扣 8 分			
9	正背面气孔	8	无，否则每个扣 2 分			
10	焊瘤	8	无，否则每处扣 4 分			
11	变形	6	允许差 1°，每超 1° 扣 3 分			
12	焊件清洁度	4	清洁，否则每处扣 2 分			
13	安全文明生产	4	安全文明操作，否则扣 4 分			
总　分		100	项目训练成绩			

项目训练十一 立角焊

(一) 训练图样 (图4-67)

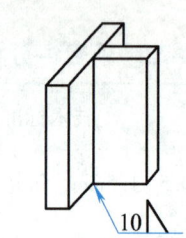

技术要求
1. 装配成T形。
2. 自己确定焊接参数。
3. 焊件两端20mm内进行定位焊,采用两面焊。
4. 焊缝表面若有严重夹渣、密集气孔、裂纹、成形不规则者按0分计,焊后保持焊缝原始状态,不得修饰、补焊。

课题号	11	课题名称	立角焊
材料	Q235	备材要求	300×200×10 300×100×10
核定工时/min		60	实做工时/min

图4-67 训练图样

(二) 训练要求

1. 训练目的

掌握立角焊操作要领,能顺利地焊出合格、美观的焊缝,焊缝质量达到标准,同时掌握多种焊接运条方法、操作技能,并能灵活正确地选用。

2. 训练内容

1) 填写焊接工艺卡 (表4-23)。

表4-23 焊接工艺卡

焊接层数	焊条直径/mm	焊接电流/A	运条方法	电弧长度/mm	接头形式	焊件厚度/mm	焊接方法

2) 焊缝表面平直、宽窄一致,焊脚尺寸为10mm且均匀分布,焊缝外形呈凹状或平状,无咬边、夹渣、焊瘤等缺陷,焊件上无引弧痕迹。

3) 装配操作正确，并测量装配尺寸。

4) 确定焊接参数。

5) 掌握控制的焊接变形方法。

6) 掌握焊接操作方法。

7) 掌握提高焊缝质量的技巧。

3. 工时定额

工时定额为 60min。

4. 安全文明生产

1) 能正确执行安全生产技术操作规程。

2) 能按文明生产的规定，做到工作场地整洁，焊件、工具摆放整齐。

（三）训练步骤

1) 清理焊件表面杂物，矫直焊件边缘。

2) 将两块焊件组装成 T 字形，采用两点定位焊。

3) 选择焊接参数，开启弧焊电源，调整焊接电流，开始焊接。

4) 在焊接过程中要利用焊条角度、运条方法来调整熔池的形状与温度，从而避免焊瘤的产生。

5) 焊完每层都要认真清渣、检查，发现问题及时处理。

6) 评定焊缝质量。

（四）训练时间

训练时间为 6 学时。

（五）项目评分标准

项目评分标准见表 4-24。

表 4-24 项目评分标准

序号	检测项目	配分	技术标准	实测情况	得分	备注
1	焊脚尺寸	10	焊脚尺寸为 10mm，每超差 1mm 扣 5 分			
2	焊缝高低差	8	允许差 1mm，每超差 1mm 扣 4 分			
3	焊缝宽窄度	6	允许差 1mm，每超差 1mm 扣 3 分			
4	焊瘤	6	无，否则每处扣 3 分			
5	接头成形	6	很好，凡脱节或超高每处扣 3 分			
6	夹渣	8	无，若有点渣<2mm，每处扣 4 分，条渣>2mm，每处扣 8 分			

(续)

序号	检测项目	配分	技术标准	实测情况	得分	备注
7	咬边	12	深<0.5mm,每长10mm扣4分;深>0.5mm,每长10mm扣6分			
8	气孔	6	无,否则每处扣3分			
9	弧坑	8	无,否则扣8分			
10	焊缝成形	12	整齐、美观、均匀,否则每项扣4分			
11	焊件擦伤	4	允许1个,否则扣4分			
12	电弧擦伤	4	无,否则每处扣2分			
13	表面清洁度	6	清洁,否则每处扣3分			
14	安全文明生产	4	安全文明操作,否则扣4分			
总分		100	项目训练成绩			

四、仰焊

仰焊是焊工仰视焊件进行焊接的方法。在这种位置施焊,熔滴过渡和焊缝成形都很困难,而且操作者劳动条件很差,因此仰焊是最难操作的一种焊接位置。

1. 不开坡口的对接仰焊

当焊件的厚度小于4mm时,采用不开坡口的对接仰焊。施焊时,应选用 ϕ3.2mm 的焊条,焊条角度如图4-68所示。运条要保持均匀,电弧要尽量短一些。接头间隙小时,可采用直线形运条法;接头间隙稍大时,应采用直线往返形运条法。焊接电流应适中。焊接电流过小,会使焊接电弧不稳而影响熔深和成形;焊接电流过大,又会导致熔化金属下淌和焊件烧穿。

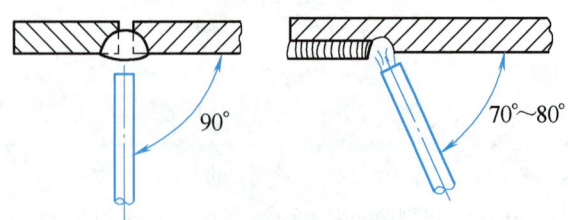

图4-68 对接仰焊时的焊条角度

2. 开坡口的对接仰焊

当焊件厚度大于5mm时,采用开坡口的对接仰焊,背面用碳弧气刨清根。焊接时,采用多层焊或多层多道焊。焊接第一层焊缝时,用直线形或直线往返形运条法,焊后要求焊缝平直,不能出现凸形。焊接第二层及以后的焊缝时,采用锯齿形或月牙形运条法，如图 4-69 所示。运条时，电弧在焊缝两侧稍停，中间速度快，形成较薄的焊道。

多层多道焊时，均采用直线形运条法，焊条角度应根据每一焊道的位置做相应的调整，如图 4-70 所示，这样有利于熔滴金属的过渡和获得较好的焊缝成形。

3. T 形接头的仰焊

T 形接头的仰焊比对接接头的仰焊容易操作，通常采用多层焊或多层多道焊。当焊脚尺寸小于 6mm 时，采用单层焊，大于 6mm 时，应采用多层焊或多道焊。

多层焊时，第一层采用直线形运条法，电流可略大些，焊缝要求平直，焊缝断面不能出现凸形，以利于第二层采用斜圆圈形或斜三角形运条法，焊条与腹板之间成 30°夹角，与焊接方向成 70°~80°夹角，如图 4-71 所示。

多层多道焊的操作方法与开坡口的对接仰焊相同，这里不再赘述。

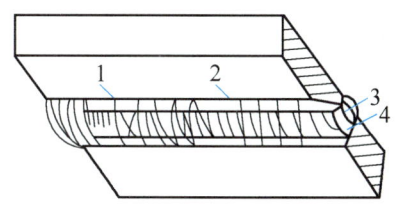

图 4-69　开坡口对接仰焊的运条方法
1—月牙形运条　2—锯齿形运条
3—第一层焊道　4—第二层焊道

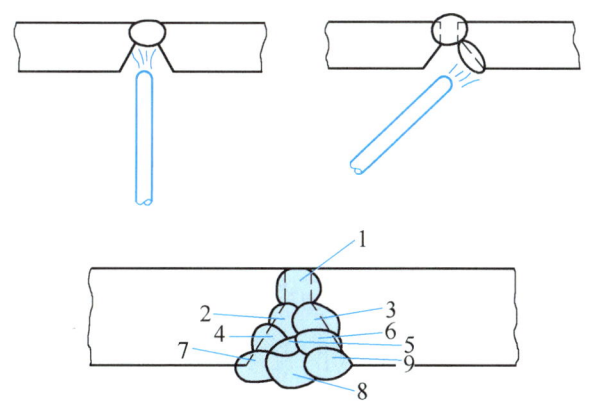

图 4-70　开坡口对接仰焊的多层多道焊

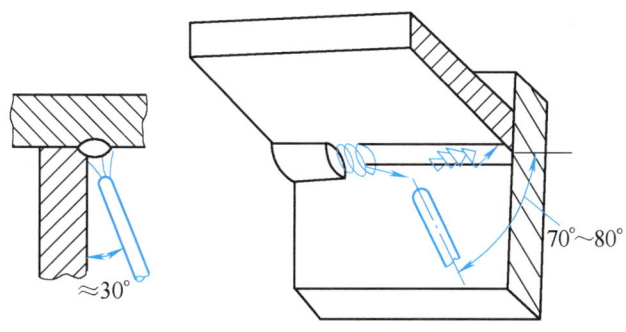

图 4-71　T 形接头仰焊的运条方法及焊条角度

实训八　仰角焊的操作步骤

序号	操作程序	操作技术要领	技术依据质量标准	检验方法	可能产生的问题	原因或防止方法
8-1	焊件装配,并将焊件夹在工作架上	先将两块板装配成T形接头。在焊件一侧进行三点定位焊,其尺寸<4mm×15mm 然后将焊件放置离地面高度约900mm的工作架上,垂直板向下,水平板的一端夹紧在工作架的弓形马上,仰焊位置固定。所需焊的接缝向下与焊工呈仰视,先焊没有定位焊的一侧。焊条与焊钳夹持成一条直线	焊条直径为φ3.2mm,定位焊电流为110~130A 两板装配要求垂直,间隙<2mm,两板端头要对齐。水平板要求夹紧,并与地面保持水平	用直角尺测量T形接头垂直度。夹紧后扳动焊件不移动	1)两板装配不垂直,两端头没有对齐 2)焊件没有夹紧,或与地面不水平 3)焊条夹不紧	1)装配时板材要对齐,并控制好两板垂直位置再定位焊 2)检查弓形马是否损坏,焊件如不能水平,设法垫平再夹紧 3)焊钳弹簧松,应修理或调换
8-2	操作姿势	人体蹲于焊件下方,双脚跟着地蹲稳,上身要挺直,稍向前倾,手臂悬空,右手上举握住焊钳长柄,垂直夹持焊条,从左往右施焊,依靠手臂的伸缩来调节电弧长度,以保持最短的弧长,并靠手腕的动作进行运条 为了减轻臂腕的负担,可将焊接电缆线挂在临时设置的钩子上。万不可缠挂在肩背上	人体下蹲无依托,下蹲后自己感觉不吃力,别人轻碰不摔倒,手臂活动自如	自己试蹲一下,下蹲位置与焊件的相对位置应便于操作和运条	1)下蹲后身体靠在挡光板上或其他物体上 2)人体没有完全下蹲	1)人体周围应无物体依托 2)仰焊位置由于飞溅、熔化金属下淌,操作者怕烫伤而不肯全部下蹲,这种姿势操作会不稳定,必须按操作要领中的姿势练

(续)

序号	操作程序	操作技术要领	技术依据质量标准	检验方法	可能产生的问题	原因或防止方法
8-3	起弧	距离焊件始端约15mm，并在焊缝轨迹内引燃电弧，随即适当拉长电弧移向始端处，再压短电弧进行瞬时预热，然后从水平板到腹板略做横摆，并在熔池两边稍作停留，使其形成第一个熔池后再正常运条。 焊条与垂直板间夹角为30°，焊条向焊接方向倾斜10°~20°，见附图31 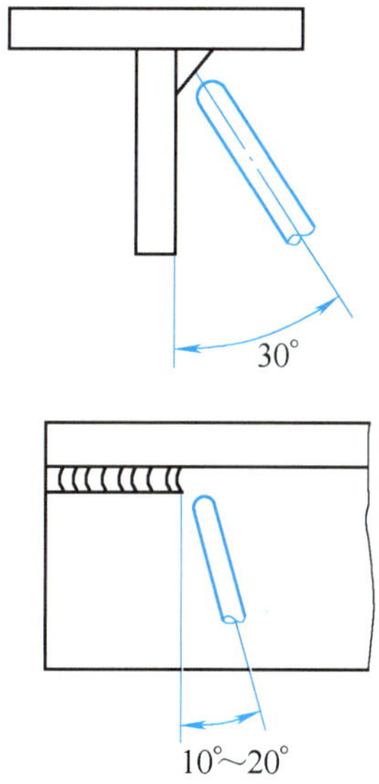 附图31　仰角焊的焊条角度	焊条直径为ϕ4mm，焊接电流为110~140A 要求起弧后形成的第一个熔池达到焊缝规定的焊脚尺寸，焊脚等边K值为6mm	清除焊渣，检查起焊处的焊接质量。用焊缝量规测定焊脚尺寸	1）第一个熔池形成不良，熔化金属没有过渡到水平板上，而是向垂直板上滴落，产生下塌或焊瘤现象 2）起头处的焊缝呈尖端形状，熔化不良	1）焊条角度不正确、电弧太长或操作手势不对引起。应及时调整焊条角度，采用短弧焊接，纠正操作手势 2）起头处运条速度不能太快，上下两边稍作停留，使形成的第一个熔池符合焊脚尺寸要求并对称后再运条
8-4	运条	仰角焊运条时，要严格控制熔池形状、位置及大小。起弧形成第一个熔池后，采用单面月牙形、斜三角形或斜圆圈形运条，见附图32 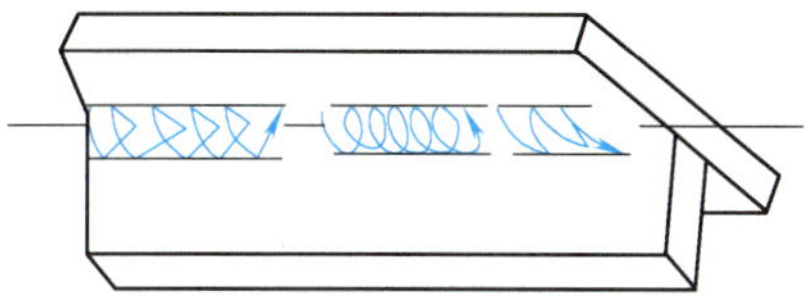 附图32　仰角焊的运条方法	焊缝平整，不下偏、无焊瘤、无夹渣、不脱节、无气孔 焊脚对称，其尺寸为（6±1）mm	清除焊渣，检查焊接质量 用焊缝量规测定焊脚尺寸	1）咬边 2）单边 3）焊瘤	1）短弧焊接，选用正确的运条方法和焊条角度 2）焊条与垂直板间的夹角要正确，运条手势要熟练 3）电弧在熔池中停留时间不宜过长，控制好熔池温度，采用正确的运条方法

序号	操作程序	操作技术要领	技术依据质量标准	检验方法	可能产生的问题	原因或防止方法
8-4	运条	由于仰焊的熔化金属容易下淌形成单边或焊瘤，因此焊条与垂直板间的夹角为30°，有利于使焊脚尺寸对称分布，并用短弧焊接。运条时，注意观察熔池的形状及位置，根据熔池冷却情况进行运条；当熔池呈亮白色，电弧迅速移开熔池，瞬时冷却呈暗红色，熔池体积逐渐缩小时，将电弧顶着水平板回复到熔池中，并在水平板与垂直板两边压短电弧稍作停留			4）脱节 5）夹渣 6）焊缝不平整	4）运条时，焊条回复到熔池2/3或3/4处 5）电流不能过小，运条时要分清熔化金属和熔渣 6）控制焊接速度，熟练运条手势
8-5	接头连接	在弧坑前方10～15mm处，水平板与垂直板间的尖角引燃电弧并适当拉长，利用电弧余光看清弧坑，向左移至弧坑2/3处，并在弧坑中压短电弧，按正确方法运条，接头处新形成的熔池形状、大小符合前面熔池后，即正常朝焊接方向运条，见附图33 附图33　仰角焊接头连接方法	头尾相接法 接头处无咬边、夹渣、气孔，不接偏、无脱节、不过高	清除焊渣，检查焊缝接头处的焊接质量。用焊缝量规测定焊脚尺寸	1）接头接偏 2）脱节 3）接头过高甚至有焊瘤	1）引弧后移至弧坑中间，形成的熔池不能偏离原弧坑 2）电弧后移至原弧坑2/3或3/4处，接头要到位 3）新形成的熔池不能完全重叠弧坑，接头处停留时间不能过长
8-6	收尾	运条至焊件尾端处，由于磁场等因素会引起磁偏吹。应及时改变焊条角度，见附图34，即焊条朝焊接反方向倾斜，电弧指向焊接方向。必须采用短弧焊接，在收尾时电弧应全部停留在焊缝内，并回焊一下，使电弧朝焊接反方向熄弧 采用断弧法收尾时，注意观察熔池颜色，当熔池呈亮白色时断弧，呈现暗红色时引弧，瞬时断续引弧、熄弧一两次，直至填满弧坑为止	收尾处无焊瘤、气孔、咬边、弧坑等 收尾处焊脚尺寸与前面整条焊缝一致	清除焊渣，检查收尾处的焊接质量。用焊缝量规测定焊脚尺寸	1）收尾处有焊瘤	1）由于仰角焊收弧处温度高、热量集中，特别容易产生焊瘤。用最短的电弧焊接，注意熔池温度情况，按操作技术要领收尾

序号	操作程序	操作技术要领	技术依据质量标准	检验方法	可能产生的问题	原因或防止方法
8-6	收尾	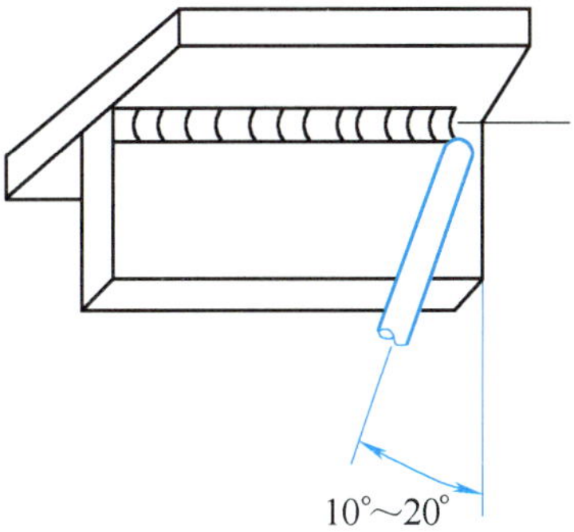 附图 34 防止磁偏吹的焊条角度（10°~20°）			2）弧坑	2）采用交替引弧、熄弧的方法，使弧坑填满

第五节 焊条电弧焊操作技术的应用

【学习目标】

1）了解定位焊缝的特点，学会薄板及管子焊接的操作技术。
2）掌握单面焊双面成形的焊接技术要求及操作要领。

一、定位焊与定位焊缝

焊前为固定焊件的相对位置进行的焊接操作称为定位焊。定位焊形成的短小而断续的焊缝称为定位焊缝。定位焊缝通常都比较短小，焊接过程中，都作为正式焊缝的一部分保留在焊缝金属中，因此定位焊缝质量的好坏，位置、长度和高度是否合适，将直接影响正式焊缝的质量及焊件的变形。根据经验，生产中发生的一些重大质量事故，如结构变形大，出现未焊透及裂纹等缺陷，往往是定位焊不合格造成的，因此必须对定位焊缝引起足够的重视。

焊接定位焊缝时，必须做到以下几点：

1）必须按照焊接工艺的要求焊接定位焊缝。如采用与工艺规定的同牌号的焊条，用相同的焊接参数进行施焊；若工艺规定焊前需预热，焊后需缓冷，则定位焊缝焊前也需预热，焊后需缓冷。

2）定位焊缝必须保证熔合良好，焊道不能太高，起头和收弧处应圆滑而不能太陡，防止焊缝接头处两端焊不透。

3）定位焊缝的尺寸见表 4-25。

表 4-25　定位焊缝的尺寸

焊件厚度/mm	定位焊缝余高/mm	定位焊缝长度/mm	定位焊缝间距/mm
≤4	<4	5~10	50~100
4~12	3~6	10~20	100~200
>12	>6	15~30	200~300

4）定位焊缝不能焊在焊缝交叉或焊缝方向发生急剧变化的地方，通常至少应离开 50mm 以上。

5）为防止焊接过程中焊件裂开，应尽量避免强制装配，必要时可增加定位焊缝的长度，并减小定位焊缝的间距。

6）定位焊后必须尽快焊接正式焊缝，避免中途停顿或存放时间过长。定位焊用的焊接电流可比正式焊缝用的焊接电流大 10%~15%。

二、薄板的焊接

在焊接结构中，对 3mm 以下的薄板结构，其焊接难度是相当大的。主要是因为焊接熔池的温度难以控制，容易造成烧穿，且焊接变形大，焊缝成形不美观。

薄板结构焊接时，为了获得良好的焊接质量，应采取相应的措施。主要技术措施有：

1）装配间隙越小越好，最大不要超过 0.5mm，切割氧化物或剪切毛刺应清理干净。

2）两焊件对接装配时，错边量不能超过板厚的 1/3，对某些要求高的焊件，错边量应不大于 0.5mm。

3）焊接薄板时可以采用压马、压铁或四周定位焊进行刚性固定，以减小焊接变形。长焊缝应采用跳焊法等。

4）薄板焊接要采用直流反接法和快速直线形运条法，焊接时短弧施焊，以获得较小的熔池和良好的焊缝成形。薄板焊接时的焊接参数见表 4-26。

表 4-26　薄板焊接参数（直流反接）

板厚/mm	对接或角接		T形接头		搭接	
	焊条直径/mm	焊接电流/A	焊条直径/mm	焊接电流/A	焊条直径/mm	焊接电流/A
1.0	1.6	25~30	1.6	22~25	1.6	22~25
1.5	2.0	45~50	2.0	45~50	2.0	45~50
2.0	2.0	55~60	2.0	55~60	2.0	55~60
2.5	2.0	60~65	2.0	60~65	2.0	60~65

5）对可移动的焊件，最好将焊件一头垫起，使焊件倾斜20°~30°后进行下坡焊，这样可提高焊接速度和减小熔深，对防止烧穿和减小焊接变形极为有利。

6）为防止烧穿和焊接变形，可采用熄弧法焊接。即焊接中发现熔池将要烧穿时，应立即熄弧，使焊接温度降低，随后再引弧焊接；也可采用直线往返运条法来防止烧穿和焊接变形。

7）薄板焊接也可选用酸性焊条和交流电源。由于酸性焊条配合交流电源焊接时熔深较浅，这对防止烧穿很有利，所以能获得较高的焊缝质量。其焊接参数见表 4-27。

表 4-27　薄板焊接参数（交流电源）

焊条型号	板厚/mm	焊缝形式	焊条直径/mm	焊接电流/A		电流种类
				正面	反面	
E4303（J422）	1.5~2	对接平焊缝	2.5	55~60	60~65	交流
		船形焊缝	2.5	60~70	—	
	3	对接平焊缝	2.5	60~65	60~70	
		对接平焊缝	3.2	90~110	90~120	
		对接平焊缝	3.2	100~120	—	

项目训练十二 3mm 钢板平对接焊

(一) 训练图样 (图 4-72)

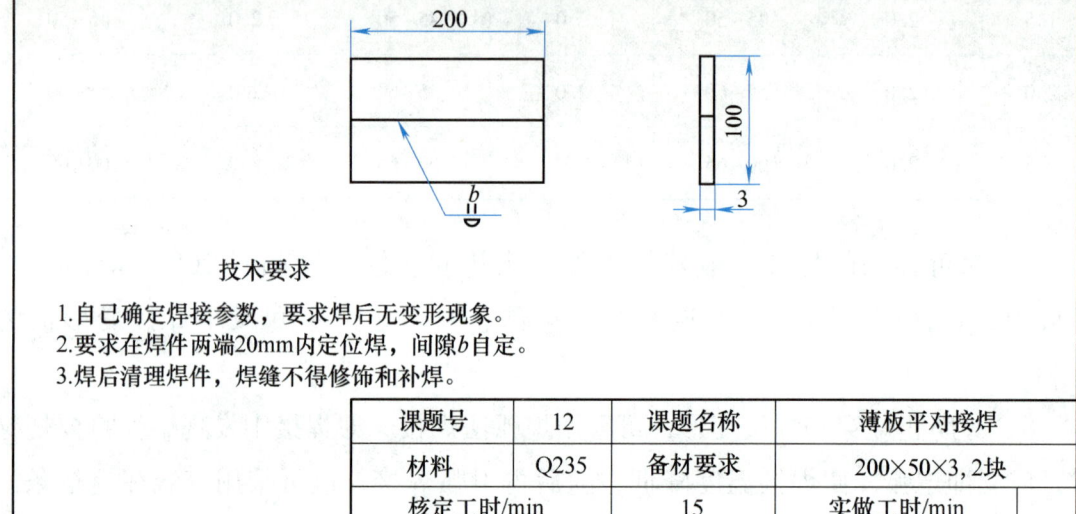

图 4-72 训练图样

(二) 训练要求

1. 训练目的

掌握薄板焊接的操作要领和技巧,能根据实际情况确定焊接速度,能良好地控制焊缝熔池的凹凸度和形状大小,从而避免出现焊缝缺陷。

2. 训练内容

1) 填写焊接工艺卡 (表 4-28)。

表 4-28 焊接工艺卡

焊件牌号、厚度	焊条牌号、直径	装配间隙/mm	焊接电流/A	焊条角度	电弧长度/mm	运条方法

2) 焊缝余高 0.5~1.5mm、宽 4~5mm,平直,无明显焊缝缺陷,如夹渣、烧穿、气孔、裂纹等。

3) 装配、定位焊,焊接电流的选择,焊缝高度、宽度的控制,焊条角度的选用,焊缝接头的训练。

3. 工时定额

工时定额为 15min。

4. 安全文明生产。

1）能正确执行安全技术操作规程。

2）能按文明生产的规定，做到工作场地整洁，焊件、工具摆放整齐。

（三）训练步骤

对焊件进行清理，对焊缝边缘进行修整；焊件摆放；组装及定位焊；反变形角度为 1°；清理定位焊点进行焊接；清理焊缝的焊渣及飞溅等杂物；检查焊缝质量。

（四）注意事项

1）焊好的焊件应妥善保管，不可徒手触摸或脚踩，以免烫伤。

2）清渣时注意戴好平光镜并注意躲避，以免焊渣飞入眼中或身上，造成烫伤。

3）穿戴好个人防护用品，所用面罩不能漏光。

4）电弧未熄灭时不能掀起面罩，不能不戴面罩看他人操作。

（五）训练时间

训练时间为 4 学时。

（六）项目评分标准

项目评分标准见表 4-29。

表 4-29 项目评分标准

序号	检测项目	配分	技术标准	实测情况	得分	备注
1	焊缝余高	10	允许 0.5~1mm，每超差 1mm 扣 5 分			
2	焊缝宽度	9	允许 4~5mm，每超差 1mm 扣 3 分			
3	接头成形	8	良好，否则每处脱节或超高扣 4 分			
4	焊缝成形	10	要求整齐、光滑、美观，否则每项扣 5 分			
5	焊缝高低差	8	允许差 1mm，若<2mm 每处扣 4 分，>2mm 每处扣 8 分			
6	焊缝宽窄度	8	允许差 1mm，若<2mm 每处扣 4 分，>2mm 每处扣 8 分			
7	夹渣	6	无，否则点渣<2mm 扣 3 分，条渣>2mm 扣 6 分			
8	烧穿	6	无，否则每处扣 3 分			
9	焊件变形	8	允许差 1°，若<2° 扣 4 分，>2° 扣 8 分			

(续)

序号	检测项目	配分	技术标准	实测情况	得分	备注
10	引弧痕迹	8	无,否则每处扣 4 分			
11	弧坑	6	无,否则扣 6 分			
12	焊件清洁度	8	清洁,否则每处扣 4 分			
13	安全文明生产	5	服从管理,个人劳动保护用品穿戴整齐,否则扣 5 分			
	总　分	100	项目训练成绩			

三、管子的焊接

在船体、海上平台和压力容器的建造过程中,管子以及管结点的焊接工作量是很大的,其中大部分管子及结点的焊接都是采用焊条电弧焊或 CO_2 气体保护焊。管子焊接所采用的焊条电弧焊焊接工艺与管子的状态和固定位置有关。管子转动焊和钢板平焊时的操作方法基本一致,难度不大,管子固定焊工艺则比较复杂。

管子焊接一般分为管座焊接和管子对接焊两大类。

1. 管座焊接

管座焊接的形式有插入式和骑座式两种。下面以 $\phi 60mm \times 5mm$ 管座为例,介绍其工艺特点及操作要点。

(1) 插入式管座的焊接　影响其焊接质量的因素主要有焊接顺序和焊接参数。

1) 焊接顺序。先焊接内圈的船形焊缝,用直线形和小锯齿形运条法,焊条角度保持 45°,运条要均匀,尤其要注意板孔边缘的熔合情况,防止产生咬边;后焊接外圈的船形焊缝,起焊处要距离定位焊缝 20mm 左右,焊条角度及运条方法与管座内圈的船形焊相同。

2) 焊接参数。内圈采用单层焊,外圈采用两层焊,其焊接参数见表 4-30,尺寸及焊脚尺寸如图 4-73 所示。

表 4-30　插入式管座的焊接参数

焊接层次		焊条牌号	焊条直径/mm	焊接电流/A
里圈焊层		E4303 (J422)	3.2	90~100
外圈焊层	第一层		3.2	100~125
	第二层		4	160~175

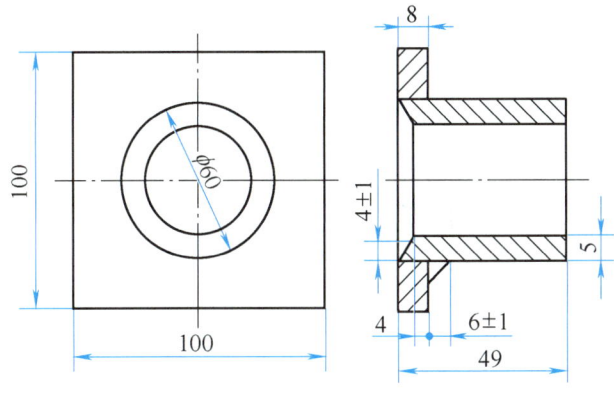

图 4-73 插入式管座尺寸及焊脚尺寸

（2）骑座式管座的焊接 骑座式管座的焊接有垂直固定和水平固定两种位置。

1）垂直固定平角焊。采用这种位置焊接时应注意下列工艺要点：

①打底焊道的起焊位置要与定位焊位置对称。直焊时先在板底上引弧进行预热，形成熔池后将电弧引向坡口一侧，击穿坡口形成熔孔，再用小锯齿形或直线形运条法进行正常焊接，焊条角度如图 4-74 所示。焊条要随圆圈而均匀平稳地移动，且焊条角度基本保持不变。

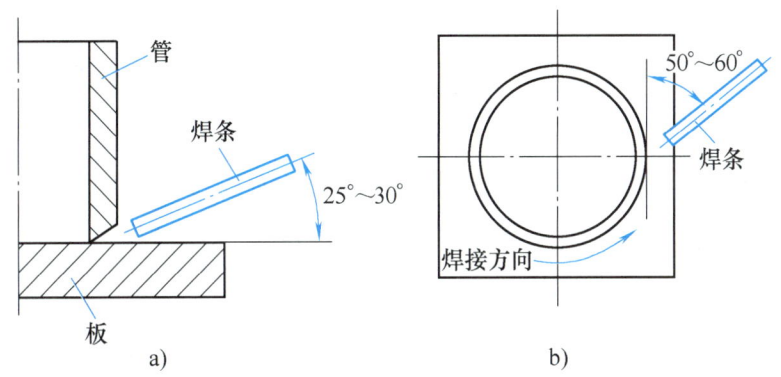

图 4-74 管座垂直固定平角焊时打底焊的焊条角度
a) 焊条与管板之间的夹角 b) 焊条与焊缝切线之间的夹角

②表面层的焊接。表面层采用多道焊，每道焊缝要覆盖前一焊道的 1/3～2/3，其焊条角度如图 4-75 所示。

③焊接参数。打底焊道选用小直径焊条和合适的焊接电流，表面层的下一道焊缝选用较大直径的焊条，配以相应的焊接电流，以保证焊缝熔透，上一焊道选用直径较小的焊条，焊接电流偏小些，以保证焊缝成形并防止咬边。管座垂直固定平角焊的焊接参数见表 4-31。

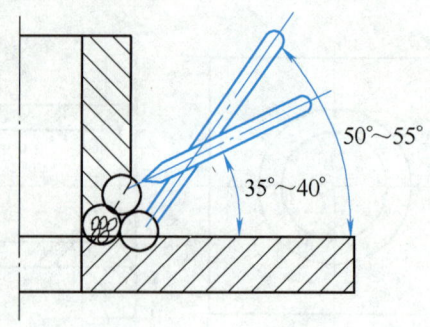

图 4-75 管座垂直固定平角焊表面焊接时的焊条角度

表 4-31 管座垂直固定平角焊的焊接参数

焊条型号	焊缝层次		焊条直径/mm	焊接电流/A	电源极性	焊接顺序示意图
E5015（J507）	打底焊道（第一层）		2.5	70~80	直流反接	
			3.2	90~105		
	表面焊道	第二层	4	160~175		
		第三层	3.2	105~115		

2）水平固定全位置焊。这是一种全位置操作的管板焊接，其焊接位置的变化如图 4-76 所示。

① 焊接顺序。管座的焊缝在操作时，可分为左半周与右半周两部分，如图 4-77 所示。一般情况下，先焊右半周焊缝，后焊左半周焊缝。

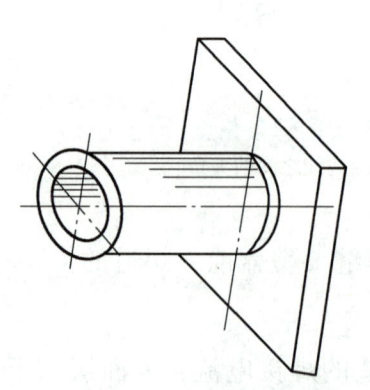

图 4-76 管座水平固定全位置焊时的焊接位置

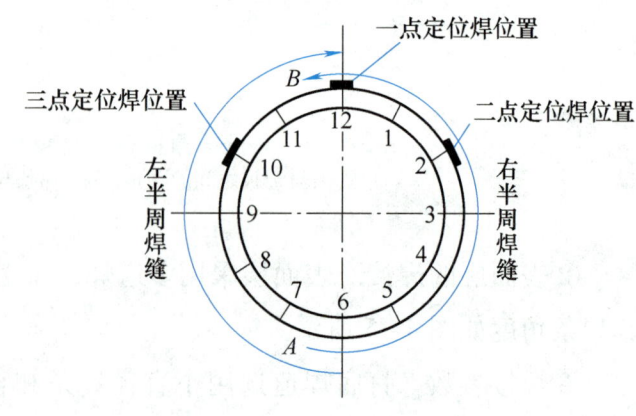

图 4-77 左、右半周焊缝位置示意图

② 打底焊道的焊接。焊接时，焊条角度要随焊接位置的变化而变化，如

图 4-78 所示。在管板 A 点引弧，稍加预热，将电弧移向管子坡口根部，被击穿后，拉长电弧，然后恢复正常弧长转入焊接。A~6 段焊接时焊波应由薄变厚，便于左半周起始焊道能与之连接而形成平缓的接头。6~5（时钟 5 点）位置的焊接采用斜锯齿形运条法，运条过程中要保持短弧、以保证焊透。5~2 位置的焊接宜用熄弧法操作，其操作方法与对接立焊基本相同。2~12 位置的焊接采用锯齿形运条法，焊至 B 点收弧。左半周应在 6 点处引燃电弧，稍加预热即可施焊，其焊条角度如图 4-79 所示，要求形成平缓的连接接头，其各种位置的操作方法与右半周相同。

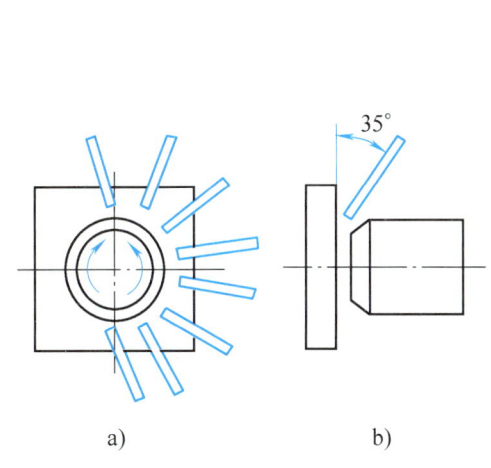

图 4-78 管座水平固定全位置焊时打底焊的焊条角度（一）
a）焊条与焊缝切线之间的夹角
b）焊条与管板之间的夹角

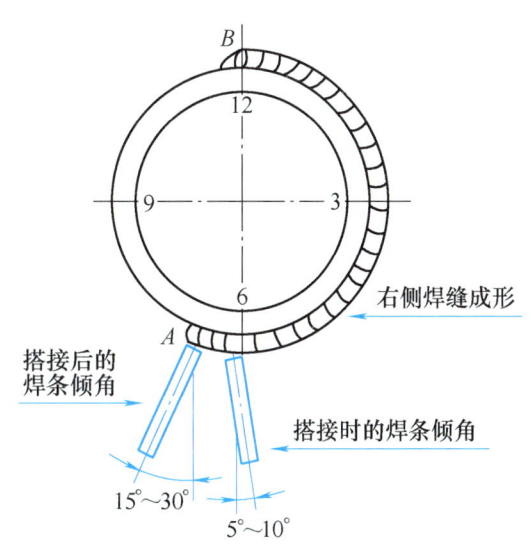

图 4-79 管座水平固定全位置焊时打底焊的焊条角度（二）

③ 中间层的焊接。焊中间层的焊条角度，与打底焊时相同，采用锯齿形或小月牙形运条法。

④ 盖面层的焊接。盖面层焊缝能否圆滑过渡和成形良好，关键在于焊条角度的变化和运条方法。仰焊位置采用斜锯齿形运条法，焊至立焊位置逐渐变成水平锯齿形运条，到接近平焊位置时，焊条逐渐变成向板侧斜拉运条，并逐步加大运条的斜度。

⑤ 焊接参数。管座水平固定全位置焊包括仰焊、立焊和平焊等数种位置的焊接，操作比较困难，选用的焊接参数要适应全位置焊，因此选择范围狭窄。其焊接参数见表 4-32。

表 4-32 管座水平固定全位置焊的焊接参数

焊条型号	焊缝层次	焊条直径/mm	焊接电流/A	电源极性	焊接顺序示意图
E5015 (J507)	打底焊道（第一层）	2.5	70~80	直流反接	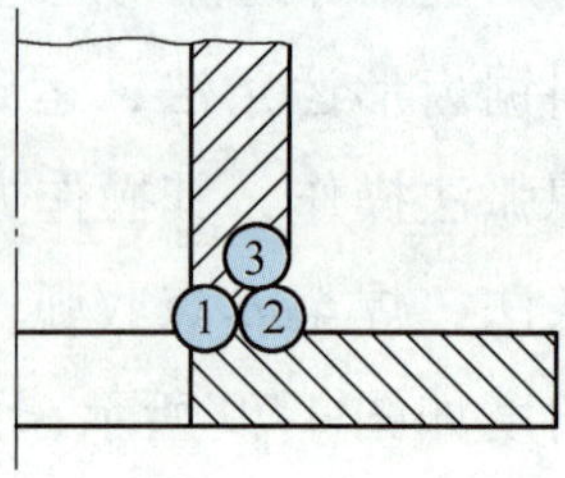
		3.2	95~100		
	中间层（第二层）	2.5	75~85		
		3.2	105~115		
	盖面层（第三层）	3.2	100~110		

2. 管子对接焊

（1）管子水平固定焊　管子水平固定焊是难度较大的操作技术：①由于焊接位置的不断变化，运条角度和焊工站立的高度必须适应变化的需要；②焊接热量的循环规律是下冷上热，在焊接电流不能改变的情况下，主要靠焊工摆动焊条来控制热量，以达到均匀熔化的目的；③船用管子受相邻管子或其他构件的限制，要求焊工具有随机应变的能力。

管子水平固定焊的对接焊，一般分成两半周由下而上进行施焊。焊接时，为了补偿因焊接加热造成的收缩，除按正常规范预留间隙外，还应考虑反变形的余量，即将管子上间隙扩大为直径的 0.3% 左右。为了保证根部焊透，对不开坡口的薄壁管，间隙为管壁厚度的一半。用酸性焊条焊接开坡口的管子水平固定焊对接焊，一般可以焊条直径的大小作为间隙；用碱性焊条时，则以焊条直径的一半作为间隙。间隙过大，易烧穿或形成焊瘤；间隙太小，则根部易熔合不良，产生未焊透等。

管子水平固定焊对接焊的定位焊应依据管径的不同来选定点数：当管径≤φ51mm 时，选 1 点；管径在 φ51~φ133mm 时，选 2 点；管径大于 φ133mm 时，可选 3~4 点。定位焊缝长度一般为 10~30mm，高度为 2~5mm。由于定位焊易产生缺陷，所以对直径较大的管子最好不在坡口内进行定位焊，可利用型钢或马板进行外侧连接。

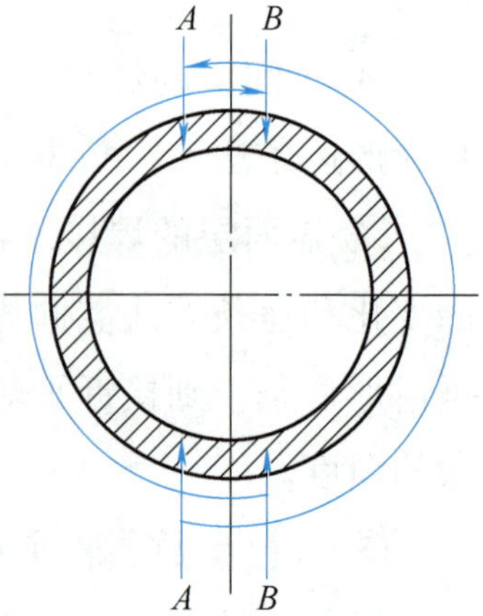

施焊时，仿照时钟 6~12 点位置，将管子截面分成左右两半，如图 4-80 所示。每个半周按仰焊、立焊和

图 4-80　管子水平固定焊对接焊时引弧位置示意图

平焊三种位置依次进行焊接。应注意避免在坡口中心引弧，以免产生缺陷。引燃电弧后，用长弧对准焊缝根部预热 2~3s，接着马上压低电弧，托住铁液并用电弧击穿根部，然后向上焊接。焊条角度应随焊接位置的改变而做相应的变化，如图 4-81 所示。焊至爬坡焊和平焊位置时，电弧只需穿过内壁 1/4。

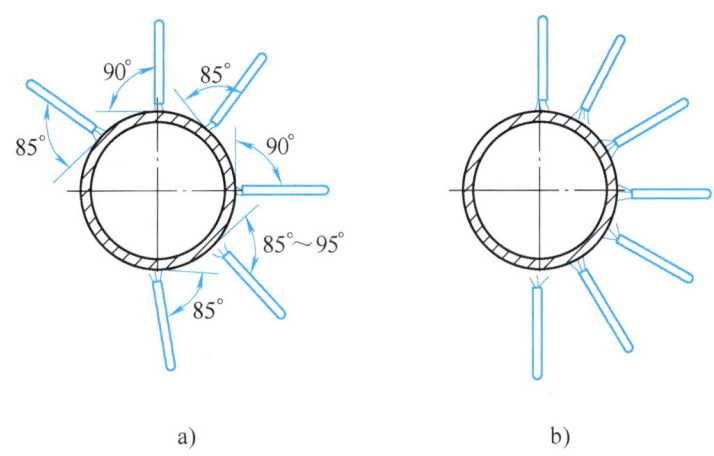

图 4-81 管子水平固定焊对接焊时焊条角度随位置变化示意图
a）中小直径管 b）大直径管

焊后半周时，操作方法基本上与前半周相同。为了保证焊缝的连接质量，应注意接头的方法。一种是用锉刀将焊缝的起点和终点锉成斜坡；另一种是用电弧烧化焊缝起点和终点，使它形成斜坡，也可用半击穿法焊接。

中间层的焊接，对大直径管子来说，是焊缝强度的主体。管壁厚度≤6mm 时，可无中间层；当壁厚≥50mm 时，有近 10 道的中间层。中间层的焊波较宽，一般采用锯齿形或月牙形运条法进行焊接。中间层焊道不能焊至与坡口边线相平，应留出 1~2mm 坡口深度且焊缝不能呈凸形。

表面层焊接可采用月牙形运条法。摆动稍慢而稳，使焊波均匀美观。表面层焊缝的余高和高度的要求：一般每边宽度比坡口增宽≤2mm，封底处焊缝每边比间隙增宽≤2mm；仰焊时余高为 0.5~2.5mm。

（2）管子垂直固定焊 管子垂直固定焊与板材横焊操作基本相同，不同的是管子是圆弧转动的。

第一层打底焊时，应在坡口内引弧，随后采用直线或斜齿形运条法向前移动，焊条角度如图 4-82 所示。

起焊时，焊条角度为前倾 0°（与管子垂直），下垂 80°；起焊后，前倾改为 20°~30°。即先焊下边坡口钝边，后焊上边坡口钝边来形成第一层焊道。当间隙较小时,可用短弧,电流选大些,直线运条焊接。第一层打底焊,要求焊缝在坡口正中偏下,上部不要有尖角。

中间层可进行单道多层焊或多道多层焊。单道多层焊较难掌握,因此采用得较少。多道多层焊易掌握,但质量不稳定,全靠焊工操作手法来控制。操作时,焊接电流比平焊时小10%~15%,运条方法有直线形、圆圈形。焊条遇到凸起的地方要稍快,遇到凹陷的地方则要慢,焊道自下而上紧密排列。

表面层焊接时,外表成形往往达不到要求,原因是焊道多,焊道间温差太大,常出现明显的沟槽,中间部分凸不出来,最后一道焊道又低不下去。为此,焊接上、下两侧焊道时要快,焊接中间焊道时要慢,焊条摆动要均匀平稳。为避免出现咬边,焊条的下垂角度要小。

根据坡口角度,表面层一般最多焊三条焊缝。第一焊道要薄,第二焊道要超过第一焊道1/2略多些,第三焊道要超过第二焊道1/3略多些。第一焊道所采用的焊条角度如图4-83所示。

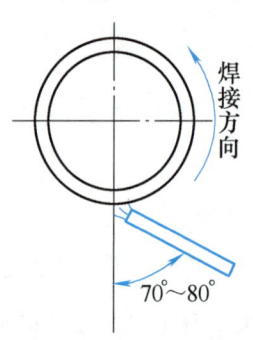

图4-82 管子垂直固定焊时打底焊的焊条角度及运条方法

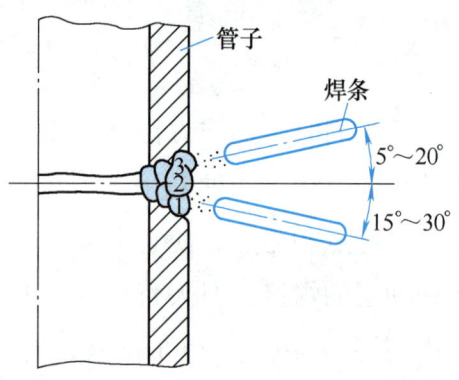

图4-83 垂直固定管盖面焊焊条角度示意图

(3) 管子倾斜固定焊 在海上平台和船舶管系结构中,倾斜固定管的管结点一般由两个或两个以上的管体连接而成,直径最大的管件叫主管,其他较小的管件叫支管。主管中心线与支管中心线的夹角一般为30°~45°。

管结点相贯缝的焊接都要求焊透,不能烧穿,焊缝表面要平滑过渡,连续均匀。当管子倾斜角大于45°时,可用水平固定管座的焊接方法。

倾斜固定管的对接焊,打底焊可用半击穿法焊接,使熔池始终保持在水平位置上;以后各层焊接,采用斜圆圈形运条法。典型管接头如图4-84所示。

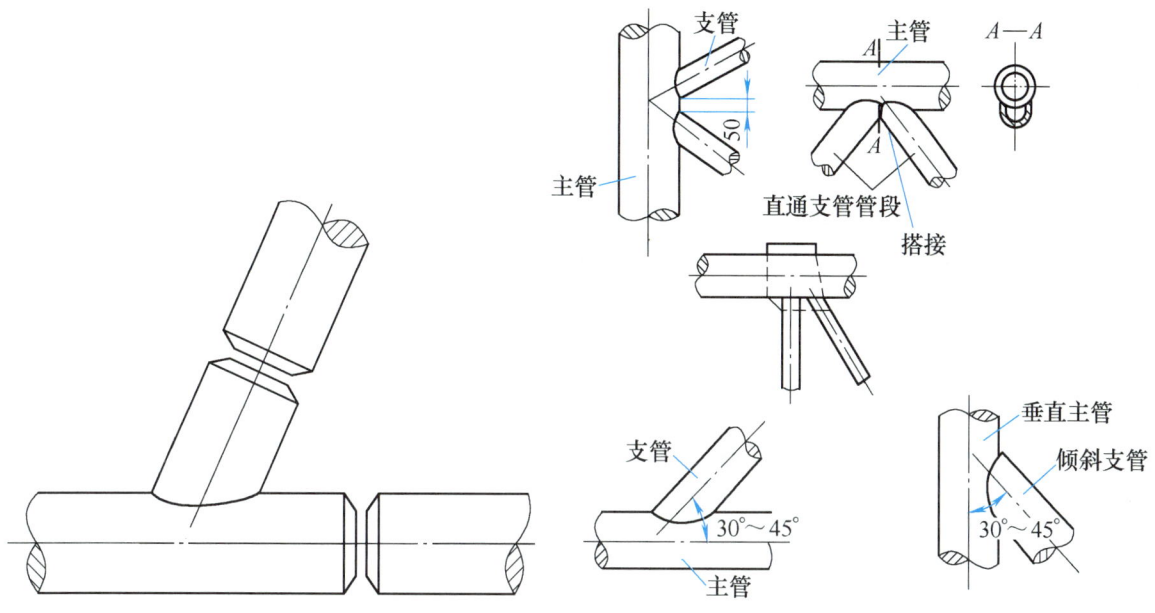

图 4-84 典型管接头示意图

实训九 管板垂直固定平角焊的操作步骤

序号	操作程序	操作技术要领	技术依据质量标准	检验方法	可能产生的问题	原因或防止方法
9-1	焊件装配	将平板平放在工作台上,再把钢管垂直放置于平板中央,然后在钢管内壁与平板接触处,沿直径方向对称位置上各焊一点定位焊,如附图35所示,定位焊尺寸<4mm×10mm。焊件装配后需清除被焊处的铁锈及杂物 附图35 管板平角焊定位焊	焊条直径为φ3.2mm,定位焊电流为95~120A 装配间隙<1mm 钢管放置在平板的中心位置,并且要相互垂直	用直角尺测量钢管与平板间的垂直度 目测定位焊的质量	1)装配间隙超差或钢管与平板不垂直 2)钢管偏离平板中心位置	1)装配时要注意间隙不能过大,再适当考虑钢管与平板间的垂直情况 2)定位焊前必须看清楚钢管是否放置于平板的中心,或用钢直尺测量钢管与平板四周的距离,从而确定钢管的中心位置

（续）

序号	操作程序	操作技术要领	技术依据质量标准	检验方法	可能产生的问题	原因或防止方法
9-2	焊件的放置	放置焊件前要清洁工作台，不能有焊渣及杂物留于工作台表面。焊件需放置水平并与工作台面保持良好的接触。放置的位置应便于操作	焊件放置水平，接触良好。周围有适当空间，便于操作	目测及自己徒手试操作位置是否合适	1）焊件放不平 2）焊件与工作台面接触不良，引不燃电弧	1）设法垫平焊件 2）清洁工作台表面，手按住钢管使平板底面与工作台表面摩擦接触
9-3	操作姿势	人呈下蹲姿势，两脚分开于焊件两侧，且稍向前倾。焊接过程中由于焊接位置不断地变化，因此要求操作者手臂和手腕要相互配合，保证合适的焊条角度，正确控制熔池的形状和大小。总之，要使视线始终能观察到整个圆周焊接熔池的变化	下蹲位置要使焊接电弧能较顺利地沿着钢管圆周朝焊接方向移动，并且便于焊条角度的随时调整	自己模拟试操作一下焊条角度沿钢管圆周调整的情况	蹲姿不恰当，焊条角度沿钢管圆周随时调整有困难	徒手操作检查蹲姿的合适程度，使各部位的行动都比较方便，视线不被挡住，动作能有机地得到配合，恰到好处
9-4	焊缝起头	起焊点在钢管外侧，在人体中心线的右侧，即时钟1点钟位置，如附图36所示 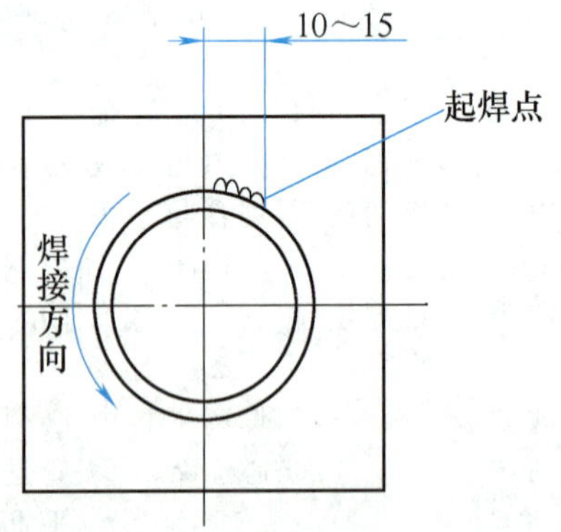 附图36 管座平角焊起焊位置 起焊时，焊条与平板成45°夹角，垂直对准焊缝，引弧后瞬时预热，随即焊条向焊接方向（逆时针）倾斜10°~20°，并压短电弧开始沿管壁外圆移动，起焊处5~10mm长度内的焊脚小一些，以便于收尾时重叠起焊处的焊缝，从而得到质量好的焊脚尺寸	焊条直径为φ3.2mm，焊接电流为100~125A 起焊处要有良好的熔透。5~10mm长的焊脚要略小，以利于收尾时重叠连接	清除焊渣，检查起焊处的焊接质量	1）熔透不良，有夹渣 2）焊缝下偏，管壁处有咬边 3）起焊位置不正确	1）选择正确的焊接电流，适当拉长电弧预热 2）严格控制好焊条角度和电弧长度 3）按起焊点的要求进行

(续)

序号	操作程序	操作技术要领	技术依据质量标准	检验方法	可能产生的问题	原因或防止方法
9-5	运条	起焊 5~10mm 的焊缝长度后需逐步放慢焊速，然后按一定的焊接速度，使焊条沿管壁外圆朝焊接方向均匀移动，以形成所需要的焊脚尺寸。焊接过程中要随圆周的不同位置及时调整焊条角度，始终保持焊条朝焊接方向倾斜 10°~20°，类似直线形或直线往返形运条，以调整焊脚尺寸	焊脚等边，符合技术尺寸要求。焊脚尺寸为 (5±1)mm焊波重叠要均匀。焊脚上下边缘整齐，中间无凸形。整圈焊缝无明显缺陷	清除焊渣，用焊缝量规测定焊脚尺寸	1) 焊脚不齐或单边 2) 焊波不均匀，管壁上边缘严重咬边	1) 掌握好焊条角度，控制焊接速度，熟练运条方法 2) 电流不能过大，控制好电弧长度和熟练运条手势，焊条与水平板的夹角不能小于 45°
9-6	收尾	收尾处是尾头相接。当与起焊处相连接时，焊速稍快，电弧需适当拉长。也可采用小斜圆圈形运条法焊接，与起焊处焊缝重叠 5~10mm。收尾处要控制好弧坑宽度，不得超过所规定的焊脚尺寸，用断弧法或回焊法填满弧坑。防止弧坑下塌或过低	收尾处弧坑要饱满，不下塌、不超宽及无咬边、气孔等缺陷	清除焊渣，检查焊接质量。用焊缝量规测定收尾处焊脚尺寸	1) 弧坑未填满，收尾处焊缝下塌、超宽或焊缝过高 2) 收尾处产生气孔等缺陷	1) 正确运用和熟练掌握收尾的操作方法 2) 控制好收尾处熔融金属在熔池中冶金反应和结晶的状况

实训十　管板水平固定全位置焊的操作步骤

序号	操作程序	操作技术要领	技术依据质量标准	检验方法	可能产生的问题	原因或防止方法
10-1	焊件装配	同序号 9-1	同序号 9-1	同序号 9-1	同序号 9-1	同序号 9-1
10-2	焊件固定	一只手握住管板上口处，使管板垂直紧贴在焊接工作架上，然后用定位焊或其他方法将管板按照全位置焊接的要求，牢靠地固定	焊件中心离地面高度 900mm 定位焊要牢固、安全 周围留的空间要便于焊工操作	定位焊冷却后用手扳动管板不跌落	1) 定位焊不牢固，有坠落可能 2) 由于固定位置考虑不周，操作较困难	1) 要认真仔细地按要求做好固定工作，焊前必须检查 2) 固定焊件之前先考虑便于操作的最佳位置

(续)

序号	操作程序	操作技术要领	技术依据质量标准	检验方法	可能产生的问题	原因或防止方法
10-3	操作姿势	人体呈下蹲姿势，仰视焊件下方（时钟6点处），焊接时，焊接方向从时钟6点处分别向逆时针和顺时针各焊半圈。人的姿势随着焊接位置（由仰角焊过渡到立角焊和平角焊）和焊条角度的变化，由下蹲式逐步过渡到半蹲站立式甚至低头弯腰站立式	因焊件呈悬吊式，又是全位置焊接。焊工的操作姿势应随焊接位置的不同而灵活适应。能便于观察熔池和运条	自己模拟试一下全位置焊接的过程，尽可能让人感觉省力些	随焊接位置的变化，没有留够空间位置进行操作姿势和焊条角度的调整	一切从便于焊出发，随时进行调整，使操作姿势、焊条角度与焊接位置三者得以最佳配合
10-4	右侧焊缝的起弧	在管子与管板的夹角中，由时钟5点处向6点以划擦法引弧，见附图37a 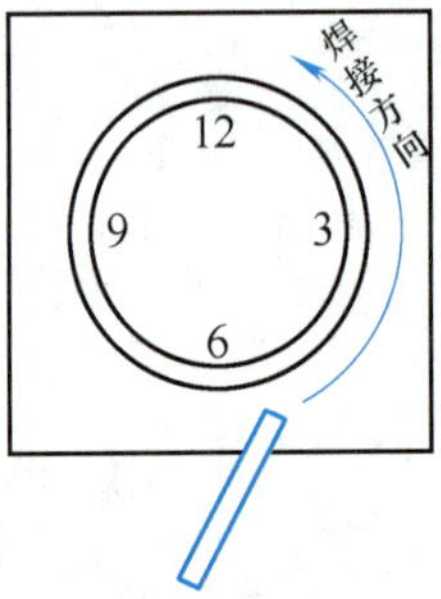 a) 右侧焊缝引弧点 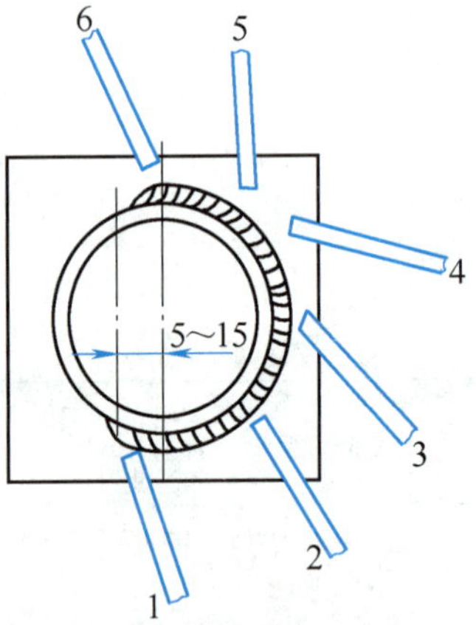 b) 右侧焊缝焊条角度 附图37　管子全位置右侧焊缝的操作 引弧后电弧略拉长，渐渐移到6点至7点之间迅速压短电弧稍作停留预热，即将焊条向右下方倾斜，其焊条角度如附图37b所示。迅速压低电弧，将焊条端头轻轻顶在管座的夹角上，使起焊处达到充分熔合，起焊后5~15mm长的一段焊缝焊脚尺寸略小一些，运条方法类似直线往返形	焊条直径为ϕ3.2mm 焊接电流为90~110A 起焊处熔合良好，焊脚小且等边 无气孔、焊瘤等缺陷	清渣，目测起弧端焊接质量	1) 起焊处有气孔或熔合不良 2) 焊层厚，焊脚偏底板一侧，甚至产生焊瘤缺陷	1) 焊条需烘干，控制好起弧后第一滴熔滴过渡，必要时可以甩掉起头一两滴熔滴。焊接电流不能过小 2) 焊条角度要正确，运条速度要快一些，电流不能过大，预热停留时间也不能过长

（续）

序号	操作程序	操作技术要领	技术依据质量标准	检验方法	可能产生的问题	原因或防止方法
10-5	运条	待起焊5~15mm长的略小焊脚后，焊条应沿水平方向在管板与管子夹角中做横向摆动，两侧稍作停留，运条方法可采用斜锯齿形或斜三角形单边跳弧（即不封闭式斜三角形）。跳弧方向一般都朝着管板。接近平焊位置时，朝管子方向跳弧。随焊接位置不同，其焊条角度和焊条端部摆动也逐渐变化，如附图37b所示。焊条在熔池中做横向移动时要保持沿水平方向进行，且短弧操作。从6点移向5点位置时间要比在管板一侧稍长些，以增加下部管壁一侧的焊脚尺寸。从5点至2点之间，为使焊缝成形良好，宜用跳弧焊法，如果熔池温度过高，也可采用间断熄弧法施焊。每熄弧、引弧一次的前进距离为1.5~2mm。在2点到12点位置时，应有意将电弧偏向管板一侧，停留时间要比在管壁一侧稍多。当焊至12点位置时，用短弧在熔池中做几次横向摆动，待基本填满弧坑后再向左侧12点至11点位置倒拖10mm左右熄弧	运条手势要适应焊接位置的变化 不同焊接位置的焊缝成形差异不能太大 焊脚整齐，焊缝高低、宽窄基本一致 焊波均匀，无明显咬边、焊瘤等缺陷 焊脚尺寸为6mm	清渣，检查焊接缺陷和用焊缝量规测定焊脚尺寸	1）焊脚不齐，接头过高或脱节 2）焊缝中间凸起过高 3）焊缝成形差异大 4）焊瘤 5）明显单边、咬边等缺陷	1）做到运条手势均匀，看清熔池位置，熟练接头方法 2）控制好两侧停留时间，中间运条速度稍快 3）掌握各种位置焊缝成形的特点，采用不同的运条手势，熟练不同位置的圆滑过渡，使焊波重叠均匀 4）要始终采用短弧焊接，控制熔池金属温度 5）根据焊脚尺寸要求，掌握正确的焊条角度，保持较稳妥的运条手势，横向摆动尽可能沿水平方向进行，两侧必须稍作停留
10-6	左侧焊缝起焊与右侧焊缝始端的连接	焊前先将右侧焊缝的始、末端焊渣除净。始端如有焊瘤、飞溅等现象，必须进行修整和清理，然后由8点位置向7点位置右下方以划擦法引弧，将引燃的电弧移至右侧焊缝始端稍作停留预热，即压低电弧。焊条角度变化情况见附图38	接头平整，搭接处焊缝成形良好。无明显焊接缺陷 焊脚尺寸与其他部位一致 接头为头头连接	清渣、检查接头连接处的焊接缺陷 用焊缝量规测定焊脚尺寸	1）接头过高 2）搭接处焊缝中间凸起，两侧焊脚熔透不良	1）熟练连接接头的方法，减少接头处停留的时间 2）焊脚两侧适当停留，中间运条速度稍快，且做一定的横向摆动

（续）

序号	操作程序	操作技术要领	技术依据质量标准	检验方法	可能产生的问题	原因或防止方法
10-6	左侧焊缝起焊与右侧焊缝始端的连接	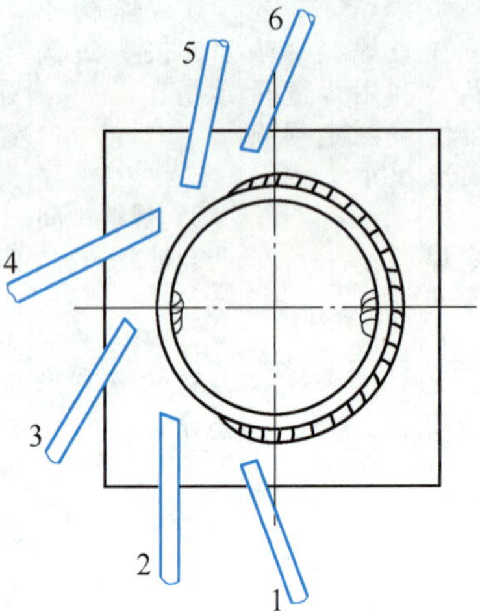 附图38 左侧焊缝的操作 左侧焊缝起焊由厚薄焊层交界处开始，以斜锯齿形或斜三角形的运条方法进行焊接，但要注意起焊后与一小段薄层焊缝搭接处的焊接速度要稍快一些，运条时适当做一些小的横向摆动，两侧稍停留，使熔敷金属能均匀分布，以得到平整的接头。待搭接一小段过后，需适当放慢焊接速度，以保证焊缝成形和整个焊脚尺寸一致			3) 搭接处焊缝过厚	3) 注意合适的焊波重叠间距，适当加快焊接速度
10-7	焊缝收尾与右侧焊缝末端的连接	当左侧焊缝施焊至11点到12点位置时，电弧在熔池中的横向摆动幅度有逐渐增大趋势，但不可超越所规定的焊脚尺寸，只是使熔池的横向面积略增大，并增加电弧在熔池两侧的停留时间，防止熔池金属在管壁一侧聚集过多而造成管壁侧焊脚卷边，以及管板侧焊脚过低和咬边现象。到12点位置时，只需在重叠的弧坑中做一两次熄弧、引弧，将弧坑填满。除了起头和收尾处的连接外，其他部位的焊接特点均与右侧焊缝对应位置相似	收尾为尾尾连接 整条焊缝成形良好，各连接处平整、过渡平顺 无焊瘤、夹渣、咬边等缺陷 焊脚尺寸为6^{+2}_{-1}mm	清渣，检查收尾处焊接缺陷 用焊缝测量规测定焊脚尺寸	1) 收尾处管板一侧咬边较深 2) 焊缝尾尾端连接处不平整 3) 近平角焊位置的焊缝，靠管壁一侧焊脚有卷边或夹渣现象	1) 电弧在管板一侧多停留一些时间，可用回焊收尾或断弧收尾法 2) 按照操作要领，多练习，逐步掌握其操作技术 3) 电弧应该在管板一侧多停留一些时间，同时增加电弧的横向摆动幅度

实训十一　管子水平固定全位置焊的操作步骤

序号	操作程序	操作技术要领	技术依据质量标准	检验方法	可能产生的问题	原因或防止方法
11-1	焊件装配	用钢丝刷、敲渣锤清理坡口及其附近的铁锈等脏物　为便于装配，可选用一根60mm×60mm×500mm的角钢，将其按船形位置固定在焊接平台上，见附图39。把钢管放置在90°的角钢中间，两坡口端对齐相接，进行定位焊 附图39　水平固定管装配搁架	焊条直径为$\phi 3.2mm$，定位焊电流为90~110A V形接头，坡口为60°，装配间隙<1.5mm 管子内、外壁对齐，无明显错口再定位焊	清渣，检查定位焊质量	1）装配间隙过大，管子内、外壁错口超出规定尺寸 2）定位焊焊穿或尺寸过大	1）定位焊前，要按照技术要求加以控制 2）视缝隙大小来选用适当的焊接电流，并控制定位焊尺寸不超大
11-2	焊件固定	把已装配好的焊件水平放在焊接工作架上，使两处定位焊置于水平位置，用定位焊固定焊件或用工夹具将焊件固定牢靠，并留空间便于操作	焊件离地面高度为900mm 焊件基本放置水平	用手扳动焊件检查固定情况。自己模拟操作一下	1）焊件放置不水平 2）焊件固定的位置不利于操作	1）定位焊前尽量控制焊件的水平位置 2）固定前模拟操作一下位置是否合适
11-3	操作方法	两半圈的焊接位置均按照仰→立→平的焊接顺序逐步过渡进行。先焊的一半称为前半圈，后焊的一半称为后半圈。由6点位置向上焊接，焊接位置在不断变化，操作姿势和焊条角度必须相应变化，见附图40 附图40　水平固定管对接焊的操作方法	处于悬吊位置水平固定管的环缝对接 从管子底部的仰焊位置开始分两半进行焊接	模拟操作，检查操作姿势和焊条角度的变化情况		

（续）

序号	操作程序	操作技术要领	技术依据质量标准	检验方法	可能产生的问题	原因或防止方法
11-4	打底层的焊接	在管子底部中心处坡口内，用划擦法引燃电弧，将电弧引至焊接反方向 5~15mm 的坡口内进行适当预热，当坡口两侧接近熔化状态时，立即压低电弧使坡口根部熔化并形成熔池后，随即以直线往返形运条手势快速朝焊接方向移动，焊一段 5~15mm 长的薄层焊缝，到 6 点位置即可适当放慢焊接速度，焊条在坡口中做小幅度的横向摆动，待熔池形成后，采用小三角形运条，由仰→立→平的位置进行施焊。操作时，焊条角度必须随焊接位置的变化而变化。同时注意电弧在坡口两侧停留的时间要适当。运条至管子上部的平焊位置时，收尾也要超过管子垂直中心线 5~15mm	焊条直径为φ3.2mm，焊接电流为 90~120A 运条方法：直线往返形、小三角形 焊波均匀，不能高出管子外壁表面 无夹渣、焊瘤等缺陷	清渣，检查起焊处焊接缺陷	1）焊缝高出管子外壁表面，两边缘处有咬边、夹渣 2）管子底部易焊穿或未焊透及产生焊瘤等缺陷 3）管子上部平焊处易焊穿或出现焊缝较低的现象	1）通过熟练运条手势，控制焊层厚薄，坡口两侧稍停留，中间横摆速度稍快 2）电流不可太大，必须短弧操作，熟练起焊处的操作技术 3）保持正确的焊条角度，增大电弧移开的距离，使高温熔池有时间得到充分冷却，往返运条时，使熔池能够重叠紧一些
11-5	管子后半圈起弧及两半圈始端的连接	先把前半圈打底层起焊处和收尾处的熔渣除净，必要时对焊缝进行修整，然后在后半圈距管子垂直中心线 25~30mm 处（即时钟 7 点的位置）的坡口内引弧，随即移至前半圈打底焊道起焊处，做适当预热后迅速压低电弧，用小锯齿形手势运条，在坡口内做一两次小幅度的横向摆动，即向焊接方向移动。电弧在坡口两侧要稍作停留。中间横向摆动略快。总之，要使接头重叠部分的焊缝宽窄、厚薄与前半圈打底层相一致	起焊为头头连接 焊条直径为φ3.2mm，焊接电流为 90~120A 搭接处的焊缝平整，无焊接缺陷	清渣，检查后半圈起焊处的焊接缺陷	1）搭接过高或脱节 2）熔透不良或有焊瘤	1）电弧朝焊接方向移动速度太慢，停留时间过长或熔池重叠不到位，导致脱节 2）电流偏小，运条手势不当。接头处电弧停留时间太长或接过位

(续)

序号	操作程序	操作技术要领	技术依据质量标准	检验方法	可能产生的问题	原因或防止方法
11-6	管子后半圈打底层的焊接以及两半圈焊缝尾端连接	完成两半圈打底层焊缝的始端头头连接后，即可采用与前半圈相似的操作方法来进行后半圈的环缝焊接。其焊条角度与前半圈打底焊对应位置相同，焊至管子上面近垂直中心线的平焊位置时，由于此段有长5~15mm的前半圈打底焊的尾端薄层焊缝，一般不易焊穿，此时可适当放慢焊接速度，当前后弧坑重叠后，电弧需压紧并且停止移动，在弧坑中回焊几圈，待填满弧坑即收弧 另外，根据不同位置的焊缝成形特点，有意识地将平焊位置的底层打得厚一点（距坡口边缘0.5mm），立焊位置的底层打得稍薄一点（距坡口边缘1~1.5mm），仰焊位置介于两者之间，为盖面层操作创造良好的条件	收尾为尾尾连接 连接时与前半圈焊缝尾端处薄层焊缝呈搭接形式 焊缝表面不可高出管子外壁 焊波均匀，接头平整、无夹渣、咬边、焊瘤等缺陷 整圈环缝的打底焊均应符合盖面层的要求	清渣，检查整圈环缝打底焊的焊接质量。必要时应做修整和清理	1）焊波不均匀 2）局部焊缝表面高出管子外壁 3）焊脚不齐，两侧边缘有夹渣并难清理 4）接尾处不平整	1）熟练运条手势，注意观察熔池排列情况 2）始终控制好各种位置的焊层厚度 3）焊条横摆幅度要一致，两侧要作停留 4）每个接尾处都应看清原弧坑的位置，新熔池下落的位置要准确。尾尾连接的收尾方法要熟练掌握
11-7	盖面层的焊接	整个盖面层的焊接，包括焊缝的起焊、收尾（即焊缝的头头连接和尾尾连接）的操作方法均与打底层焊接相同。关键盖面时要注意电弧在坡口两侧有足够的停留时间，并通过焊条角度的不断变化和运条手势控制好仰→立→平三种不同位置时的焊波均匀度，避免焊缝过高或过低，以及产生咬边、夹渣等缺陷	焊条直径为ϕ3.2mm，焊接电流为100~120A 运条方法：锯齿形、三角形 焊脚整齐、接头平整、焊波均匀，无明显缺陷 焊缝宽度为12^{+2}_{-1}mm，余高为（3±1）mm	清渣，检查整圈环缝焊缝的焊接质量 用焊缝量规测定焊缝宽度和余高	1）各种位置焊缝成形差异明显 2）焊脚不齐，严重咬边 3）焊缝与管子之间过渡不良	1）熟练操作手势和焊条角度变化，控制焊波重叠距离 2）电弧横摆幅度要一致，坡口两侧稍作停留 3）焊接电流不能过小，保持短弧操作，注意熔池与母材间的熔合状况

四、单面焊双面成形焊接技术

我国船级社规定,就船体结构而言,凡主要承载的焊缝均要求选用对接接头两面施焊工艺。因此,对于船体外板、甲板、内底板及舱壁板的对接缝,焊完正面焊缝后,其背面要刨槽清根,进行封底焊。为了减轻双面焊接的劳动强度和提高劳动生产率,有些生产单位对这种结构的焊接已经采用了单面焊双面成形的焊接工艺。对于另一部分结构,如质量要求高的船舶用管系和容器等,要求接头完全焊透,而由于焊缝尺寸和形状的限制,不适于甚至无法从内部进行施焊,只能从结构的外部施焊,这就要求在坡口背面不采用任何辅助设施的情况下,在坡口正面进行焊条电弧焊单面焊双面成形。

单面焊双面成形操作技术是采用普通焊条,以特殊的操作方法,在坡口背面没有任何辅助设施的条件下,在坡口的正面进行焊接,焊后保证坡口的正、反两面都能得到均匀整齐、成形良好、符合要求焊缝的一种焊接操作方法。它是焊条电弧焊中难度较大的一种操作技术,适用于无法从背面清除焊根并重新进行焊接的重要焊件。

下面介绍几种单面焊双面成形的焊接技术。

1. 手工衬垫单面焊

手工衬垫单面焊是用一根带有成形槽的纯铜垫板作为衬垫,焊接时将衬垫固定在焊缝反面,从而达到强制成形的目的,如图 4-85 所示。

为了确保焊缝背面成形和外形美观,焊接接头为无钝边的 V 形坡口,拼板厚度在 12~16mm 范围内的接头坡口形式如图 4-86 所示。钢板厚,坡口角度要偏小些;钢板薄,坡口角度宜大些。装配间隙为 5~8mm,固定在焊接反面的纯铜垫板,其背面有两条矩形的散热长槽,如图 4-87 所示。

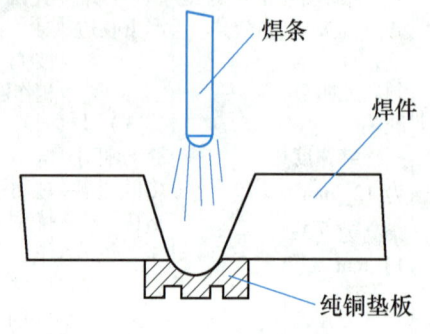

图 4-85 手工衬垫单面焊

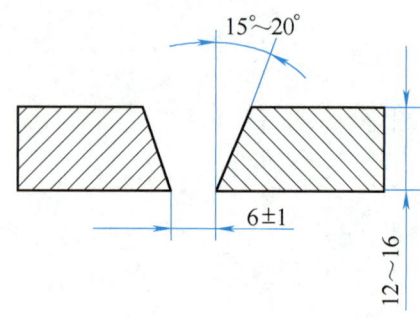

图 4-86 手工衬垫单面焊的接头坡口形式

焊接时,纯铜垫板必须紧贴焊件,以免熔化金属渗漏,成形恶化。装配时,要求在焊缝反面每隔 250~350mm 焊一只 L 形马,并用铝或钢制成的楔子固定,如图 4-88 所示。

为保证焊缝背面成形的质量,除了坡口和装配间隙要符合要求以及紧贴纯铜垫板之外,第一层打底焊是反面成形的基础。焊接时,电流不宜过大,选用 φ4mm 焊条,电流为 140~170A。焊接速度不宜太快,要保持每根焊条所焊得的焊缝长度在 50~70mm 范围内。运条时,电弧不可直接吹在铜垫上,而要求均匀地在坡口两边移动,使边缘焊透。使用短弧焊接,千万不能粘住铜衬垫,焊条角度为前倾 30°。为了保证焊缝接头质

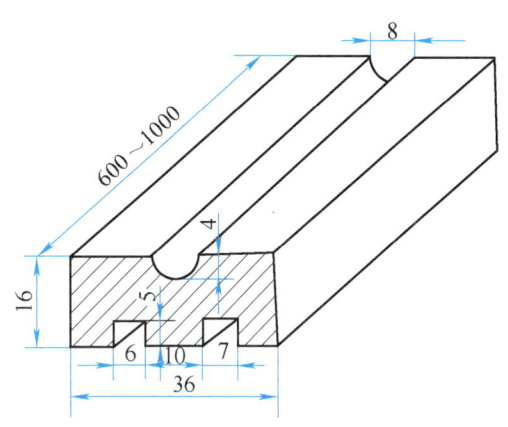

图 4-87 纯铜垫板的形状

量,必须采用热接法,并需在前一段焊缝末端 10~15mm 处开始焊接。每根焊条焊完熄弧时不作停顿,以形成一个弧坑,待下一根焊条起弧以后,再将焊缝接头焊透并使表面光顺,避免焊缝接头背面产生凹陷、缩孔等缺陷,最后在整条焊缝收尾处应将弧坑填满。

2. 手工陶瓷衬垫单面焊

手工陶瓷衬垫单面焊就是借助于托附在焊缝反面的陶瓷衬垫,使熔化金属不流失并保持一定形状的手工焊接方法,如图 4-89 所示。

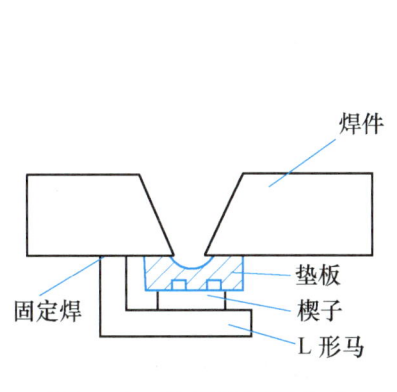

图 4-88 纯铜垫板固定法

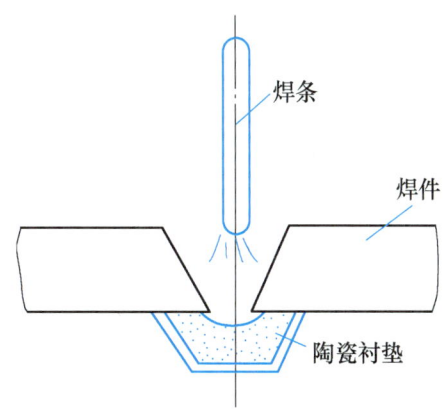

图 4-89 手工陶瓷衬垫单面焊

目前生产中应用的陶瓷衬垫有板对接衬垫、球扁钢衬垫和 T 形接头衬垫。根据施焊条件不同,球扁钢衬垫又分为正面用和反面用两种。板对接衬垫的陶瓷衬

垫长 250mm，由 10 块相同长度的陶瓷块拼接而成。根据施焊需要，可以弯曲成一定的弧形。衬垫正面开有成形槽，为了对中坡口间隙，槽中心标有红线。衬垫与铝箔连接在一起，铝箔上涂有黏结剂。使用时，只要撕开粘在铝箔上的牛皮纸，然后将铝箔黏附在钢板上即可。为了防止产生气孔和改善反面成形，铝箔上开有出气孔。粘贴铝箔时应保持出气孔通畅。

陶瓷衬垫具有熔点高、强度好、高温状态下不会变形和爆裂的特点，并有良好的操作工艺性能，吸潮性小，气体和烟尘量少。

手工陶瓷衬垫单面焊焊前准备工作很重要，直接影响反面成形及焊缝质量。必须做好以下几项准备工作。

（1）坡口清理　坡口正反面两侧各 15~20mm 的范围内要打磨，要求无铁锈、氧化物、油污和油漆。打磨时切勿破坏钝边，要保持钝边尺寸的均匀性，一般要求钝边在 0.5~1mm 的范围内。

（2）焊件定位　为了便于衬垫平垫焊件，坡口反面不进行定位焊，应在正面焊件两端进行定位焊。定位焊一般在焊件两端引弧板上，中间留有 6mm 不焊。定位焊要牢固，防止受热变形和开裂。错边为 0~0.2mm，收弧端间隙比引弧端间隙大 0.5mm 左右，焊件不设反变形。

（3）焊件预热　为了防止陶瓷衬垫吸潮，要求对焊件进行预热，加热温度为 80~100℃。

（4）衬垫安装　衬垫加热后才能安装，要求衬垫紧贴焊缝背面。衬垫两端及两块衬垫连接处都要加固。衬垫中心红线要对准坡口间隙中心。

手工陶瓷衬垫单面焊除了要做好上面的准备工作之外，还必须调整好焊接参数，选用无偏心、倒角良好、药皮涂敷光滑、均匀无开裂且经过干燥的焊条等。

施焊时，引弧的质量很重要。开始引弧时，因为电弧温度不足，容易使焊缝反面熔合不良，也不能建立良好的熔池座。为此，可以采取以下几种措施：

1）使用引弧板。

2）在坡口端前 15~20mm 处引弧。

3）焊至坡口端时调整焊条角度，使焊条前倾 10°~15°，向下轻压，指向衬垫。

4）焊缝较长时，可进行 80~100℃ 的预热，但火焰不能直接对准衬垫。

5）从坡口面开始引弧，逐渐移至坡口间隙。

6）焊缝连接时，要求从熔池后 10~15mm 处引弧。

7）为了提高一次引弧率，换焊条时间控制在 2s 内。

3. 手工砂衬垫单面焊

手工砂衬垫单面焊是借助一根铺设黄砂（或石英砂）的托槽作为衬垫，紧贴在焊缝背面，焊接时能使反面成形的一种手工单面焊方法，如图4-90所示。

黄砂的主要成分是 SiO_2 和 Al_2O_3，并含有少量的金属氧化物或碳酸盐杂质。黄砂是一种多棱角颗粒的物质，具有良好的流动性和堆积性，不仅能对熔融金属起到良好的承托作用，而且能使焊缝背面的成形均匀一致。托槽内的黄砂是通过接缝间隙加入的，用刮板、通针将黄砂填满槽内所有空间，保证衬垫均匀紧贴在接缝背面，能有效地防止熔融金属的溢出和焊穿等缺陷。颗粒状的黄砂相互间有一定的间隙，具有良好的透气性，焊接时能使衬垫中的潮气和冶金过程中析出的气体逸出，有利于减少气孔的产生。

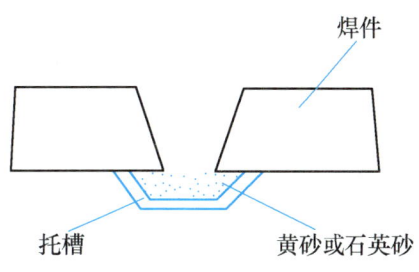

图 4-90　手工砂衬垫单面焊

衬垫用的黄砂需要经 18~25 号筛/in 的筛子过筛，保证颗粒度均匀，然后进行彻底洗涤、晒干，最后在 300~350℃ 的温度中烘 2h 后才能使用。

盛黄砂的托槽质量要小，并且有较大的刚度。为此，可选用厚度为 0.5mm 的薄铁皮加工制成。托槽的形状和尺寸如图4-91所示。

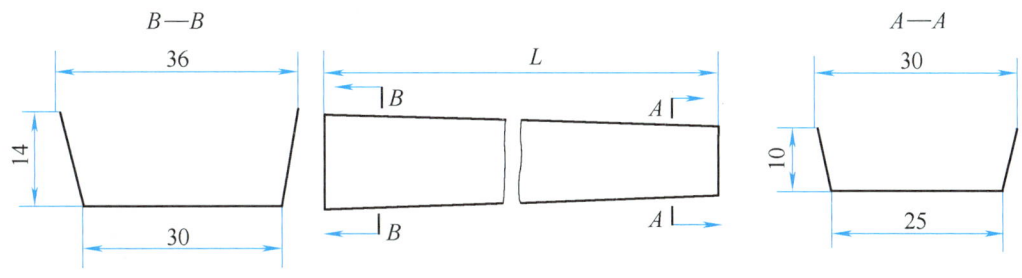

图 4-91　托槽的形状和尺寸

托槽的长度为 600~800mm，其两端开口尺寸不同，以便能重叠连接。托槽的固定有两种方法：当接缝下面有构件时，需将构件开孔使托槽穿过，并用木楔或铝楔在开孔处加以固定；当接缝下面无构件时，采用轻便式的弹簧支承杆固定，支承杆可根据接缝空间位置的高度随意调节。这两种方法，拆装都比较方便。

托槽内的砂衬垫在间隙处应带有凹下 2~3mm 的成形槽，使反面焊缝具有一定的高度和宽度。焊接接头坡口为 V 形，根据板厚度的不同，其坡口角度和间隙应符合表4-33所示要求。

表 4-33　焊接接头坡口角度和间隙要求

板厚/mm	8~12	13~19	≥20
单边坡口	20°±2°	18°±2°	16°±2°
间隙/mm	4~5		

反面成形的质量主要与第一层打底焊所选择的工艺参数有关。焊接时，电弧不能直接吹在黄砂上，以防黄砂卷入熔池而形成夹渣。一般采用直径为 4mm 的焊条焊接，焊接电流为 140~180A。运条时，保持焊条前倾 10°~15°，短弧操作，电弧长度要保持一致，并均匀地直接向前移动，不宜做横向摆动。换焊条时，引弧点应选在前一段焊缝末端后 10~15mm 处，并且动作要迅速，当弧坑还处于高温状态时立即起弧。

4. 手工操作单面焊

手工操作单面焊一般分为连弧法和断弧法两种。连弧法焊接电弧燃烧不间断，具有生产率高、质量好的特点。如果焊条的操作工艺性能得到改善，连弧法仅要求操作者保持平稳和均匀的运条，其手法没有太大变化，所以易被焊工掌握。断弧法是依靠电弧时起时灭的时间长短来控制熔池温度的。因此，焊接参数的选择范围较宽，易于掌握，但生产率低，焊接质量不如连弧法。下面以板厚 12mm 的焊件为例，介绍其焊接技术。

（1）装配与定位焊　装配时，为防止焊缝的横向收缩变形所造成的接缝后部间隙缩小的现象，要求采用不等间隙的装配方法，错边量≤0.5mm，如图 4-92 所示。在焊件背面两端进行定位焊，定位焊缝长度约 10mm。定位焊要牢固，防止焊接过程中产生过大的变形，使后部间隙收缩，造成根部未焊透，甚至产生末端定位焊缝开裂的现象，使焊接无法进行。

装配定位焊后的焊件要预制反变形，反变形角度 θ≈3°~4°，如图 4-93 所示。但横对接单面焊反变形角度为 6°~7°。

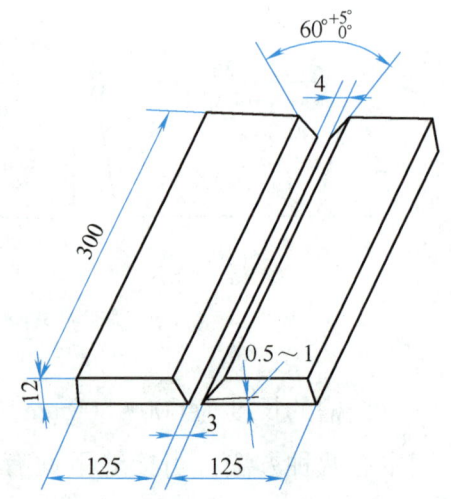

图 4-92　定位焊的焊件尺寸

（2）操作技术

1）平对接连弧法打底焊。始焊时，在定位焊点上引弧，引燃电弧后，稍作摆动预热，再将电弧移到定位焊缝与坡口根部相接处，压低电弧，稍作停顿，当坡口根部金属被熔化并击穿时,将焊条迅速拉起恢复正常弧长向前施焊。焊条角度如图 4-94 所示。

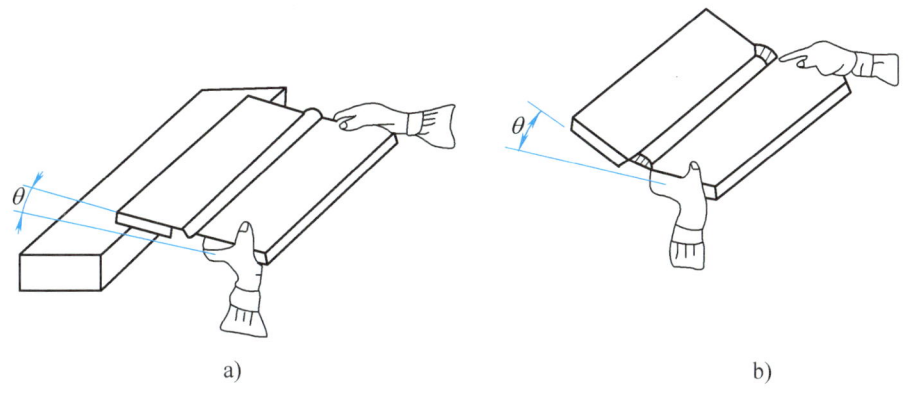

图 4-93　预制反变形方法

施焊过程中要严格采用短弧,运条速度要均匀,并将电弧的 2/3 覆盖在熔池上,以保护熔池金属,防止产生气孔。电弧的 1/3 保持在熔池前,用来熔化并击穿坡口根部,形成熔孔,保证焊透和形成良好的反面焊缝。

当焊条长度剩下约 50mm 时,即向焊接反方向回焊 10~15mm,并逐渐将电弧拉长,直至熄灭,防止反面焊缝形成冷缩孔。

焊缝接头连接方法有热接法和冷接法两种。

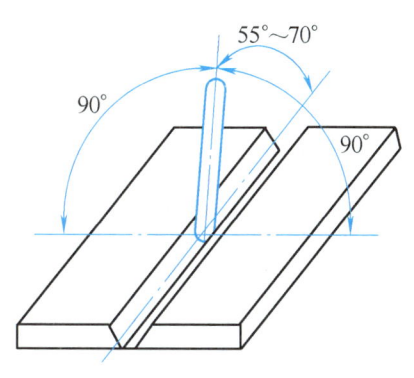

图 4-94　平对接连弧法打底焊的焊条角度

热接法就是在熔池未冷下来呈红热状态之前,迅速更换焊条,在弧坑前端约 10mm 处引燃电弧,将电弧做横向摆动至焊缝修磨成缓坡口的交接处,压低电弧,并稍作停顿,当听到电弧击穿声后将电弧迅速拉起,恢复正常弧长,进行焊接。冷接法就是在更换焊条后,当熔池已完全冷却时,在接头前先将收弧处焊缝修磨成缓坡形,然后再引弧,当听到击穿声并形成新的熔孔后,转入正常焊接。

连弧焊的打底焊要尽量采用热接法接头,这样容易保证焊接质量。

2) 平对接断弧法打底焊。起焊时在定位焊缝与坡口根部相接处,以稍长的电弧在该处进行摆动,预热两三个来回,然后压低电弧,当听到电弧击穿坡口发出噗噗声时,看到坡口根部熔化并形成熔池后,立即提起焊条,熄灭电弧,此处所形成的熔池是整条焊缝的起点,称为熔池座。熔池建立之后,采用断弧法转入正常焊接。焊接时的焊条角度如图 4-95 所示。

施焊中每次引燃电弧的位置在坡口某一侧压住熔池 2/3 的地方，电弧引燃后立即向坡口另一侧运条。运条方法如图 4-96 所示。在另一侧稍作停顿后，迅速向斜后方提起焊条熄灭电弧。

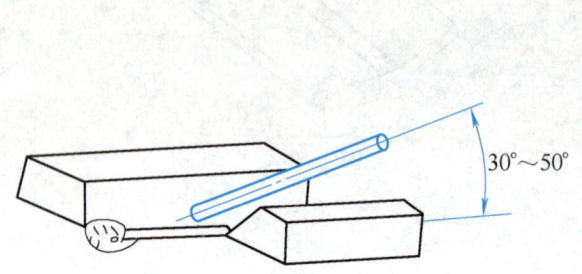

图 4-95　平对接断弧法打底焊的焊条角度　　　图 4-96　平对接断弧法打底焊的运条方法

要求每次引弧位置准确，电弧燃灭的节奏要平稳，控制熔孔的位置与大小要求趋于一致，如图 4-97 所示，并注意掌握好电弧的熄灭时间，以控制熔池的温度。如果燃弧时间过长，则熔池温度高，熔化缺口太大，在坡口反面可能出现焊瘤，甚至出现烧穿现象。若灭弧时间过长，则熔池温度偏低，易产生未焊透现象。灭弧时间应控制在熔池金属尚有 1/3 未凝固的瞬间，过后立即重新引燃电弧。其节奏控制在每分钟灭弧 45～55 次。

手工单面焊接头是关系到反面成形质量好坏的一个重要因素，因此必须引起足够的重视。平对接断弧焊接头的连接方法如图 4-98 所示。当焊条长度只剩下约 50mm 时，即压低电弧并向熔池边缘连续过渡几粒熔滴，以便反面焊缝饱满，防止形成冷缩孔，然后迅速更换焊条，在图 4-98 所示位置"1"处重新引燃电弧，等电弧移到位置"2"后以长弧摆动两个来回，在位置"7"处压低电弧，稍作停顿，待听到噗噗击穿声时，迅速将电弧沿坡口侧后方拉长并熄灭，然后转入正常焊接。

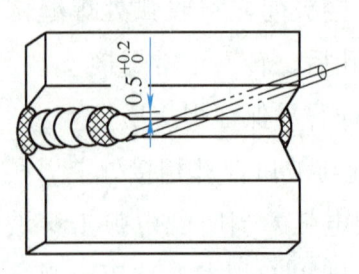　　　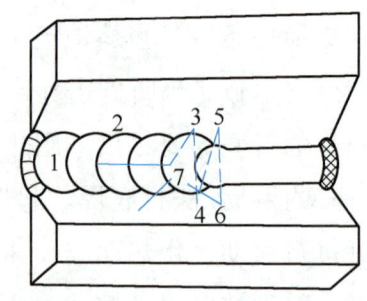

图 4-97　平对接焊熔孔的位置和大小　　　图 4-98　平对接断弧焊接头的连接方法

3）平对接单面焊焊接参数。焊接过程中由于熔化铁液受重力和电弧吹力的作用,如果熔池温度稍高,易使反面焊缝产生超差、焊瘤等缺陷。连弧法主要靠合适的焊接热输入来控制熔池的温度,因此连弧法的焊接电流比断弧法的要小些,其焊接参数见表4-34。

表4-34 平对接单面焊的焊接参数

焊条型号	焊缝层次		焊条直径/mm	焊接电流/A	电源极性	焊接次序示意图
E4315	打底焊道(第一层)	连弧法	3.2	80~90	直流反接	
		断弧法	3.2	95~105		
	中间层(第二、三层)	连弧法	4.0	160~175		
		断弧法	4.0	160~175		
	盖面层(第四层)	连弧法	4.0	150~165		
		断弧法	5.0	220~230		

4)横对接连弧法打底焊。把焊件接缝水平放置,且间隙较小一端放在左侧,从此端起弧。连弧打底焊时,在焊件端部的定位焊缝上引弧,引燃电弧后,稍作停顿,以便预热,然后将电弧上下摆动,移至定位焊缝与坡口的连接处,压低电弧,待坡口根部熔化并击穿形成熔孔后,转入正常焊接。施焊过程中要严格采用短弧,运条速度要均匀,并在坡口上侧停留时间稍长些,以使熔孔熔入坡口上侧的尺寸略大于坡口尺寸,并注意使坡口两侧熔合良好,以防止焊缝背面产生未焊透、焊缝内凹、焊缝下坠或焊瘤等缺陷。

5)横对接断弧法打底焊。在定位焊缝与坡口根部的连接处建立熔池座,然后用断弧法转入正常焊接,运条方法和焊条角度如图4-99所示。焊接过程中电弧始终要在坡口上侧引燃,向下侧运条,在下侧根部稍有停留,但停留时间略小于上侧,然后将电弧沿坡口侧后方拉长熄灭。焊接节奏要稍慢,25~30次/min即可,其熔孔缺口以0.8mm左右为宜,如图4-100所示。接头方法与断弧平焊法基本相同。

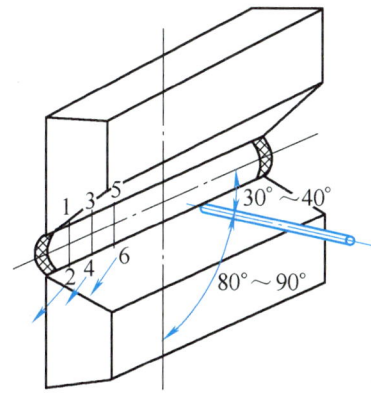

图4-99 横对接断弧法打底焊的运条方法和焊条角度

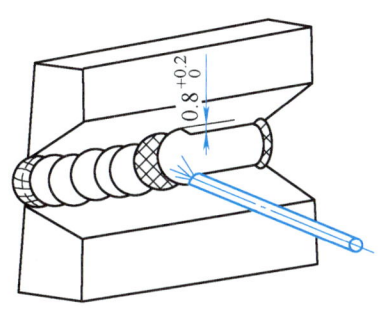

图4-100 横对接断弧法熔孔的位置及尺寸

6) 横对接单面焊双面成形。单面焊双面成形的横对接焊,由于熔化铁液受重力作用,同时打底焊过程中坡口上下侧受热不均匀,坡口上侧受热较大,易出现熔化铁液下淌现象,从而造成咬边、焊瘤、未焊透等缺陷。因此,要采用表4-35所列的较小的焊接参数进行焊接。

表4-35 横对接单面焊双面成形焊的焊接参数

焊条型号	焊缝层次		焊条直径/mm	焊接电流/A	间隙/mm	反变形量	极性	焊接次序示意图
E5015	打底焊道	连弧法	2.5	70~80	2~3	7°~8°	直流反接	
		断弧法	3.2	100~110	3~4			
	中间层(第二、三层)	连弧法	3.2	120~140	—			
		断弧法	4	160~165				
	盖面层(第四层)	连弧法	3.2	120~125				
		断弧法	4	155~160				

项目训练十三 V形坡口单面焊双面成形

(一) 训练图样(图4-101)

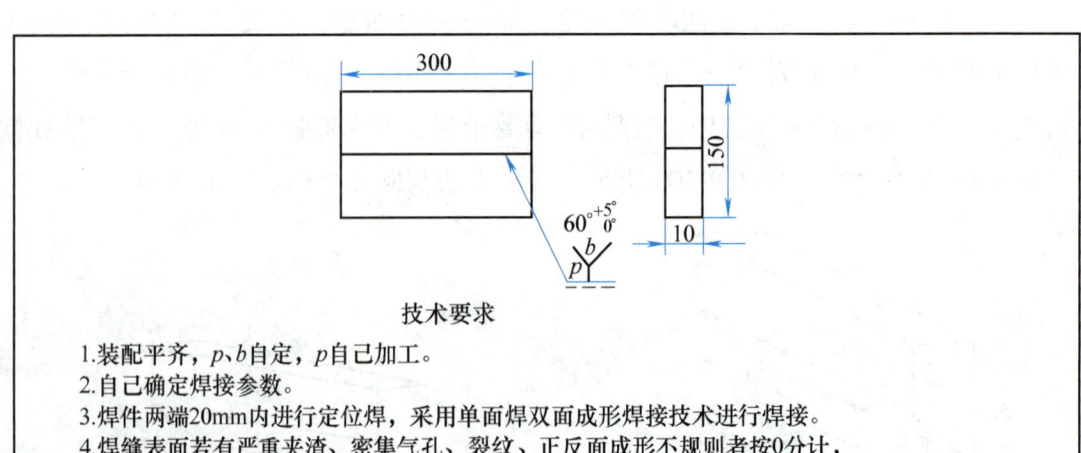

技术要求
1.装配平齐,p、b自定,p自己加工。
2.自己确定焊接参数。
3.焊件两端20mm内进行定位焊,采用单面焊双面成形焊接技术进行焊接。
4.焊缝表面若有严重夹渣、密集气孔、裂纹、正反面成形不规则者按0分计,
  焊后保持焊缝原始状态,不得修饰、补焊。

课题号	13	课题名称	V形坡口单面焊双面成形
材料	Q235	备材要求	300×75×10,2块
核定工时/min		60	实做工时/min

图4-101 训练图样

（二）训练要求

1. 训练目的

掌握单面焊双面成形打底焊的操作要领与技巧，能正确选择焊接参数，焊接时能根据实际情况调整工艺参数，如焊接电流、运条方法、电弧长度，以达到能良好地控制熔池温度与形状的目的。

2. 训练内容

1）填写焊接工艺卡（表 4-36）

表 4-36 焊接工艺卡

焊接层数	焊条直径/mm	焊接电流/A	焊条角度	焊接方法	运条方法	间隙/mm	钝边/mm	反变形角度	电弧长度/mm

2）焊缝正背面余高 0.5~1.5mm，宽度宽于坡口两侧 1~1.5mm，表面无任何焊缝缺陷，按 GB/T 3323.1—2019 标准进行 X 射线检验，Ⅱ级片以上。

3）单面焊双面成形打底焊灭弧焊的训练。

4）起头预热方法，接头的操作（冷接法、热接法）以及收尾方法的训练。

5）控制熔孔方法的训练，观察熔池温度的训练。

6）焊条运条时的准确性训练，填充焊、盖面焊的训练。

3. 工时定额

工时定额为 60min。

4. 安全文明生产

1）能正确执行安全技术操作规程。

2）能按文明生产的规定，做到工作场地整洁，焊件、工具摆放整齐。

（三）训练步骤

坡口检查与修整→坡口钝边尺寸的确定与锉削→装配焊→反变形→焊件摆放位置→打底焊→填充焊→盖面焊→清渣、检查。

（四）训练时间

训练时间为 12 学时。

（五）项目评分标准

项目评分标准见表 4-37。

表 4-37　项目评分标准

序号	检测项目	配分	技术标准	实测情况	得分	备注
1	焊缝正面余高	6	余高 0.5~1.5mm，每超差 1mm 扣 3 分			
2	焊缝背面余高	8	余高 0.5~1.5mm，每超差 1mm 扣 4 分			
3	焊缝正面宽	8	比坡口两侧增宽 1~1.5mm，每超差 1mm 扣 4 分			
4	焊缝背面宽	4	比焊缝两侧增宽 1~1.5mm，每超差 1mm 扣 2 分			
5	焊缝正背面成形	6	要求整齐、美观、波纹细、均匀、光滑，否则每项扣 2 分			
6	咬边	6	深<0.5mm，每长 5mm 扣 3 分；深>0.5mm，每长 5mm 扣 6 分			
7	未焊透	8	无，若有，每长 5mm 扣 4 分			
8	未熔合	4	深<0.5mm，每长 5mm 扣 2 分；深>0.5mm，每长 5mm 扣 4 分			
9	焊瘤	6	无，否则每个扣 3 分			
10	气孔	4	无，否则每个扣 2 分			
11	错边与角变形	2	无，否则每个扣 2 分			
12	正背面连接	4	良好，凡脱节或超高者，每处扣 4 分			
13	焊件清洁度	2	清洁，否则每处扣 1 分			
14	X 射线检验	30	Ⅰ级片合格，Ⅱ级片合格扣 10 分，Ⅲ级片合格扣 30 分			
15	安全文明生产	2	安全文明操作，否则扣 2 分			
	总　分	100	项目训练成绩			

榜样的力量

大国工匠

秦毅（图 4-102），中国船舶集团有限公司（以下简称中船公司）首席技师，获得中华技能大奖、全国技术能手、中央企业"百名杰出工匠"、中央企业劳动模范、全国优秀共青团员、中央企业青年成长成才身边的榜样、上海市五一劳动奖章、上海市十大工人发明家、上海工匠以及中船舶公司技术能手、中船舶公司劳动模范、中船公司优秀共产党员等荣誉，并先后申报成立上海市劳模技能创新工作室和上海市技能大师工作室，享受国务院政府特殊津贴。

2003年，作为连续两届中船公司焊接冠军，秦毅参加了第六届"工程建设杯"全国焊接比赛，技冠群雄，夺得全国中央企业组第一名，成为中船公司最年轻的全国技术能手。兄弟单位都羡慕地说："秦毅在，我们就只能争第二了。"

2004年，24岁的秦毅经过层层选拔，被选派前往日本三井造船厂学习当时国内还是空白的殷瓦钢焊接技术，殷瓦钢焊接通常一名优秀焊工练习3个月都难以通过培训考试，而秦毅在1个月就掌握和消化了此项本领，成为中国第一个合格殷瓦钢焊工。LNG船用于运输零下163℃的液化天然气，因其建造难度极大，被誉为造船"皇冠上的明珠"。殷瓦钢焊接更是核心建造难点，它是一种耐超低温不膨胀的特殊不锈钢材料，厚度仅0.7mm，薄如纸片。全船殷瓦钢焊缝总长约130km，焊后需进行6项严格密性试验，并保证100%无泄漏。

图 4-102　秦毅

作为国内殷瓦钢焊接G证第一人的秦毅出任了全国第一批殷瓦钢焊工培训总教头，他编制了完整的培训方案，重基础、重创新，为中国第一艘LNG船成功建造提供了技术人才保障。同时他还将殷瓦钢自动焊、手工平焊、手工立焊、手工仰焊等不同工位的施焊方法整理成工艺规范和作业指导书，这是国内唯一的殷瓦钢焊接技术规范，是建造LNG船的"宝典"级教材。

第五章

常见焊接缺陷及防止措施

质量是产品的核心，良好的建造质量是保证焊接结构安全工作的重要条件。船体是典型的焊接结构，其焊接接头都是强致密焊缝，既要求保证接头的强度，又要求保证焊缝的致密性，还要求能承受大风大浪强风暴的冲击。其他的焊接结构如压力容器、桥梁也是如此。因此，在这些焊接结构的建造过程中，切实保证焊接接头质量，搞好焊缝的质量检验，是每个焊接工作者的重要职责。

本章通过对焊接接头缺陷及其危害性的分析，学生应了解焊接缺陷的性质、产生原因和防止措施，了解焊接接头质量的检验方法，慎重对待焊接操作，从而保证产品的质量。

第一节 概 述

【学习目标】

1) 了解焊接缺陷的危害。
2) 熟悉焊接质量检验的流程。

一、焊接缺陷的危害

焊接接头质量的好坏，直接影响着结构的使用寿命和安全。船舶、起重机械等焊接结构的焊接接头如果存在严重的焊接缺陷，在恶劣环境下，就有可能造成部分结构断裂，甚至引起重大事故。同样，锅炉及压力容器的重要焊缝，如果存在严重的焊接缺陷，也有可能造成结构破裂，甚至引起锅炉及压力容器爆炸的灾难。历史上，这样的例子不胜枚举。

根据调查，采用焊接结构制造的4694艘海船中，发生大小事故的共达970艘之多。其中，不少在试航不久即折成两段，有的在航行中沉没。日本在 1935 年 6 月 29 日的海军演习中，第四舰队的一艘驱逐舰突然折断；1969 年，日本还发生了一艘 5 万 t 矿石运输船在太平洋航行途中断裂成两节而沉没的事件；1980 年 3 月 27 日，北海亚历山大基兰德号海上石油平台，因焊接缺陷等原因发生严重断裂倒塌事故，仅 25min 就沉入海底，123 名船员无一生还。

尤为严重的是，焊接缺陷给各类压力容器带来了灾难性的恶果。1944 年 10 月，美国俄亥俄州煤气公司液化天然气储藏基地设置的 3 台内径 17.4m 的焊接球罐，由于裂纹的扩展，突然发生爆炸，酿成大火，致使 128 人死亡，损失 680 万美元；美国纽约也发生过一起直径 11.7m、壁厚 16.7mm 的储氢球罐破裂成 20 块的事故。

在英国，壁厚 150mm、直径 1.7m、长 18.2m 的氨合成塔，于 1965 年 6 月完工后做水压试验时发生爆炸，裂纹长达 4575～6100mm，两节完全裂开。爆炸时，一块重 2t 多的碎片飞出 46m。日本也曾多次发生爆炸事例，如 1968 年在德山县，一个内径为 16.2m 的丙烯球罐在做水压试验时破裂，就是其中一例。

我国制造的压力容器与储罐发生的爆炸事故也是相当严重的。1978 年，我国生产的锅炉及压力容器共发生重大事故 660 起，爆炸 258 起；1979 年 1 月～10 月，我国锅炉及压力容器重大事故与爆炸事故发生了 454 起，死亡人数比 1978 年增加了 49%，其中较为严重的是某化学工业公司化肥厂水洗塔爆炸事故，最重的一块碎片为 3.42t，飞出 60m，造成损失达 272 万元；1979 年 12 月 18 日，某煤气公司 102 号石油液化气储罐破裂，喷出大量可燃气体，遇明火爆炸起火，顿时火光冲天，损失达 627 万元，成为世界闻名的灾难性事故之一。

显然，发生严重事故的根源主要是潜伏在各类焊接结构内部的隐患，即焊接缺陷。

二、焊接质量检验的重要性

经验教训使人们认识到，对焊接接头进行必要的检验，是保证焊接质量，避免出现事故的一项重要措施。

世界各国对船舶、压力容器等焊接结构的质量检验都极为重视，也是极为严格的，设有专门机构（如船级社、海事协会、锅炉质量检验所等）从事这方面的工作。我国船级社负责船舶从设计、施工到交船、验收各个环节的质量监督工作，这就保证了船舶的建造质量。

焊接质量的优劣取决于多方面的因素，诸如母材和焊接材料的质量，焊件坡口的加工和边缘的清理工作质量，焊件装配质量以及焊接参数、装焊工艺规程、焊接设备、焊工的技能和工作情绪等。

为了确保船舶、压力容器等焊接结构的焊接质量，必须进行三个阶段的检验，即焊前检验、焊接过程中的检验和焊后成品检验。

焊前检验是防止缺陷和产生废品的重要措施之一，必须引起足够的重视。焊前检验包括对母材、焊接材料的检验；坡口准备、装配质量检验；焊接工艺的评定及焊工考试鉴定等。

焊接生产过程中的检验，包括施工环境、焊接规范和规则执行情况的检验与监控，焊接工装夹具以及设备运行情况的检验等。

焊后成品检验属于对产品质量的最终检验。其检验项目有：
1）检查焊接结构的几何形状及尺寸是否符合图样及有关规定的要求。
2）检查焊缝的外观质量及尺寸。
3）检验焊缝的表面、近表面及内部缺陷。
4）检验焊缝的承载能力及致密性。
5）检验焊接接头的力学性能。

第二节　焊接缺陷种类及防止措施

【学习目标】

1）了解焊接缺陷的种类及形成原因。
2）掌握常见焊接缺陷的防止措施。

焊接过程中，在焊接接头中产生的不符合设计或工艺文件要求处称为缺陷。焊接缺陷的类型很多，按其在焊缝中的位置可将缺陷分为内部缺陷和外部缺陷。外部缺陷暴露在焊缝的表面，用肉眼或低倍放大镜就可以看到，如焊缝尺寸及形状不合要求、咬边、弧坑、表面裂纹、表面气孔、飞溅、焊瘤、弧伤等；内部缺陷位于焊缝的内部，可用无损检测或力学性能等试验方法来发现，如未焊透、未熔合、夹渣以及内部气孔、内部裂纹等。

一、裂纹

裂纹是焊接结构中危险性最大的缺陷之一。它不仅减少了焊缝的有效截面，而且裂纹的端部应力高度集中，裂纹极易扩展导致整个结构的破坏，造成灾害性事故。因此，在鉴定一种新的金属材料和焊接材料时，也常把材料形成裂纹倾向的大小，作为判断材料焊接性好坏的一个重要标志。

焊接裂纹是指在焊接应力及其他致脆性因素的共同作用下，焊接接头中局部地区的金属原子结合力遭到破坏，而形成新界面时产生的缝隙。它具有尖锐的缺口和大的长宽比的特征。

裂纹会出现在焊缝或热影响区中，它可能位于焊缝的表面，也可能存在于焊缝的内部。按照检测的方法，可将裂纹分为宏观裂纹和微观裂纹；按照与焊缝中心线的相对位置，可将裂纹分为纵向裂纹和横向裂纹；按照裂纹存在的部位，又可将裂纹分为弧坑裂纹、焊根裂纹、焊趾裂纹、焊道下裂纹及层状撕裂等，如图 5-1 所示。按照裂纹的形成范围和原因，还可将裂纹分为热裂纹、冷裂纹、层状撕裂和再热裂纹。

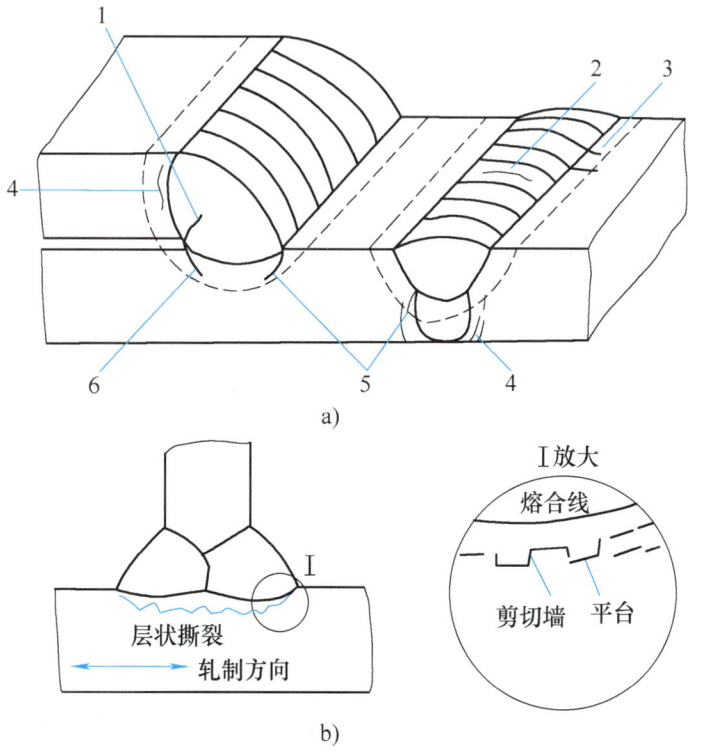

图 5-1 各种裂纹的分布情况

1—焊缝纵向裂纹 2—焊缝横向裂纹 3—热影响区裂纹 4—焊道下裂纹 5—焊趾裂纹 6—焊根裂纹

1. 热裂纹

焊接过程中，焊缝和热影响区金属冷却到固相线附近的高温区所产生的焊接裂纹叫热裂纹。它一般分成结晶裂纹、高温液化裂纹和多边化裂纹。其中结晶裂纹是焊接结构中最为常见的裂纹。在分析热裂纹形成的机理时，主要以结晶裂纹为主。

所谓结晶裂纹，是指焊缝在结晶过程中，固相线附近由于凝固金属收缩时，残余液相不足，在焊接拉伸应力的作用下，致使沿晶界开裂的现象。结晶裂纹主要出现在含杂质较多的碳钢焊缝中，特别是含硫、磷、硅、碳较多的焊缝中。

（1）结晶裂纹的特点

1）产生的温度和时间。热裂纹一般产生在金属凝固过程中，但也有产生在凝固结束之后的。所以，它的发生和发展都处在高温下（固相线附近），从时间上来说，是处于焊缝金属结晶过程中。

2）产生的部位。结晶裂纹绝大多数出现在焊缝金属中，有时也可能在热影响区中产生。

3）外观特征。结晶裂纹沿焊缝长度方向分布，大多数向表面开口，开口宽度为 0.05~0.5mm。裂纹末端呈圆形。裂纹扩展到表面与空气接触后呈明显的氧化色。

4）金相特征。结晶裂纹都发生在晶界上，具有晶间断裂特征，所以又称为晶间裂纹。

（2）结晶裂纹产生的原因　焊缝金属在冷却凝固以及随后的继续冷却过程中，体积都要发生收缩，但由于受到焊缝周围金属的阻碍，对焊缝金属产生拉应力，这是产生热裂纹的外因（必要条件）。焊缝刚开始结晶时，这种拉应力就产生了，但由于此时晶粒刚开始生长，液体金属比较多，流动性好，由拉应力而造成的晶粒间的间隙都能被液体金属所填补，不会引起结晶裂纹。当温度继续下降时，柱状晶体继续生长，拉应力也逐渐增大。如果焊缝含有低熔点共晶物，则由于它的熔点低，凝固滞后，就被柱状晶体推向晶界，并聚集在晶界上形成一层液态薄膜（即焊缝金属结晶过程中以液态薄膜的形式存在于焊缝金属当中），这时，拉应力已发展得比较大，而作为液体夹层的低熔点共晶本身没有什么强度，这就使焊缝金属晶粒间的结合力大为削弱。在拉应力作用下，柱状晶体之间的空隙增大，这样就产生了裂纹。由此可见，产生结晶裂纹的原因是由于焊缝中存在液态薄膜和在焊缝凝固过程中有拉应力共同作用造成的。因低熔点共晶物所形成的液态薄膜是产生结晶裂纹的根本原因,而拉应力是产生结晶裂纹的必要条件。

(3) 防止热裂纹的措施

1) 认真把好材料关。凡用于建造船舶、压力容器等重要焊接结构的钢材和焊接材料,都必须有相关检验部门的验证认可,同时还必须做到以下几点:

① 钢材和焊丝的硫含量。对碳钢和低合金钢来说,硫的质量分数应不大于 0.025%;对于焊丝来说,硫的质量分数一般不大于 0.030%;焊接高合金钢用的焊丝,其硫的质量分数则不大于 0.020%。

② 焊缝的碳含量。通过实践得知,当焊缝金属中碳的质量分数小于 0.15% 时,产生裂纹的倾向就小。所以,一般碳钢焊丝如 H08A、H08MnA、H08Mn2Si、H08Mn2SiA 等,碳的质量分数最高都不超过 0.10%。在焊接低合金高强度钢时,焊丝中的碳含量更要严格控制,甚至要用碳的质量分数在 0.03% 以下的超低碳焊丝。

③ 提高焊丝中的锰含量。锰能与 FeS 作用生成 MnS,MnS 本身的熔点比较高,也不会与其他元素形成低熔点共晶物,所以可以降低硫的有害作用。一般在锰的质量分数低于 2.5% 时,锰可起到有利的作用。在高合金钢和镍基合金中,同样可以用锰来消除硫的有害作用。

④ 加变质剂。当在焊缝金属中加入钛、铝、锆、硼或稀土金属铈等变质剂时,能起到细化晶粒的作用。由于晶粒变细了,因此晶粒相对增多,晶界也随之增多。这样,即使存在低熔点共晶物,也会分散开来,使分布在晶界局部区域的杂质数量减少,从而降低了低熔点共晶物的偏析,这样就有利于消除结晶裂纹。最常用的变质剂是钛。

⑤ 形成双相组织。如铬镍奥氏体不锈钢焊接时,在焊缝金属中加入能够形成双相组织的元素硅,当焊缝形成奥氏体加铁素体的双相组织时,不仅打乱了奥氏体的方向性,使焊缝组织变细,而且提高了焊缝的抗结晶裂纹的能力。

2) 严格控制焊接参数。选用合理的焊缝成形系数、合理的焊接顺序和焊接方向,尽可能采用小电流和多层多道焊等,都能减小焊接应力,而有利于减小结晶裂纹产生的倾向。

3) 采取预热和缓冷措施。除奥氏体钢等材料外,其余材料在焊接时尽量减小焊接结构的刚度。对刚度大的焊件,必要时应采取预热和缓冷措施,以减小焊接应力。

2. 冷裂纹

焊接接头冷却到较低温度下（对于钢来说在 Ms 温度以下）时产生的焊接裂纹叫冷裂纹。它一般分成延迟裂纹、淬硬脆化裂纹和低塑性脆化裂纹等，其中延迟裂纹最为普遍。

所谓延迟裂纹，是指钢的焊接接头冷却到室温后并在一定时间（几小时、几天甚至十几天）后才出现的焊接裂纹。延迟裂纹主要出现在中碳钢、高碳钢及合金结构钢等高强度钢的焊接接头中。

（1）冷裂纹的特点

1）产生的温度和时间。产生冷裂纹的温度通常在 300℃ 以下，产生的时间主要在焊缝金属冷却凝固后的一段时间。

2）产生的部位。冷裂纹大多产生在母材或母材与焊缝交界的熔合线上，通常出现在焊道下、焊趾和焊缝的根部，如图 5-1 所示。

3）外观特征。冷裂纹走向大体与熔合线平行，即所谓纵向裂纹，少数情况下会出现走向垂直于熔合线或焊缝轴线的横向裂纹。从宏观上看，冷裂纹断口没有明显的氧化色彩，而具有发亮的金属光泽。

4）金相特征。冷裂纹可以是晶间断裂，也可以是晶内断裂，而且常常可以见到晶间与晶内的混合断裂。

（2）冷裂纹产生的原因

1）焊接应力。焊接应力一方面来自外部，即由于焊接结构本身存在的自重，以及随着焊接过程的进行，结构刚度的不断增大，使得焊接结构对焊缝存在着越来越大的拘束度（衡量焊接接头刚度大小的一个定量指标），这就产生了很大的焊接应力。另一方面来自接头内部，即由于温度分布不均匀而造成的温度应力和由于相变过程（特别是马氏体转变时）形成的组织应力。

2）淬硬组织。在易淬火钢焊接接头的热影响区中，凡是加热温度超过了相变温度而出现了奥氏体晶粒的区域，在焊后冷却速度较快的条件下，都可能出现马氏体组织。马氏体的硬度高、塑性差，其晶粒越粗大，则焊接接头的脆性就越严重。易淬火钢焊接接头的熔合线和过热区的淬火组织，都是粗大的马氏体，因此这个部位是整个接头中脆化最严重、抗热裂性最差的区域，当受到焊接应力的作用时，熔合线和过热区最容易出现冷裂纹。焊道下裂纹、焊根裂纹和焊趾裂纹都产生在这个区域。

焊缝金属内部之所以不会出现冷裂纹，是因为焊缝中碳含量控制得比较低，其淬火倾向较小，塑性好，具有较高的抗热裂性。只有当焊缝金属的碳含量与母材相同或相近时，才有可能产生冷裂纹。

3）焊缝含氢量。低合金高强度钢焊接时容易产生热影响区冷裂纹。焊接冷裂纹产生的另一个重要原因是焊接母材中原有的氢和焊接过程中焊缝金属吸收的氢过多。母材含氢量取决于原材料的冶炼方法，焊接时吸氢量的多少取决于焊接方法、焊条药皮或焊剂类型及其干燥条件、焊接环境的温度等因素。焊接时，随着熔池温度的降低，氢的溶解度也降低，因此便有相当多的氢析出而聚集在热影响区熔合线附近，形成一个富氢带。当此处存在显微缺陷，如晶格空位、空穴……时，氢原子就在这些部位结合成分子状态的氢，在局部地区造成很大的压力，加之已产生的焊接应力，就促使焊接接头生成冷裂纹。

（3）防止冷裂纹的措施

1）选用低氢型的碱性焊条，以减少焊缝中氢的含量。

2）严格遵守焊接材料的保管、烘焙和使用制度，谨防受潮。

3）仔细清理坡口边缘的油污、水分和锈迹，减少氢的来源。

4）根据材料等级、含碳量、构件厚度、施焊环境等，选择合理的焊接参数和采用合适的焊接工艺措施，如预热、后热、控制层间温度、焊后热处理以及选择合理的装焊顺序和焊接方向等。

预热是指焊接开始前，对焊件的全部或局部进行 80~150℃ 的加热或保温，使其缓冷的工艺措施，可以减小焊接应力。

后热是指焊后立即将焊件加热到 250~350℃，并保温 1~2h，然后在空气中冷却的工艺措施，这样可以消除焊接应力和减小扩散氢的作用。

层间温度是指多层焊时，在焊后道焊缝之前，其相邻焊道应保持的最低温度。

焊后热处理是指焊后为改善焊接接头的组织和性能或消除残余应力而进行的工艺措施。结构钢的焊后热处理以不超过母材的回火温度为准，一般为 550~620℃，保温时间视焊件厚度而定。

采用上述的这些工艺方法都能改善焊件的应力状态，避免热影响区过热、晶粒粗大所造成的接头脆化现象，从而降低冷裂纹的产生倾向。

3. 层状撕裂

层状撕裂也是一种冷裂纹。它是一种焊接时在构件中沿钢板轧层形成的呈阶梯状的裂纹。这类裂纹主要产生在母材中，其发生位置常在距焊缝熔合线 10mm 左右或板厚中心，如图 5-2 所示。这种裂纹都出现在刚度较大、拘束度较高的焊接接头中。

产生层状撕裂的主要原因是钢材中含有过多的非金属杂质。在轧制钢板的过程中，这些杂质被轧成长条状和层状，使钢材变得像胶合的多层板那样，在厚度方向抵抗外力的能力很弱，当受到板厚方向上的拉应力和扩散氢等因素影响时，即出现层状撕裂。

要防止层状撕裂，除了采取上述防止冷裂纹的主要措施之外，还应提高钢材质量，在金属冶炼时减少钢中的杂质或改变这些杂质的性质，如采用抗层状撕裂的"Z"向钢。这种钢在板厚方向具有足够的塑性变形能力，

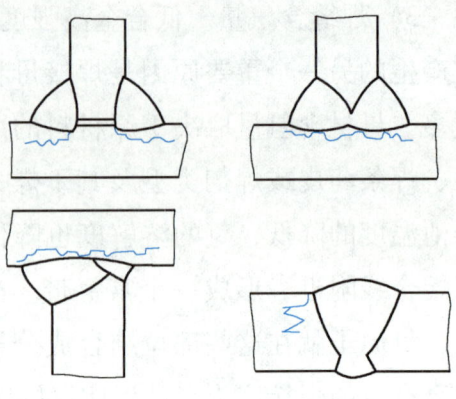

图 5-2　几种典型的层状撕裂

具有强度高、韧性好、脆性转变温度低、耐腐蚀等特点，其硫的质量分数在 0.01% 以下；在设计和工艺方面，则应考虑减小板厚方向的拉应力，这也是防止层状撕裂的主要措施。

4. 再热裂纹

再热裂纹是焊后将焊件在一定温度范围内再次加热（消除应力热处理或其他加热过程）而产生的裂纹，一般也称为消除应力裂纹。这种裂纹在很多钢材中都有，如低合金结构钢、奥氏体不锈钢、铁素体抗蠕变钢、镍基合金钢等。特别是在国内常用的 MnMoNb 系列低合金钢焊接容器中曾数次出现再热裂纹。

再热裂纹都产生在靠近热影响区粗晶带或多层焊的焊层间，沿奥氏体晶界扩展，而结束于焊缝和热影响区细晶带。它大多隐藏在焊件内部，常规无损检测难以发现，待发现时，裂纹已处于较严重的状态。再热裂纹难以焊补，有的在焊补后的热处理过程中又产生新的再热裂纹，这样多次反复，降低了焊件的其他性能指标。为防止焊后再次热处理过程中又产生新的再热裂纹，有时不得已取消消除应力热处理。

对再热裂纹产生的原因，有不同的观点，至今尚未统一。但都认为：焊件在进行高温加热消除应力时，热影响区的应变能力补偿不了消除应力的变形，而导致裂纹。热影响区应变能力不足是由于通过高温消除应力时，热影响区靠近熔合线处的金属晶粒处于过热状态而产生强烈的脆化，释放应力所需的应变不可能通过晶粒内的滑移来松弛，而引起晶界滑移产生应力集中现象，最终导致晶界分离破坏，从而酿成晶间的再热裂纹。

防止再热裂纹可采取下列措施：

1）控制母材及焊缝金属的化学成分，适当调整各种易产生再热裂纹的敏感元素，如铬、铝、钒等元素的含量。

2）选用低强度高塑性焊条，能降低焊缝强度，提高塑性变形能力，可以减少近熔合区塑性应变的集中程度，从而有利于减小再热裂纹产生的倾向。

3）适当提高热输入，可以减小过热区的硬度，有利于减小再热裂纹倾向。

4）采用较高预热温度（200~450℃），可防止再热裂纹的产生。

5）改善焊接结构的应力状态，可以避免应力集中，减小应力。当然，在实际生产中还应尽量消除应力集中源，如咬边、未焊透等缺陷。

6）合理选择消除应力热处理的温度，避免采用600℃这个对再热裂纹来说很敏感的温度。适当减慢热处理的加热速度，以减小温差应力，也可以有效地防止再热裂纹的产生。

二、气孔

气孔是焊缝金属的主要缺陷之一，它不仅削弱了焊缝的有效工作截面，同时也会带来应力集中，显著降低焊缝金属的强度和塑性，特别是冷弯和冲击韧度降低更多。气孔对动载荷情况下，尤其是在交变载荷下工作的焊接结构更为不利，它显著降低了焊缝抗疲劳强度；过大的气孔还会破坏焊缝金属的致密性。

气孔不仅出现在焊缝的表面，有时也出现在焊缝的内部，并且不易检查出来，其危害性相当严重。

气孔是在焊接时熔池中的气泡，在熔池冷却凝固时未能逸出而残留下来所形成的空穴。根据气孔产生的部位不同，可将气孔分为表面气孔和内部气孔；根据气孔在焊缝中的分布情况不同，可将气孔分为单个气孔、连续气孔和密集气孔；按气孔的形状不同，可将气孔分为球形状气孔、椭圆形状气孔、条虫状气孔、针状气孔和旋涡状气孔；按形成气孔的气体种类不同，又可将气孔分为氢气孔、氮气孔和一氧化碳气孔。

1. 产生气孔的原因

1）焊条受潮，特别是低氢型焊条，使用前烘焙温度和时间没有达到规定的要求，或因烘焙温度过高而使药皮中部分组成物变质失效。

2）焊件表面及坡口处有油污、铁锈、水分以及焊丝表面有滑石粉、润滑油等。

3）焊接电流过大，造成焊条发红、药皮脱落而失去对焊接区的保护作用。

4）焊接电流太小或焊速过快，使熔池的存在时间太短，以致气体来不及从熔池金属中逸出。

5）电弧过长使熔池失去保护，空气很容易侵入熔池。

6）焊条偏芯或磁偏吹以及运条手法不适当，而造成电弧强烈的不稳定。

7）埋弧焊时使用过高的电弧长度或波动过大的电网电压；在薄板焊接时，焊速过快或空气湿度太大，也可能产生气孔。

8）气体保护焊时，气体纯度太低，焊丝脱氧能力差以及气体流量过大或过小都会产生气孔。

2. 防止措施

1）焊前应将坡口两侧 20～30mm 范围内的焊件表面的油污、铁锈及水分等清除干净。

2）所用的焊条在使用前一定要严格按工艺要求保管、烘焙和使用。

3）选用含碳量较低、脱氧能力强的焊条，不宜使用药皮开裂、剥落、变质、受潮、偏芯或焊芯锈蚀的焊条。

4）选择合适的焊接电流和焊接速度。

5）焊件装配时应保证定位焊缝的质量。

6）使用低氢型焊条时应采用直流反接；采用短弧焊接，并配以适当的运条手法，以利于熔池内气体的逸出。

7）薄板埋弧焊时，在保证不焊穿的情况下，尽量减慢焊接速度。

8）气体保护焊时，要选用纯度高的保护气体并选择合适的气体流量，保证气体对焊接区的保护。

三、焊缝尺寸及形状不合要求

焊缝表面高低不平，焊波粗劣，焊缝宽度不一，焊缝余高过大或过小，角焊缝焊脚尺寸过大或过小，均属于焊缝尺寸及形状不合要求，如图 5-3 所示。这些缺陷不仅使焊缝成形不美观，还影响焊缝与母材的结合强度。

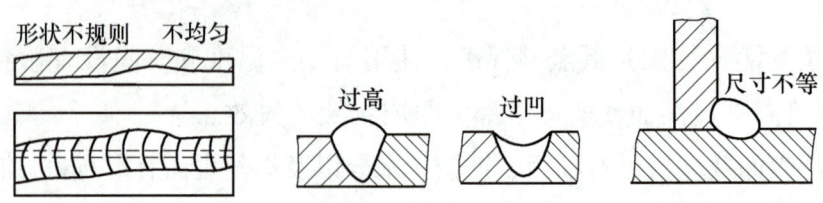

图 5-3 焊缝尺寸及形状不合要求

1. 产生的原因

1）焊件坡口角度不当或装配间隙不均匀。

2）焊接电流过大或过小。

3）焊条角度及运条方法不当，运条速度不均匀。

4）埋弧焊时，焊接参数选择不当以及电弧波动等。

2. 防止措施

1）选择正确的坡口角度及装配间隙。

2）合理选择焊接电流。

3）熟练掌握运条手法及速度，并能随时适应焊件装配间隙的变化。

4）焊接角焊缝时，要保持正确的焊条角度，运条速度及手法视焊脚尺寸的要求而定。

四、咬边

咬边就是沿焊趾的母材部位产生的沟槽或凹陷，如图 5-4 所示。咬边会增大局部应力值，促使沟槽底端局部屈服。咬边深度与疲劳强度有关，咬边越深，疲劳强度降低越多。咬边还会加速局部腐蚀。

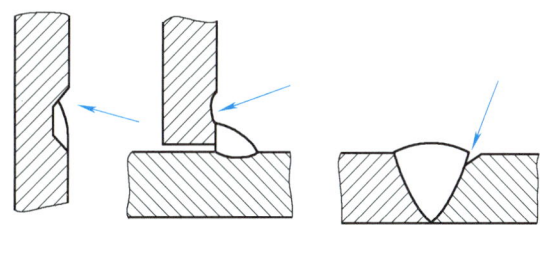

图 5-4 咬边

1. 咬边产生的原因

1）平焊时焊接电流太大，电弧过长，运条方法不当和速度过快。

2）角焊时焊条角度不当，电弧过长。

3）埋弧焊时焊接速度过快。

2. 防止措施

1）选择适当的焊接电流，并保持运条均匀和合适的焊接速度。

2）角焊时，焊条角度要合适，电弧长度要适当。

3）埋弧焊时，要选择正确的焊接参数。

五、弧坑

弧坑是指焊道末端形成的低于母材或焊缝余高的低洼部分，如图 5-5 所示。它会减小焊缝的有效截面面积，降低焊缝的承载能力，在有杂质集中的情况下会导致生成弧坑裂纹。

1. 弧坑产生的原因

1）焊条电弧焊时收尾方式不当或焊接过程突然中断。

2）焊接薄板时焊接电流过大。

3）埋弧焊时没有分两步按下停止按钮。

2. 防止措施

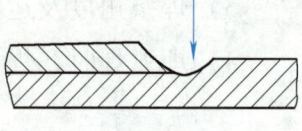

图 5-5　弧坑

1）收弧时焊条应做短时间停留或采用划圈收弧、回移收弧等方法。

2）选择正确的焊接电流。

3）埋弧焊时要分两步按下停止按钮，即先停止送丝后再切断电源。

六、弧伤

焊缝两侧的母材表面被电弧擦伤而留下的痕迹称为弧伤。弧伤时间极短，加热区极薄。它不仅会降低结构的疲劳强度，而且由于这一金属薄层冷却很快，极易产生微细裂纹，结果会导致产生局部裂纹。

1. 弧伤产生的原因

1）没有采用在坡口内引弧的方法而直接在坡口外的焊件表面引弧。

2）焊钳、焊接电缆绝缘破损而擦伤焊件表面的金属。

2. 防止措施

1）采用正确的引弧方法。

2）避免焊钳、焊接电缆绝缘的破损。

七、未焊透与未熔合

未焊透是指焊接时焊接接头根部未完全熔透的现象；未熔合则是指焊接时焊道与母材、焊道与焊道之间未完全熔化结合而形成的"假焊"现象。其表现形式如图 5-6 所示。

未焊透与未熔合是一种比较危险的缺陷。由于存在此缺陷，焊缝会出现间断或突变部位，使焊缝强度大大降低甚至引起裂纹。

1. 未焊透产生的原因

1）焊件装配间隙或坡口角度太小、钝边太厚。

2）焊件边缘锈蚀严重。

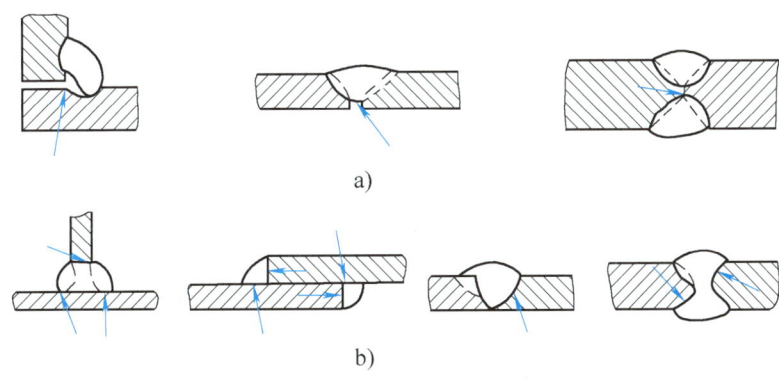

图 5-6 未焊透与未熔合
a) 未焊透 b) 未熔合

3) 焊条直径大或焊接电流太小，焊速又快。

4) 电弧过长、极性不正确等。

5) 埋弧焊时焊丝偏离焊缝中心。

2. 未熔合产生的原因

1) 焊接电流太大，使后半根焊条发红熔化太快。

2) 焊件边缘加热不充分。

3) 焊件表面有氧化皮或前一焊道中有残存的焊渣。

3. 防止措施

1) 正确选定坡口形式和装配间隙。

2) 做好坡口两侧和焊层间的清理工作。

3) 合理选用焊接电流和焊接速度。

4) 运条时，随时注意调整焊条角度，使熔化金属与母材间能均匀地加热和熔合。

5) 埋弧焊时要防止焊偏。

八、夹渣

焊后残留在焊缝中的焊渣称为夹渣，如图 5-7 所示，夹渣也是焊缝中常见的一种缺陷。焊条电弧焊时大多出现在多层多道焊的焊道之间。由于夹渣的存在，减小了焊缝的有效工作截面面积，降低了焊缝

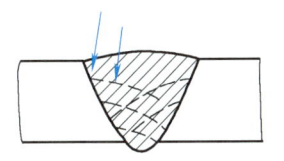
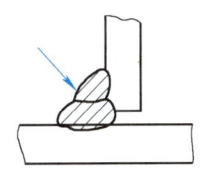

图 5-7 夹渣

金属的力学性能，同时还会引起应力集中，导致焊接结构的破坏。尺寸过大的夹渣还会降低焊缝的致密性。

1. 夹渣产生的原因

1）焊件边缘有气割或碳弧气刨残存的氧化皮。
2）坡口角度或焊接电流太小，运条不当或焊速过快。
3）多层焊时没有认真清理焊层间的焊渣。
4）在使用酸性焊条时，由于电流太小或运条不当造成熔渣混在金属液体之中。
5）立对接焊或多层立角焊时，焊条在坡口两边停顿的时间过短。
6）埋弧焊封底时，焊丝偏离焊缝中心造成焊偏。

2. 防止措施

1）认真清理坡口边缘。
2）正确选择坡口形式及尺寸，选用合适的焊接电流、焊接速度和运条方法。
3）多层焊时要认真清理每一层焊缝中的焊渣。
4）封底焊的清根要彻底。
5）埋弧焊时要注意防止焊偏。

九、焊穿

在焊接过程中，熔化金属从焊件或坡口背面流出，形成穿孔的缺陷称为焊穿，如图 5-8 所示。对船体等焊接结构来说，需要保证一定的密封性，在焊缝中绝不允许有焊穿的缺陷产生。

1. 焊穿产生的原因

1）金属薄板焊接时焊接电流过大。
2）金属薄板焊接时焊接速度过慢。
3）焊缝坡口的钝边太小或间隙过大。

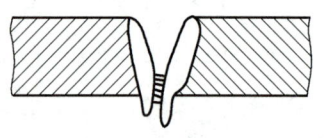

图 5-8 焊穿

2. 防止措施

1）正确选择焊接电流和焊接速度。
2）选用合适的坡口形式及尺寸。
3）严格控制焊件的间隙。

十、焊瘤

焊接时熔化金属流淌到焊缝之外未熔化的母材上所形成的金属瘤称为焊瘤，

如图5-9所示。立焊、横焊和仰焊时常常容易产生焊瘤,它不仅影响焊缝的成形,造成液体金属的流失,也容易造成夹渣和未焊透等缺陷。

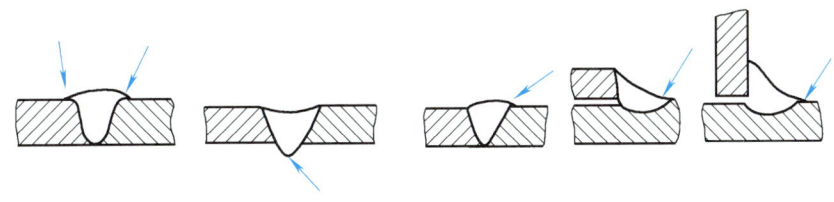

图5-9 焊瘤

1. 焊瘤产生的原因

1)焊接电流太大或焊接速度太慢。

2)操作不熟练以及运条不当。

3)电弧电压过高或电弧过长。

2. 防止措施

1)熟练掌握操作技术。

2)立焊、横焊、仰焊时严格控制熔池温度。

3)短弧操作并保持均匀运条。

十一、飞溅

焊接过程中从熔池喷射出来的金属细粒,黏附在母材或焊缝金属上的小金属颗粒称为飞溅。飞溅严重时不仅影响正常的操作,浪费焊条,并能破坏电弧的稳定性,产生气孔等缺陷,同时也会灼伤焊工。这不仅影响焊缝表面的质量,还会造成表面裂纹,导致结构的破坏,影响到整个焊缝金属的质量。

1. 飞溅产生的原因

1)焊条受潮或变质,影响到焊接冶金过程。

2)焊接时磁偏吹现象严重。

3)焊接电流过大,或短路电流增长速度过慢。

2. 防止措施

1)焊条要妥善保管并严格按要求使用。

2)焊接时避免产生磁偏吹。

3)正确选择焊接电流。

4)涂防飞溅膏。

 榜样的力量

大国工匠

图 5-10 易冉

易冉（图 5-10），女，1982 年出生，湖南省株洲市荷塘区人，高级电焊技师，中国中车资深"高铁工匠"，全国首届"十佳最美职工"，全国劳动模范，被德国媒体亲切地称为"中国电焊花木兰"。她的事迹被收入由国资委、中车工会编著的《一线英雄传》《高铁脊梁》两本书中。

自 2000 年参加工作起，她把一个女孩子最美丽的时光，献给了她钟情的电焊事业。她用焊枪作画，画出了自己灿烂的人生轨迹。在她身上体现了现代劳模、现代产业工人的美丽新姿和优秀品质：将平凡的劳动做到极致，对待工作，她有着乐业、敬业、专业的态度；前进的脚步永不停歇，对待人生，她有着好学、勤学、善学的精神。她总觉得自己是个幸运儿，在成长的路上得到了许多人的帮助。怀着一颗感恩之心，她将自己的技能分享、传承给更多的人。

1. "小丫头"小试牛刀露锋芒

1982 年出生的易冉，从未料想到自己将来会成为一名电焊工。"15 岁上技校，家里人说学电焊好找工作，我就报了电焊这个专业。"在技校学习的三年时间，由于实操的机会不多，易冉觉得，电焊这份工作还算轻松。可事实并非如此。2000 年 7 月，正值如花般年纪的易冉，进入到了 430 厂（现为中车长江株洲分公司）。"车间噪声很大，还非常热。"与在学校完全不一样的环境，初出茅庐的易冉心里咯噔了一下。"大夏天的，虽然有风扇，可焊接的时候不能对着人吹，怕影响工艺，衣服汗湿了，就站在风扇前面吹，干了又继续工作。"尽管穿着长衣长袖，但被高温、强光炙烤，易冉脸上、脖子上的皮肤开始发黄，甚至脱皮。除了工作环境，劳动强度也非常大。刚进厂时，易冉所在的欧清莲班组是典型的苦脏累班组。她们焊 1 台车需要连续蹲一个半小时，每天要焊 5 台车，每次间歇时间不到 10 分

钟。"晚上上夜班，我妈来接我下班，由于脸上灰太多，都没认出我。"易冉回忆说，刚参加工作一个月，当她准备打退堂鼓的时候，厂里组队参加株洲市电焊工大赛，按组委会规定，参赛队员中必须有1名年轻队员，她幸运入选，和两名强将到培训基地进行为期一周的强化训练。到第四天，易冉的训练试件就从最差的Ⅳ级片，一跃达到最完美的Ⅰ级片，并稳定保持到3天后的大赛。结果，她轻取气体保护焊第三名，一时间技惊四座。

参加工作不到半年，易冉被选派到电焊骨干集训队，师从湖南省技能大师杨卫东。

"平时要上班，所以只能利用业余时间参加集训队培训，所以一放假我就去集训队，几乎没有休息过。"易冉告诉记者，在集训队的一年日子里，她通常是下了晚班后一大早就赶到培训基地上课、练习，苦练气体保护焊、手把焊硬功，焊接技能有了长足进步。最终，在当年全厂技术运动会上，她以理论、实作均超93分的厂级比赛史上最优异成绩一举夺冠，被授予"电焊铜星"。随后她一鼓作气，连续两届"披金挂银"，实现了别人需要努力10年以上才能拿到的金银铜星"三级跳"，成了430厂设立该奖项20年来用时最短"跑完全程"的选手。

2. "电焊花木兰"国际赛场放光彩

然而，年少成名也为易冉带来了不少烦恼。"2003年的时候，厂里有一个返工车，因为我在比赛中多次获奖，返工车就交到了我手里，要把它从废品变成一个合格产品，焊接的难度非常大，我尽了自己最大的努力，却没有做好。"这次打击让易冉意识到，自己的水平还远远不够，还需要提升。

一方面不断补充理论知识，一方面在集训队潜心向前辈们取经。"即便后来也有几次返工车产品没处理好，但我没有退却，失败了就当积累经验，结果就是成功率越来越高，只要有返工车，领导就会让我来处理，得到的锻炼机会越多，技能水平就提升越快。"易冉说。

2005年后，厂里出口订单猛增，易冉调入组装车间新产品试制班，被领导亲自"点将"——参与了3支点矿石漏斗车、C80BH、澳大利亚五联平车、巴西车、安格纳车、FMG敞车等所有国际国内新产品车辆的试制。她不仅掌握了国际通用的焊接标准，而且成为备受赞誉的"国际焊工"，先后摸索出一系列具有国际先进水平的焊接技巧……

艺高人胆大，这句话形容易冉再合适不过了。在同事的眼里，没有易冉解决不了的难题。

2007年6月，厂里开始试制当时世界上最大轴重的澳大利亚FMG敞车。客户要求所有焊缝咬边为零，大焊角、坡口不能有弧坑，这样的精度相当于机械手。就在同事望而却步时，易冉站了出来。她经过一个星期的日夜琢磨，反复优化焊接方法，终于达到了澳方严苛的标准，外方监造竖起了大拇指，并将她所焊的焊缝标记出来，当作"示范焊缝"展示。她为中国铁路货车产品在海外树立了品质标杆，赢得了口碑。

2011年10月，易冉被国家选派与另外三位男选手一起赴德国，参加在德国吕内堡举行的国际焊接比赛。在德国，没有女人从事电焊职业，赛场上出现一个柔弱的中国女孩，已经让德国同行感到惊奇，而易冉的出色表现，让比赛组委会专门为她颁发了唯一的"特别奖"。她参赛的立焊、平焊板作品获德国DVS证书并被公开展示。德国当地媒体还以《中国的"电焊花木兰"》为题对她进行了专题报道。

此后，这个娇小的株洲女孩有了一个响亮的外号——"电焊花木兰"。

参 考 文 献

[1] 英若采. 熔焊原理及金属材料焊接 [M]. 2版. 北京：机械工业出版社，2007.
[2] 中国焊接协会培训工作委员会. 焊工取证上岗培训教材 [M]. 2版. 北京：机械工业出版社，2008.
[3] 全国焊接标准化技术委员会. 中国机械工业标准汇编：焊接与切割卷（下）[M]. 2版. 北京：中国标准出版社，2006.
[4] 中国机械工程学会焊接学会. 焊接手册 [M]. 3版. 北京：机械工业出版社，2007.
[5] 王良栋. 高级电焊工技术 [M]. 北京：机械工业出版社，2005.
[6] 陈裕川. 焊接工艺评定手册 [M]. 北京：机械工业出版社，2000.
[7] 李亚江. 金属焊接性基础 [M]. 北京：机械工业出版社，2011.
[8] 冯明河. 焊工技能训练 [M]. 3版. 北京：中国劳动社会保障出版社，2005.
[9] 赵玉奇. 焊条电弧焊实训 [M]. 北京：化学工业出版社，2007.
[10] 陈祝年. 焊接工程师手册 [M]. 北京：机械工业出版社，2004.
[11] 吴志亚. 走进焊接 [M]. 2版. 北京：机械工业出版社，2021.